通用智能与大模型丛书

U0192470

多模态大模型

新一代人工智能技术范式

刘阳　林倞　著

电子工业出版社
Publishing House of Electronics Industry
北京·BEIJING

内 容 简 介

本书以深入浅出的方式介绍多模态大模型的技术方法、开源平台和应用场景，并详细阐述因果推理、世界模型及多智能体与具身智能等前沿技术领域，有助于读者全面了解多模态大模型的特点及发展方向，对新一代人工智能技术范式和通用人工智能的发展起到重要推动作用。

全书共 5 章，第 1 章深入探讨最具代表性的大模型结构，第 2 章深度剖析多模态大模型的核心技术，第 3 章介绍多个具有代表性的多模态大模型，第 4 章深入分析视觉问答、AIGC 和具身智能这 3 个典型应用，第 5 章探讨实现通用人工智能的可行思路。

本书不仅适合高校相关专业高年级本科生和研究生作为教材使用，更是各类 IT 从业者的必备参考之作。

图书在版编目（CIP）数据

多模态大模型：新一代人工智能技术范式/刘阳，林倞著. – 北京：电子工业出版社，2024.4
（通用智能与大模型丛书）
ISBN 978-7-121-47547-4

Ⅰ.①多… Ⅱ.①刘… ②林… Ⅲ.①人工智能 Ⅳ.①TP18

中国国家版本馆 CIP 数据核字（2024）第 056618 号

责任编辑：郑柳洁
印　　刷：天津千鹤文化传播有限公司
装　　订：天津千鹤文化传播有限公司
出版发行：电子工业出版社
　　　　　北京市海淀区万寿路 173 信箱　　邮编：100036
开　　本：787×980　1/16　印张：19　　字数：384.8 千字
版　　次：2024 年 4 月第 1 版
印　　次：2025 年 2 月第 5 次印刷
定　　价：119.00 元

推 荐 序

　　1956 年起，人工智能的发展跌宕起伏，经历了三次大的浪潮。第一次浪潮是 1956—1976 年，这期间符号主义（逻辑主义）发展很快；第二个浪潮是 1976—2006 年，这期间联结主义得到发展；第三次浪潮是 2006 年至今，深度神经网络再次受到人们的重视和关注。此后，有两个汹涌澎湃的大浪：第一个大浪是从 2012 年开始的以人脸识别为代表的计算机视觉的发展，图像分类与视频理解等技术的进步速度令人刮目相看；第二个大浪是 2022 年年底开始的以 ChatGPT 为代表的大语言模型技术的发展，创造了自 iPhone 推出以来计算机技术对社会发展的最大冲击。有人说，人工智能的第三次浪潮，可能会像蒸汽机、发电机、计算机对于前三次工业革命的贡献一样，成为催生第四次工业革命的核心要素。我对此观点颇为认同。

　　什么是新一代人工智能？新一代人工智能将如何改变我们的生活？如何在这场技术革命中抢占先机？这些问题影响着人工智能的发展，更深刻地影响着国家的前途命运。目前，我国正在全力构筑人工智能发展的先发优势，推动战略性新兴产业融合集群发展，构建新一代信息技术、人工智能、生物技术、新能源、新材料、高端装备、绿色环保等一批新的增长引擎。随着 ChatGPT 等多模态大模型面世并迅速风靡全球，我们正面临新一代人工智能技术范式的变革。其中，多模态大模型，是这场技术范式变革的核心，是迈向通用人工智能（AGI）的关键。

　　多模态大模型包含的技术分支众多，如自然语言处理、计算机视觉、机器人和具身智能等，加之近年来积累的大量研究成果分散在多个领域、多篇文章之中，表述的习惯、用词、数学变量符号、专业术语等不尽相同，难成体系，给初学者的学习和理解带来一定程度的困难。因此，一本全面且系统地介绍多模态大模型的书是非常必要的。当然，完成这样一本书是一项艰巨的任务，需要从大量已有成果中筛选出既有代表性，又能反映新一代人工智能技术范式发展全貌的材料，并将它们提炼组织起来。本书的两位作者，长期从事多模态认知推理、多智能体与具身智能方面的教学和科研工作，他们花时间将技术本身还在不断演进变化的内容整理成书，精神可嘉，可喜可贺。我愿意代表读者，向他们表示感谢。

　　全书内容共 5 章，第 1 章引领读者深入探索最具代表性的大模型结构，包括 BERT、Chat-GPT 和 ChatGLM 等，为建立对多模态大模型的全面认知打下基础。第 2 章深度剖析多模态大模型的核心技术，如提示学习、上下文学习、思维链和人类反馈强化学习等，揭示多模态大模型的独特之处和引人入胜的技术内涵。第 3 章介绍多个具有代表性的多模态基础模型,如 CLIP、LLaMA、SAM 和 PaLM-E 等,为读者呈现多样和广泛的技术解决方案。第 4 章深入分析视觉问答、AIGC 和具身智能这三个典型应用,展示多模态大模型在实际场景中的强大能力。第 5 章探讨实现 AGI 的可行思路,包括因果推理、世界模型、超级智能体与具身智能等前沿技术方向。

据我所知,这是目前第一本以深入浅出的方式系统地介绍多模态大模型技术方法、开源平台和应用场景的书,并对如何实现 AGI 提供深入透彻的探讨。本书的出版,有助于人工智能科研工作者全面了解多模态大模型的特点及潜在发展方向,将对新一代人工智能技术范式和 AGI 的发展起到重要推动作用。当然,由于大模型技术的演进变化还在进行,难免有些最新成果未被包含,可以留给未来再版时更新,是遗憾,更是期待。林倞教授领导的中山大学人机物智能融合实验室长期致力于多模态认知推理、可控内容生成、具身智能与机器人等领域的研究,并深入应用场景打造产品原型,输出大量原创技术及孵化创业团队,许多重要学术和产业成果享誉全球,他的团队创作的这本书也一定干货满满,值得广大读者期待!

高文

中国工程院院士

2023 年 11 月 23 日,于深圳

前　　言

写作背景

    2023 年，由 ChatGPT 掀起的技术浪潮已经将我们带入人工智能新时代，大语言模型、AIGC、世界模型、具身智能、超级智能体等关键词频繁地出现在各大新闻头条中，人工智能正在经历着范式转变，这被誉为第四次工业革命的标志。在此过程中，多模态大模型作为新一代人工智能技术范式的核心，日益成为引领人工智能未来发展的重要力量。为了应对新一代人工智能技术的崛起，笔者深感有责任向广大读者介绍这一领域的最新进展，并提供一份全面且系统的指南。目前，针对本科生和研究生的多模态大模型教材匮乏，虽然可以在计算机视觉、人工智能、机器学习等课程的教学中不断补充国内外关于多模态大模型的最新研究进展，但是系统、全面介绍多模态大模型的书仍然是不可或缺的重要资料。于是，2023 年年初，笔者有幸与林倞教授一起开始本书的撰写工作。多模态大模型技术发展迅猛，为了让这本书早日面市，我们加快撰写进度，终于在 2023 年年底完成了全部撰写工作。

写作目标与特色

    本书的写作目标是系统地介绍多模态大模型的关键技术、基础模型和典型应用。为了能够让低年级本科生和刚进入人工智能领域的从业者更容易理解书中的技术内容，本书以深入浅出的方式介绍了各个关键技术点，并提供了许多易于理解的直观实例，深入剖析多个经典的多模态大模型的结构和技术。希望通过这本书向读者介绍多模态大模型的技术方法、开源平台和应用场景，以及对如何实现通用人工智能提供清晰的指导，包括因果推理、世界模型、具身智能与多智能体等前沿技术。希望本书能够为学术界和工业界提供一个清晰的视角，以帮助人工智能科研工作者更全面地了解多模态大模型的技术和新一代人工智能的发展方向。

本书主要面向计算机等相关专业的高年级本科生和研究生，可以作为新一代人工智能相关课程的教材，也供对多模态大模型感兴趣的读者入门之用。在撰写本书的过程中，虽然笔者尽量平衡了读者的知识储备与本书内容完备性之间的关系，但仍然建议读者在阅读本书之前，系统地学习机器学习和深度学习相关的课程。

本书组织架构

在内容组织方面，本书共 5 章，每一章都围绕多模态大模型的关键领域展开，希望为读者提供一次全方位的学习和思考之旅。第 1 章从最具代表性的大语言模型结构入手，引导读者深入理解 BERT、ViT、GPT 系列、ChatGPT、ChatGLM、百川大模型，为全面认知多模态大模型打下基础。第 2 章深入剖析多模态大模型的核心技术，涵盖预训练、提示学习、上下文学习、微调、思维链和人类反馈强化学习，揭示多模态大模型的独特之处和技术内涵。第 3 章介绍多个具有代表性的多模态基础模型，如 CLIP、BLIP、LLaMA、SAM 和 PaLM-E 等，为读者呈现多样和广泛的技术解决方案。第 4 章深入分析视觉问答、AIGC 和具身智能这三个典型应用，展示多模态大模型在实际场景中的强大能力。第 5 章探讨现有的多模态大模型存在的挑战，并介绍实现通用人工智能的可行思路，包括因果推理、世界模型、具身智能与超级智能体等前沿技术方向。每一章的撰写都经过多轮修改和讨论，力求为读者提供最有价值的内容。

在教学课时安排上，本书可以满足 32 ～ 56 学时的教学安排。第 5 章多模态大模型迈向 AGI 是近年人工智能领域的研究热点，涉及模型鲁棒性、可解释性、可信性、因果推理、世界模型、具身智能与多智能体等多个技术领域，需要读者花更多的时间在相关任务的实践中。

致谢

本书的写作过程得到了众多专家学者的大力支持与帮助，感谢所有为本书提供建议的专家学者。特别感谢我的学生陈卫兴、罗经周、江凯萱、柏永杰和宋昕帅，他们的热情、勤奋和创新精神为本书增色不少。尽管从本书的提纲结构讨论开始，我们就秉持着最严肃认真的态度，但由于多模态大模型发展迅猛且涉及众多学科，研究内容又极其复杂和分散，每天都会涌现新技术，受限于我们的认知水平和所从事的研究工作，对其中一些任务和工作的细节理解可能存在错误，也会遗漏一些最新的工作，恳请专家、读者批评指正，你们的意见对我们非常重要。

最后，由衷感谢一直以来在学术研究和写作中支持和帮助我的林倞教授，是他的深厚学术底蕴和悉心指导，让我能顺利完成本书的撰写。他严谨求真的治学态度和高瞻远瞩的研究视野使我受益终身。感激我的家人在我忙碌的学术生涯中一直默默支持我，他们承担了孩子抚养教育、家务等烦琐而辛苦的事务，他们的理解和支持让我能够全身心地完成本书的写作。

谨此，致以最诚挚的谢意！

刘 阳

2023 年 12 月于中山大学东校区南实验楼 D302

参考文献说明

在撰写本书时，作者参考了大量的文献，以确保本书内容的准确性。为了便于读者更好地利用参考文献，作者将其电子版放在网上，以便读者下载。获取本书参考文献、PPT 课件等资源，可访问 GitHub 网站中的中山大学人机物智能融合实验室（HCPLab-SYSU）页面中的 Book-of-MLM 项目；也可通过封底读者服务中介绍的步骤获取。

目　录

1　大模型全家桶 ·············· 1

1.1　多模态大模型基本概念 ········ 3

　　1.1.1　多模态 ················ 4

　　1.1.2　大模型和基础模型 ······· 4

　　1.1.3　多模态大模型 ·········· 5

1.2　BERT 技术详解 ············· 6

　　1.2.1　模型结构 ············· 6

　　1.2.2　预训练任务 ··········· 10

　　1.2.3　下游应用场景 ·········· 13

1.3　ViT 技术详解 ·············· 14

　　1.3.1　模型结构 ············· 15

　　1.3.2　预训练任务 ··········· 17

1.4　GPT 系列 ················ 19

　　1.4.1　GPT-1 结构详解 ········· 20

　　1.4.2　GPT-2 结构详解 ········· 23

　　1.4.3　GPT-3 结构详解 ········· 24

1.5　ChatGPT 简介 ············· 28

　　1.5.1　InstructGPT ··········· 28

　　1.5.2　ChatGPT ············· 32

　　1.5.3　多模态 GPT-4V ········· 37

1.6　中英双语对话机器人
ChatGLM ················ 40

　　1.6.1　ChatGLM-6B 模型 ······· 41

　　1.6.2　千亿基座模型 GLM-130B
　　　　　的结构 ············· 43

1.7　百川大模型 ··············· 46

　　1.7.1　预训练 ·············· 47

　　1.7.2　对齐 ··············· 51

1.8　本章小结 ················ 52

2　多模态大模型核心技术 ········ 53

2.1　预训练基础模型 ············ 54

　　2.1.1　基本结构 ············· 55

　　2.1.2　学习机制 ············· 56

2.2　预训练任务概述 ············ 58

　　2.2.1　自然语言处理领域的预训
　　　　　练任务 ············· 58

　　2.2.2　计算机视觉领域的预训练
　　　　　任务 ··············· 58

2.3　基于自然语言处理的预训练关
键技术 ·················· 59

　　2.3.1　单词表征方法 ·········· 60

　　2.3.2　模型结构设计方法 ······· 62

　　2.3.3　掩码设计方法 ·········· 62

　　2.3.4　提升方法 ············· 63

　　2.3.5　指令对齐方法 ·········· 64

2.4　基于计算机视觉的预训练关键
技术 ··················· 66

　　2.4.1　特定代理任务的学习 ······ 67

　　2.4.2　帧序列学习 ··········· 67

　　2.4.3　生成式学习 ··········· 68

　　2.4.4　重建式学习 ··········· 69

2.4.5 记忆池式学习 ············· 70

2.4.6 共享式学习 ··············· 71

2.4.7 聚类式学习 ··············· 73

2.5 提示学习 ··················· 74

2.5.1 提示的定义 ··············· 75

2.5.2 提示模板工程 ············· 77

2.5.3 提示答案工程 ············· 80

2.5.4 多提示学习方法 ········· 81

2.6 上下文学习 ··············· 84

2.6.1 上下文学习的定义 ······ 85

2.6.2 模型预热 ··············· 85

2.6.3 演示设计 ··············· 87

2.6.4 评分函数 ··············· 89

2.7 微调 ····················· 90

2.7.1 适配器微调 ············· 91

2.7.2 任务导向微调 ········· 94

2.8 思维链 ··················· 97

2.8.1 思维链的技术细节 ······· 98

2.8.2 基于自洽性的思维链 ····· 99

2.8.3 思维树 ··············· 102

2.8.4 思维图 ··············· 105

2.9 RLHF ··················· 109

2.9.1 RLHF 技术分解 ········· 110

2.9.2 RLHF 开源工具集 ····· 113

2.9.3 RLHF 的未来挑战 ······· 114

2.10 RLAIF ················· 114

2.10.1 LLM 的偏好标签化 ···· 115

2.10.2 关键技术路线 ········· 117

2.10.3 评测 ··············· 117

2.11 本章小结 ··············· 118

3 多模态基础模型 ········· **119**

3.1 CLIP ··················· 121

3.1.1 创建足够大的数据集 ······· 121

3.1.2 选择有效的预训练方法 ····· 122

3.1.3 选择和扩展模型 ········· 123

3.1.4 预训练 ··············· 123

3.2 BLIP ··················· 124

3.2.1 模型结构 ··············· 124

3.2.2 预训练目标函数 ········· 125

3.2.3 标注过滤 ··············· 126

3.3 BLIP-2 ················· 127

3.3.1 模型结构 ··············· 128

3.3.2 使用冻结的图像编码器进

行视觉与语言表示学习 ····· 128

3.3.3 使用冻结的 LLM 进行从

视觉到语言的生成学习 ····· 129

3.3.4 模型预训练 ············· 130

3.4 LLaMA ················· 131

3.4.1 预训练数据 ············· 131

3.4.2 网络结构 ··············· 132

3.4.3 优化器 ··············· 133

3.4.4 高效实现 ··············· 133

3.5 LLaMA-Adapter ········· 133

3.5.1 LLaMA-Adapter 的技术

细节 ··················· 135

3.5.2 LLaMA-Adapter V2 ····· 136

3.6 VideoChat ··············· 139

3.6.1 VideoChat-Text ········· 141

3.6.2 VideoChat-Embed ······· 142

3.7 SAM ··················· 145

3.7.1 SAM 任务 ············· 148

3.7.2 SAM 的视觉模型结构 ····· 149

3.7.3 SAM 的数据引擎 ········· 150

3.7.4 SAM 的数据集 ········· 151

3.8 PaLM-E ················· 152

3.8.1 模型结构 ··············· 154

3.8.2 不同传感器模态的输入与
场景表示 · · · · · · · · · 156
3.8.3 训练策略 · · · · · · · · · · · 157
3.9 本章小结 · · · · · · · · · · · · · · · · 157

4 多模态大模型的应用 · · · · · · · · **158**
4.1 视觉问答 · · · · · · · · · · · · · · · · 158
4.1.1 视觉问答的类型 · · · · · · 159
4.1.2 图像问答 · · · · · · · · · · · 160
4.1.3 视频问答 · · · · · · · · · · · 177
4.1.4 未来研究方向 · · · · · · · · 188
4.2 AIGC · · · · · · · · · · · · · · · · · · · 189
4.2.1 GAN 和扩散模型 · · · · · · 190
4.2.2 文本生成 · · · · · · · · · · · 192
4.2.3 图像生成 · · · · · · · · · · · 196
4.2.4 视频生成 · · · · · · · · · · · 201
4.2.5 三维数据生成 · · · · · · · · 202
4.2.6 HCP-Diffusion 统一代码
框架 · · · · · · · · · · · · · 202
4.2.7 挑战与展望 · · · · · · · · · 207
4.3 具身智能 · · · · · · · · · · · · · · · · 207
4.3.1 具身智能的概念 · · · · · · 208
4.3.2 具身智能模拟器 · · · · · · 210
4.3.3 视觉探索 · · · · · · · · · · · 214
4.3.4 视觉导航 · · · · · · · · · · · 217
4.3.5 具身问答 · · · · · · · · · · · 221
4.3.6 具身交互 · · · · · · · · · · · 223
4.3.7 存在的挑战 · · · · · · · · · 226
4.4 本章小结 · · · · · · · · · · · · · · · · 229

5 多模态大模型迈向 AGI · · · · · · **230**
5.1 研究挑战 · · · · · · · · · · · · · · · · 231
5.1.1 缺乏评估准则 · · · · · · · · 231

5.1.2 模型设计准则模糊 · · · · · · · · 231
5.1.3 多模态对齐不佳 · · · · · · · · · · 232
5.1.4 领域专业化不足 · · · · · · · · · · 232
5.1.5 幻觉问题 · · · · · · · · · · · · · · 234
5.1.6 鲁棒性威胁 · · · · · · · · · · · · · 234
5.1.7 可信性问题 · · · · · · · · · · · · · 236
5.1.8 可解释性和推理能力问题 · · · 240
5.2 因果推理 · · · · · · · · · · · · · · · · · · · 244
5.2.1 因果推理的基本概念 · · · · · · 245
5.2.2 因果的类型 · · · · · · · · · · · · · 249
5.2.3 LLM 的因果推理能力 · · · · · · 250
5.2.4 LLM 和因果发现的关系 · · · · · 252
5.2.5 多模态因果开源框架
CausalVLR · · · · · · · · · · · · · 253
5.3 世界模型 · · · · · · · · · · · · · · · · · · · 255
5.3.1 世界模型的概念 · · · · · · · · · · 256
5.3.2 联合嵌入预测结构 · · · · · · · · 259
5.3.3 Dynalang：利用语言预测
未来 · · · · · · · · · · · · · · · · · 262
5.3.4 交互式现实世界模拟器 · · · · · 264
5.3.5 Sora：模拟世界的视频生成
模型 · · · · · · · · · · · · · · · · · 265
5.4 超级智能体 AGI Agent · · · · · · · · 269
5.4.1 Agent 的定义 · · · · · · · · · · · 270
5.4.2 Agent 的核心组件 · · · · · · · · 272
5.4.3 典型的 AGI Agent 模型 · · · · 273
5.4.4 AGI Agent 的未来展望 · · · · · 282
5.5 基于 Agent 的具身智能 · · · · · · · 284
5.5.1 具身决策评测集 · · · · · · · · · · 285
5.5.2 具身知识与世界模型嵌入 · · · 285
5.5.3 具身机器人任务规划与
控制 · · · · · · · · · · · · · · · · · 287
5.6 本章小结 · · · · · · · · · · · · · · · · · · · 294

1 | 大模型全家桶

自 1950 年英国数学家艾伦·图灵提出图灵测试（Turing Test）以来，人类就长期致力于探索能够通过图灵测试的机器，在实现通用人工智能（Artificial General Intelligence，AGI）的路上不断进取，目标是构建与人类语言智能水平相当的机器。语言本质上是一个错综复杂的人类表达系统，受到语法规则的约束。因此，开发能够理解和精通语言的强大人工智能（Artificial Intelligence，AI）算法面临着巨大挑战。过去二十年，语言建模方法被广泛用于语言理解和生成，包括统计语言模型和神经语言模型。

近年来，通过在大规模数据库上预训练 Transformer 模型，产生了**预训练语言模型**（Pre-trained Language Model，PLM），其在解决各类自然语言处理（Natural Language Processing，NLP）任务上展现出了强大的能力。当参数规模超过一定水平时，这个更大的语言模型获得了显著的性能提升，并涌现出小模型不具备的能力，例如上下文学习。为了与预训练语言模型区别，这类模型被称为**大语言模型**（Large Language Model，LLM）。随着 BERT、ViT、GPT-3、ChatGPT、ChatGLM-6B 等在大规模数据集上训练并适配到各种下游任务的大语言模型或视觉大模型的兴起，AI 范式正在经历着深刻的变革，主要表现在以下几个方面。

1. 从单模态到多模态的范式转变

大模型通常要处理多种类型的数据输入，如图像、视频、文本、语音等，因此在模型结构和训练方法上更加复杂和灵活。这种从单模态到多模态的范式转变使得 AI 系统能够更好地理解和处理多种数据类型，从而更好地完成多种任务。多模态大模型使得人机交互更加自然和人性化，用户可以使用多种方式与 AI 系统交流，包括语言、图像和音频等。

2. 从预测到生成的范式转变

大模型通常基于生成模型构建，可以在没有明确标签或答案的情况下生成新的数据，例如文本、图像和音频等。这种从预测到生成的范式转变使得 AI 系统具备了更强的创造力和想象力，能够更好地完成一些具有创新性和创造性的任务。

3. 从单任务到多任务的范式转变

大模型通常具有良好的泛化能力和可迁移性，能够同时处理多个任务。这种从单任务到多任务的范式转变使得 AI 系统能够更好地适应多变的应用场景，并具备更强的普适性和通用性。

4. 从感知到认知的范式转变

传统的 AI 方法往往基于人类设计的规则和逻辑并以单一形式的数据为基础，大模型则主要依赖海量的多样性数据进行学习和预测，使得模型更加灵活、强大。这种多样性让 AI 系统更接近人类的感知和认知能力，使得 AI 在诸多领域的应用更加广泛和深入，也使得 AI 能够应对更多的现实世界问题。一些多模态大模型具备自我学习和改进的能力，能够不断提高其性能，逐渐逼近 AGI 的目标。

5. 从大模型到超级智能体的转变

ChatGPT 诞生后，AI 具备了和人类进行多轮对话的能力，并且能针对相应问题给出具体回答与建议。随后，各个领域推出"智能副驾驶（Copilot）"，如 Microsoft 365 Copilot、GitHub Copilot、Adobe Firefly 等，让 AI 成为办公、代码、设计等场景的"智能副驾驶"。Agent[1] 和大模型的区别在于，大模型与人类之间的交互是基于 prompt[2] 实现的，用户给的 prompt 是否清晰明确会影响大模型回答的效果。例如，ChatGPT 和这些"智能副驾驶"都需要明确任务才能给出有用的回答，而仅需给 Agent 一个目标，它就能够针对目标独立思考并采取行动，它会根据给定任务拆解出每一步的计划步骤，依靠外界的反馈和自主思考，自己给自己创建 prompt 实现目标。如果说 Copilot 是"副驾驶"，那么 Agent 则可以算得上一个初级的"主驾驶"。Agent 可以通过和环境进行交互，感知信息并做出对应的思考和行动。Agent 的最终发展目标就是实现 AGI。

从 2019 年的谷歌 T5 到 OpenAI GPT 系列，参数量爆炸的大模型不断涌现。LLM 的研究在学界和业界都得到了很大的推进，尤其 2022 年 11 月底 ChatGPT 的出现更是引起了社会各界的广泛关注。LLM 的技术进展对整个 AI 社区产生了重要影响，并将彻底改变人们开发和使用 AI 算法的方式。

---

1. Agent 一词起源于拉丁语中的 Agere，意思是"to do"。在 LLM 的语境下，可以将 Agent 理解为某种能自主理解、规划决策、执行复杂任务的智能体。Agent 并非 ChatGPT 的升级版，它不仅告诉你"如何做"，更会帮你去做。如果 Copilot 是副驾驶，那么 Agent 就是主驾驶。

2. prompt 可以被理解为一种启动机器学习模型的方式，它是一段文本或语句，用于指导机器学习模型生成特定类型、主题或格式的输出。在自然语言处理中，prompt 通常由一个问题或任务描述组成，例如"给我写一篇有关人工智能的文章""将这个英文句子翻译为法语"等。在图像识别领域中，prompt 则可以是一个图片描述、标签或分类信息。

1.1 多模态大模型基本概念

正如论文 "On the opportunities and risks of foundation models"[1] 所阐述的那样，随着在大规模数据集上训练的模型的崛起（例如 BERT、GPT 系列、CLIP[2] 和 DALL-E[3]），AI 正在经历一种范式转变——这些模型可以适应众多下游任务。笔者将这些模型称为**基础模型**，以突出它们至关重要的特征：跨领域方法的同质化和新能力的出现。从技术角度看，基础模型的出现得益于迁移学习，规模使其强大。基础模型主要集中在自然语言处理领域，BERT 在 2018 年年末的推出被认为是基础模型时代的开始。这一趋势近年来有所增强，扩展到计算机视觉（Computer Vision，CV）和其他领域。BERT 的成功迅速激发了计算机视觉社区对自监督学习的兴趣，催生了诸如 SimCLR[4]、MoCo[5]、BEiT[6] 和 MAE[7] 等模型。与此同时，预训练的成功也显著提升了人们对视觉与语言多模态领域的关注度，并达到前所未有的水平。在本书中，笔者关注多模态基础模型，这些模型继承了参考文献 [1] 中讨论的基础模型的所有特性，但笔者将写作重点放在具有处理视觉和视觉语言模态能力的模型上。在不断涌现的文献中，笔者根据它们的功能和通用性将多模态基础模型分类，如图 1.1 所示。多模态基础模型旨在解决三个代表性问题：视觉理解任务、视觉生成任务及语言理解和生成相结合的通用接口。对于每个类别，笔者将介绍这些多模态基础模型的主要能力。

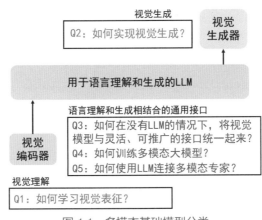

图 1.1 多模态基础模型分类

1. 视觉理解模型

学习通用的视觉表征对于构建视觉基础模型至关重要，其原因在于预训练一个强大的视觉骨干模型是所有计算机视觉下游任务的基础，包括从图像级别（如图像分类、检索和字幕生成）到区域级别（如检测和定位）再到像素级别（如分割）的任务。

2. 视觉生成模型

由于大规模的图像文本数据的出现，基础图像生成模型得以构建。其中的关键技术包括矢量量化 VAE 方法[8]、扩散模型[9] 和自回归模型。

3. 通用接口

前面提到的多模态基础模型是为特定目的设计的，用于解决一组特定的计算机视觉问题或任务。通用模型的出现为 AI 智能体（AI Agent）奠定了基础。现有的努力集中在上述三个研究问题上。第一个问题旨在统一视觉理解和生成模型。这些模型受到自然语言处理领域 LLM 的统一精神的启发，但在建模中并没有利用预训练的 LLM。相比之下，另外两个问题在建模中包含 LLM，包括训练和与 LLM 的链接。

1.1.1　多模态

多模态（Multimodal）是指使用多种不同类型的媒体和数据输入，例如文本、图像、音频、视频等，它们之间存在关联或者对应关系。这些不同类型的媒体和数据输入可以在不同的层面上传达信息并表达意义。多模态数据的处理需要融合不同类型的信息，从而实现更加全面和准确的分析、理解和推断。多模态技术在以下 AI 领域得到了广泛的应用。

（1）**视觉问答（Visual Question Answering，VQA）**：利用图像和自然语言结合的方式回答关于图像的问题。这需要将图像和问题融合，以便使用多模态模型来解决。第 4 章将对视觉问答做详细介绍。

（2）**智能对话（Intelligent Dialog）**：在智能对话中，模型需要能够理解自然语言，同时对话中可能会涉及图像或者其他类型的信息。多模态模型可以在对话中结合多种信息，更好地理解对话内容，生成更准确的回复。

（3）**图像描述（Image Captioning）**：将图像和自然语言结合在一起，为图像生成相应的文字描述。这需要模型能够同时理解图像和语言的含义，生成准确的描述。

1.1.2　大模型和基础模型

大模型（Large Model）通常是指参数规模巨大、拥有数亿到数千亿个参数的深度神经网络模型。这些模型能够在多种任务和数据集上取得优秀的表现。目前，著名的大模型包括 BERT、GPT、T5、ELECTRA 等。

基础模型（Foundation Model）通常是指一种通用的、预训练的大模型，是在大规模数据集上训练并且可以适配广泛下游任务的模型。这些基础模型通常在大规模数据集上进行预训练，以捕获自然语言、图像和语音等领域的通用特征和知识，并能够通过微调等方式适应更具体的任务和数据集。例如，BERT 是一种基础模型，被广泛用于自然语言处理领域的各种任务中，如文本分类、命名实体识别、问答等。同样地，GPT 也是一种基础模型，可以通过微调适应各种自然语言处理任务，例如机器翻译、文本生成和文本摘要等。

基础模型是一种特殊的大模型，具有通用的特征，可以为其他更具体的任务和领域提供基础和支持。基础模型通常在海量数据上进行预训练，捕获了大量的语言和知识，能够为更具体的任务提供更好的特征和表现。

从技术层面看，基础模型的概念并不新鲜，它们基于深度神经网络和自监督学习，两者都已存在几十年。然而过去几年，基础模型的庞大规模和应用范围已经超出笔者的想象。区别于传统的采用卷积神经网络和循环神经网络模块来实现特征提取的方法，生成式预训练方法（Generative Pre-training Transformer，GPT）用 Transformer 结构作为特征提取器，并以一种自回归的范式在大规模数据集上训练。例如，GPT-3 有 1,750 亿个参数，尽管没有在特定任务上进行明确的训练，仍可以通过自然语言提示适配到特定任务上，并且在大多数任务上取得了不错的效果。

1.1.3　多模态大模型

多模态大模型（Multimodal Large Model，MLM）是指以语言模型为核心组件，支持多模态输入-输出的通用、多任务模型，它包括编码器、连接器及语言模型三大关键模块。多模态大模型的典型架构如图 1.2 所示。对于每个输入模态，多模态大模型都会使用对应的编码器来提取特征，然后将这些特征融合并输入连接器，得到一个能被语言模型理解的形式，最后用于进行下一步的预测或推理任务。当多模态大模型需要执行多模态生成任务时，需要额外接入生成器。

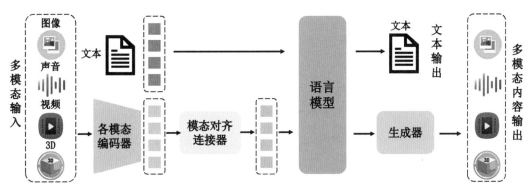

图 1.2　多模态大模型的典型架构

1.2 BERT 技术详解

BERT（Bidirectional Encoder Representations from Transformer）是一种预训练语言模型，由谷歌在 2018 年提出[10]。它是基于 Transformer 结构的深度双向表征学习模型，可以通过对大量未标注文本进行预训练，提取通用的语言表示，进而在各种下游自然语言处理任务中进行微调，取得优异的效果。总之，BERT 通过预训练和微调相结合的方式，在自然语言处理任务中具有更强的表达能力和泛化性能。BERT 利用掩码机制构建了基于上下文预测中间词的预训练任务。相较于传统的语言模型建模方法，BERT 能进一步挖掘上下文中的丰富语义。本节将着重介绍 BERT 的建模方法，包括模型结构、预训练任务及下游应用场景。

1.2.1 模型结构

笔者先从整体模型结构的角度对 BERT 进行介绍，再针对每个部分进行详细介绍。BERT 的整体模型结构如图 1.3 所示。BERT 主要由多层 Transformer 编码器组成，这意味着在编码过程中，每个位置都能获得所有位置的信息（不仅是历史位置的信息）。BERT 同样由输入层、编码层和输出层三部分组成，其中编码层由多层 Transformer 编码器组成。在预训练时，模型的最后有两个输出层：掩码语言模型和下一句预测。

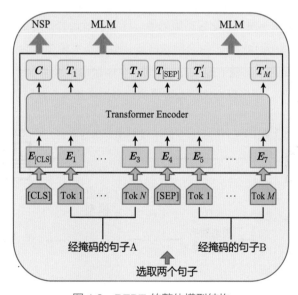

图 1.3　BERT 的整体模型结构

BERT 模型的输入表示主要包括三个部分：Token Embedding、Segment Embedding 和 Position Embedding。其中，Token Embedding 用于表示每个单词的向量表示，Segment Embedding 用于区分不同句子的输入，Position Embedding 用于表明每个单词在句子中的位置，如图 1.4 所示。BERT 的模型结构包括以下几个部分。

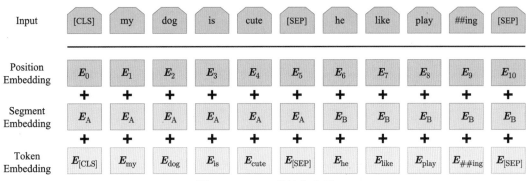

图 1.4　BERT 的输入表示

1. 输入嵌入层

BERT 模型的输入是一个 Token[1] 序列，输入嵌入层（Input Embedding Layer）需要将每个 Token 表示成一个向量。BERT 模型有两个特殊的 Token：[CLS] 用于分类任务，[SEP] 用于断句。在这个过程中，BERT 使用了三个向量（Token、Segment 和 Position）进行嵌入。

为了计算方便，这三种嵌入维度均为 e，因此可以通过式 (1.1) 计算输入序列表示 $\boldsymbol{v}$：

$$\boldsymbol{v} = \boldsymbol{v}^{\mathrm{p}} + \boldsymbol{v}^{\mathrm{s}} + \boldsymbol{v}^{\mathrm{t}} \tag{1.1}$$

式中，$\boldsymbol{v}^{\mathrm{p}}$ 表示 Position 嵌入向量，$\boldsymbol{v}^{\mathrm{s}}$ 表示 Segment 嵌入向量，$\boldsymbol{v}^{\mathrm{t}}$ 表示 Token 嵌入向量。三种嵌入向量的维度均为 $N \times e$，N 表示序列最大长度，e 表示嵌入向量维度。接下来介绍这三种向量的计算方法。

Token 嵌入：与传统神经网络模型类似，BERT 中的 Token 嵌入向量同样通过 Token 向量矩阵将输入文本转换成实值向量表示。具体地，假设输入序列 x 对应的 Token 独热向量表示为 $\boldsymbol{e}^{\mathrm{t}} \in \mathbb{R}^{N \times |\mathbb{V}|}$，其对应的 Token 嵌入向量 $\boldsymbol{v}^{\mathrm{t}}$ 表示为

$$\boldsymbol{v}^{\mathrm{t}} = \boldsymbol{e}^{\mathrm{t}} \boldsymbol{W}^{\mathrm{t}} \tag{1.2}$$

式中，$\boldsymbol{W}^{\mathrm{t}} \in \mathbb{R}^{|\mathbb{V}| \times e}$ 表示可训练的 Token 嵌入向量矩阵，其中 $|\mathbb{V}|$ 表示词表大小，e 表示 Token

---

1. 在自然语言处理中，Token 是指文本中的一个基本单位，通常可以是一个单词、一个词组、一个标点符号、一个字符等，取决于文本处理的需求和方法。

嵌入向量的维度。

Segment 嵌入：Segment 嵌入向量用来编码当前 Token 属于哪一个 Segment。输入序列中每个 Token 对应的 Segment 编码为当前 Token 所在 Segment 的序号（从 0 开始计数）。当输入序列是单个 Segment 时（如单句文本分类），所有 Token 的 Segment 编码均为 0；当输入序列是两个 Segment 时（如句对文本分类），第一个句子中每个 Token 对应的 Segment 编码为 0，第二个句子中每个 Token 对应的 Segment 编码为 1。

需要注意的是，输入序列中的第一个标记 [CLS] 位和第一个 Token 结尾处的 [SEP] 位（用于分割不同 Segment 的标记）的 Token 编码均为 0。接下来，利用 Segment 向量矩阵 $\boldsymbol{W}^{\mathrm{s}}$ 将 Segment 编码 $\boldsymbol{e}^{\mathrm{s}} \in \mathbb{R}^{N \times |\mathbb{S}|}$ 转换为实值向量，得到 Segment 向量 $\boldsymbol{v}^{\mathrm{s}}$：

$$\boldsymbol{v}^{\mathrm{s}} = \boldsymbol{e}^{\mathrm{s}} \boldsymbol{W}^{\mathrm{s}} \tag{1.3}$$

式中，$\boldsymbol{W}^{\mathrm{s}} \in \mathbb{R}^{|\mathbb{S}| \times e}$ 表示可训练的 Segment 嵌入向量矩阵，其中 $|\mathbb{S}|$ 表示 Segment 的数量，e 表示 Segment 嵌入向量的维度。

Position 嵌入：Position 嵌入向量用来编码每个 Token 的绝对位置。将输入序列中的每个 Token 按照其下标顺序依次转换为 Position 独热（One-Hot）编码。下一步，利用 Position 嵌入向量矩阵 $\boldsymbol{W}^{\mathrm{p}}$ 将 Position 独热编码 $\boldsymbol{e}^{\mathrm{p}} \in \mathbb{R}^{N \times N}$ 转换为实值向量，得到 Position 向量 $\boldsymbol{v}^{\mathrm{p}}$：

$$\boldsymbol{v}^{\mathrm{p}} = \boldsymbol{e}^{\mathrm{p}} \boldsymbol{W}^{\mathrm{p}} \tag{1.4}$$

式中，$\boldsymbol{W}^{\mathrm{p}} \in \mathbb{R}^{N \times e}$ 表示可训练的 Position 嵌入向量矩阵，其中 N 表示最大 Position 长度，e 表示 Position 嵌入向量的维度。

为了描述方便，后续输入表示层的操作统一归纳为

$$X = [\mathrm{CLS}]x_1^{(1)}x_2^{(1)} \cdots x_n^{(1)}[\mathrm{SEP}]x_1^{(2)}x_2^{(2)} \cdots x_m^{(2)}[\mathrm{SEP}] \tag{1.5}$$

对于给定的原始输入序列 X，经过如下处理得到 BERT 的输入表示 $\boldsymbol{v}$：

$$\boldsymbol{v} = \mathrm{InputRepresentation}(X) \tag{1.6}$$

式中，$\boldsymbol{v} \in \mathbb{R}^{N \times e}$ 表示输入表示层的最终输出结果，即 Token 嵌入向量、Segment 嵌入向量和 Position 嵌入向量之和，其中 N 表示最大序列长度，e 表示输入表示的维度。

2. Transformer 编码器层

BERT 使用 Transformer 编码器来编码输入的 Token 序列，Transformer 编码器层（Transformer Encoder Layer）可以被看作由多个相同的子层（Sub-layer）组成，每个子层都具有两

个部分：多头自注意力（Multi-Head Self-Attention）和前馈神经网络（Feed-Forward Neural Network）。

多头自注意力：多头自注意力是一种用于计算序列中每个位置的向量表示的方法。它利用当前位置的向量表示加权求和序列中所有位置的向量表示，这个加权的权重由当前位置的向量表示和所有其他位置的向量表示之间的相似度计算得出。这种方法可以捕捉到序列中不同位置之间的依赖关系和语义关系。Transformer 模型中使用的多头自注意力与传统的注意力机制相似，但是它通过并行计算多个注意力头（Attention Head）来捕捉不同的语义信息。具体地，多头自注意力将输入的向量表示分别投影到多个不同的线性空间中，然后分别计算多个注意力头，最后将所有头的输出拼接起来得到最终的注意力表示。

前馈神经网络：前馈神经网络是一种常见的神经网络结构，由多个全连接层组成。在 Transformer 模型中，前馈神经网络被用来对每个位置的向量表示进行非线性变换和映射。具体地，前馈神经网络先将输入的向量表示通过一个线性变换映射到另一个维度，然后使用激活函数（如 ReLU）进行非线性变换，最后通过一个线性变换得到输出向量表示。在 Transformer 编码器层中，这两个子层被组合起来，构成了一个残差连接（Residual Connection）和层归一化（Layer Normalization，LN）的结构。这个结构可以有效地训练深层神经网络，也使得 Transformer 模型具有更好的泛化能力和鲁棒性。

Transformer 编码器层是 BERT 的核心组成部分，它通过多头自注意力和前馈神经网络对输入序列进行编码，并通过残差连接和层归一化来优化训练过程和模型性能。

3. 掩码语言模型

在预训练时，BERT 采用随机掩码技术，将输入的 Token 序列中的一部分 Token 随机替换成一个特殊的标记 [Mask]。模型在输入序列中找到这些掩码位置，然后预测原来的 Token 是什么。1.2.2 节将详细介绍**掩码语言模型**（Masked Language Model，MLM）的技术细节。

4. 下一句预测

下一句预测（Next Sentence Prediction，NSP）是一种预训练任务，旨在训练模型预测两个句子之间的关系。具体来说，NSP 要求模型输入一对句子，然后预测这两个句子是否相邻（一个句子是否为另一个句子的后续句子）。1.2.2 节将详细介绍 NSP 的技术细节。

5. 下游任务微调层

从预训练过程中学习到语言知识后，BERT 可以被微调到各种下游自然语言处理任务上，例如文本分类、命名实体识别、问答系统等。下游任务微调层（Fine-tuning Layer）是一个简单的线性层，因任务不同而不同。

1.2.2 预训练任务

BERT 的预训练数据主要包括以下两部分。

（1）**BookCorpus**：一组由英文小说和非小说文本组成的数据集，包括 11,000 种书，大约有 8,000 万个单词。

（2）**Wikipedia**：维基百科是一份由众多贡献者共同创作的百科全书，包含大量高质量的文章，是自然语言处理领域常用的数据库之一。BERT 使用了维基百科的所有文章，总共约有 2.5 亿个单词。

在预训练时，BERT 采用 MLM 和 NSP 这两个任务来训练模型。BERT 通过这两个任务学习自然语言的语义和语法结构，使得模型能够理解上下文及文字关系，并为后续的微调任务提供丰富的语言知识。下面详细介绍这两个训练任务。

1. MLM

为了实现文本的双向建模，即当前时刻的预测同时依赖"历史"和"未来"，BERT 采用了一种类似完形填空（Cloze）的方法，并称之为 MLM。MLM 任务的目标是预测输入序列中被随机掩盖（Mask）的单词。具体来说，模型会在输入序列中随机选择一些单词并用特殊的掩盖符 [MASK] 替换，然后让模型预测这些被掩盖的单词。这个任务能够让模型学会利用上下文信息，预测当前单词的语义和语法角色。

在 BERT 模型中，采用了 15% 的掩码比例，即输入序列中 15% 的 WordPieces 子词被掩码。掩码时，模型使用 [MASK] 标记替换原单词，表示该位置已被掩码。这样会造成预训练阶段和下游任务精调阶段的不一致，因为人为引入的 [MASK] 标记并不会在实际的下游任务中出现。为了缓解这个问题，当对输入序列掩码时，并非总是将其替换为 [MASK] 标记，而会按概率选择以下三种操作之一。

（1）有 80% 的概率替换为 [MASK] 标记。

（2）有 10% 的概率替换为词表中的任意一个随机词。

（3）有 10% 的概率保持原词不变，即不替换。

了解 MLM 预训练任务的基本方法后，介绍其建模方法。

（1）**输入层**。MLM 并不要求输入一定是两段文本，因此，为了描述方便，假设原始输入文本为 $x_1 x_2 \cdots x_n$，通过上述方法掩码后的输入文本为 $x'_1 x'_2 \cdots x'_n$，x_i 表示输入文本的第 i 个词，x'_i 表示经过掩码处理后的第 i 个词。对掩码后的输入文本进行如下处理，得到 BERT 的输入表

示 $\boldsymbol{v}$：

$$X = [\text{CLS}]x_1' x_2' \cdots x_n'[\text{SEP}]$$
$$\boldsymbol{v} = \text{InputRepresentation}(X) \tag{1.7}$$

式中，[CLS] 表示文本序列开始的特殊标记；[SEP] 表示文本序列之间的分隔标记。

需要注意的是，如果输入文本的长度 n 小于 BERT 的最大序列长度 N，则需要将补齐标记（Padding Token）[PAD] 拼接在输入文本之后，直至达到 BERT 的最大序列长度 N。例如，BERT 的最大序列长度 $N = 10$，而输入序列长度为 7（两个特殊标记加上 x_1 至 x_5），需要在输入序列后方添加 3 个 [PAD] 补齐标记。

$$[\text{CLS}]x_1 x_2 x_3 x_4 x_5[\text{SEP}][\text{PAD}][\text{PAD}][\text{PAD}]$$

而如果输入序列 X 的长度大于 BERT 的最大序列长度 N，则需要对输入序列 X 截断至 BERT 的最大序列长度 N。例如，BERT 的最大序列长度 $N = 5$，而输入序列长度为 7（两个特殊标记加上 x_1 至 x_5），需要对序列截断，使有效序列（从输入序列中去除 2 个特殊标记）长度变为 3。

$$[\text{CLS}]x_1 x_2 x_3[\text{SEP}]$$

为了描述方便，后续将忽略补齐标记 [PAD] 的处理，并用 N 表示最大序列长度。

（2）**BERT 编码层**。在 BERT 编码层中，BERT 的输入表示 $\boldsymbol{v}$ 经过 L 层 Transformer，借助自注意力机制充分学习文本中的每个词之间的语义关联。

$$\boldsymbol{h}^{[l]} = \text{Transformer-Block}(\boldsymbol{h}^{l-1}), \ \forall \, l \in \{1, 2, \cdots, L\} \tag{1.8}$$

式中，$\boldsymbol{h}^{[l]} \in \mathbb{R}^{N \times d}$ 表示第 l 层 Transformer 的隐含层输出，同时规定 $\boldsymbol{h}^{[0]} = \boldsymbol{v}$。为了描述方便，略去层与层之间的标记并简化为

$$\boldsymbol{h} = \text{Transformer}(\boldsymbol{v}) \tag{1.9}$$

式中，$\boldsymbol{h}$ 表示最后一层 Transformer 的输出，即 $\boldsymbol{h}^{[L]}$。通过上述方法最终得到文本的上下文语义表示 $\boldsymbol{h} \in \mathbb{R}^{N \times d}$，其中 d 表示 BERT 的隐含层维度。

（3）**输出层**。由于 MLM 仅对输入文本中的部分词进行了掩码操作，因此并不需要预测输入文本中的每个位置，只需预测已经掩码的位置。假设集合 $\mathbb{M} = \{m_1, m_2, \cdots, m_k\}$ 表示所有掩码位置的下标，k 表示总掩码数量。如果输入文本长度为 n，掩码比例为 15%，则 $k = \lfloor n \times 15\% \rfloor$。然后，以集合 $\mathbb{M}$ 中的元素为下标，从输入序列的上下文语义表示 $\boldsymbol{h}$ 中抽取对应的表示，并将这些表示进行拼接，得到掩码表示 $\boldsymbol{h}^{\text{m}} \in \mathbb{R}^{k \times d}$。

在 BERT 中，由于输入表示维度 e 和隐含层维度 d 相同，可直接利用词向量矩阵 $\boldsymbol{W}^{\mathrm{t}} \in \mathbb{R}^{|V| \times e}$（式 (1.9)）将掩码表示映射到词表空间。对于掩码表示中的第 i 个分量 $\boldsymbol{h}_i^{\mathrm{m}}$，通过式 (1.10) 计算该掩码位置对应的词表上的概率分布 P_i。

$$P_i = \mathrm{Softmax}(\boldsymbol{h}_i^{\mathrm{m}} \boldsymbol{W}^{\mathrm{t}\top} + \boldsymbol{b}^{\mathrm{o}}) \tag{1.10}$$

式中，$\boldsymbol{b}^{\mathrm{o}} \in \mathbb{R}^{V}$ 表示全连接层的偏置。

最后，在得到掩码位置对应的概率分布 P_i 后，与标签 y_i（原单词 x_i 的独热向量表示）计算交叉熵损失，学习模型参数。

2. NSP

在 MLM 预训练任务中，模型已经能够根据上下文还原掩码部分的词，从而学习上下文敏感的文本表示。然而，对于阅读理解、文本蕴含等需要两段输入文本的任务来说，仅依靠 MLM 无法显式地学习两段输入文本之间的关联。例如，在阅读理解任务中，模型需要对篇章和问题建模，从而找到问题对应的答案；在文本蕴含任务中，模型需要分析输入的两段文本（前提和假设）的蕴含关系。

因此，除了 MLM 任务，BERT 还引入了第二个预训练任务：NSP 任务，这个任务的目标是判断两个句子是否相邻。具体来说，模型会输入两个句子，其中一个是上文，另一个是下文，并让模型判断它们是否相邻。这个任务能够让模型学会理解句子之间的关系，例如是否为因果关系、转折关系等。

NSP 任务是一个二分类任务，需要判断句子 B 是否是句子 A 的下一个句子，其训练样本由以下方式产生。

（1）**正样本**：来自自然文本中相邻的两个句子"句子 A"和"句子 B"，即构成"下一个句子"关系。

（2）**负样本**：将"句子 B"替换为数据库中任意一个句子，即构成"非下一个句子"关系。

NSP 任务整体的正负样本比例控制在 1:1。由于 NSP 任务的设计原则较为简单，通过上述方法能够自动生成大量的训练样本，所以也可以将其看作一个无监督学习任务。

NSP 任务的建模方法与 MLM 任务类似，主要是在输出方面有所区别。下面针对 NSP 任务的建模方法进行说明。

（1）**输入层**。对于给定的经过掩码处理后的输入文本

$$x^{(1)} = x_1^{(1)} x_2^{(1)} \cdots x_n^{(1)}$$
$$x^{(2)} = x_1^{(2)} x_2^{(2)} \cdots x_m^{(2)}$$

经过如下处理，得到 BERT 的输入表示 $\boldsymbol{v}$。

$$X = [\text{CLS}]x_1^{(1)}x_2^{(1)}\cdots x_n^{(1)}[\text{SEP}]x_1^{(2)}x_2^{(2)}\cdots x_m^{(2)}[\text{SEP}]$$
$$\boldsymbol{v} = \text{InputRepresentation}(X) \tag{1.11}$$

式中，[CLS] 是表示文本序列开始的特殊标记；[SEP] 是表示文本序列之间的分隔标记。

（2）**BERT 编码层**。在 BERT 编码层中，输入表示 $\boldsymbol{v}$ 经过 L 层 Transformer 的编码，借助自注意力机制充分学习文本中每个词之间的语义关联，最终得到输入文本的上下文语义表示。

$$\boldsymbol{h} = \text{Transformer}(\boldsymbol{v}) \tag{1.12}$$

式中，$\boldsymbol{h} \in \mathbb{R}^{N \times d}$，其中 N 表示最大序列长度，d 表示 BERT 的隐含层维度。

（3）**输出层**。与 MLM 任务不同的是，NSP 任务只需要判断输入文本 $x^{(2)}$ 是否是 $x^{(1)}$ 的下一个句子。因此，在 NSP 任务中，BERT 使用了 [CLS] 位的隐含层表示进行分类预测。具体地，因为 [CLS] 是输入序列中的第一个元素，所以 [CLS] 位的隐含层表示由上下文语义表示 $\boldsymbol{h}$ 的首个分量 $\boldsymbol{h}_0$ 构成。在得到 [CLS] 位的隐含层表示 $\boldsymbol{h}_0$ 之后，通过一个全连接层预测输入文本的分类概率 $\boldsymbol{P} \in \mathbb{R}^2$。

$$\boldsymbol{P} = \text{Softmax}(\boldsymbol{h}_0 \boldsymbol{W}^{\text{p}} + \boldsymbol{b}^{\text{o}}) \tag{1.13}$$

式中，$\boldsymbol{W}^{\text{p}} \in \mathbb{R}^{d \times 2}$ 表示全连接层的权重；$\boldsymbol{b}^{\text{o}} \in \mathbb{R}^2$ 表示全连接层的偏置。

在得到分类概率 $\boldsymbol{P}$ 之后，与真实分类标签 y 计算交叉熵损失，学习模型参数。

通过 MLM 和 NSP 这两个任务，BERT 能够学会更好地理解自然语言的语义和语法结构，提高模型的表示能力和泛化能力。

1.2.3　下游应用场景

BERT 模型在预训练之后，可以通过微调来适应各种自然语言处理任务。微调的方式通常是将 BERT 模型的输出作为输入，然后在其之上添加一些特定的输出层，以适应不同的任务。例如，在文本分类任务中，可以在 BERT 模型的输出之上添加一个全连接层和 Softmax 层，用于预测输入文本的类别。除此之外，BERT 模型可以应用于各种自然语言处理任务，例如问答系统、语义匹配等。

BERT 已经被广泛应用于如下下游任务。

（1）**文本分类**：BERT 可以对文本进行分类，例如垃圾邮件分类、情感分析等。

（2）**问答系统**：BERT 可以理解问题和文本之间的关系，并且可以从文本中提取答案，使其成为一个强大的问答系统。

（3）**语言推理**：BERT 可以用于理解文本中的逻辑关系、推理和推断，例如自然语言推理、篇章阅读理解等任务。

（4）**语义匹配**：BERT 能学到两个文本之间的语义关系，并且可以将其应用于语义匹配任务，例如相似度匹配等。

（5）**命名实体识别**：BERT 可以识别文本中的命名实体，例如人名、地名、组织名称等。

（6）**自然语言生成**：BERT 可以用于自然语言生成任务，例如文本摘要、机器翻译、对话生成等。

（7）**推荐系统**：BERT 能学到用户和物品之间的关系，并且可以应用于推荐系统中，例如推荐商品、新闻、音乐等。

1.3　ViT 技术详解

ViT（Vision Transformer）是一种基于 Transformer 结构的图像分类模型，它由 Google Brain 团队于 2020 年提出[11]。虽然传统的卷积神经网络（Convolutional Neural Network，CNN）在图像分类任务中表现出色，但它需要手动设计卷积层和池化层，且在处理大尺寸的图像时需要进行额外的处理。相比之下，ViT 可以通过自注意力机制学习到图像中的关键特征，避免了手动设计卷积层和池化层，并且可以很好地处理大尺寸的图像。与 CNN 相比，ViT 具有以下优势。

（1）**处理不同尺寸的图像**：CNN 需要输入相同大小的图像进行训练和测试，而 ViT 可以接收不同大小的图像，并将其切分成固定大小的图像块进行处理，因此 ViT 可以更好地适应不同尺寸的图像。

（2）**长距离依赖关系建模**：传统的 CNN 在处理长距离依赖关系时存在困难，需要使用更深层次的网络来捕获更多的上下文信息，而 ViT 利用 Transformer 中的自注意力机制可以直接捕获不同位置之间的长距离依赖关系，可以更好地建模图像中的全局信息。

（3）**更少的参数**：与相同规模的 CNN 模型相比，ViT 可以使用更少的参数实现相似的性能。这是因为 ViT 使用了多头自注意力机制，能够在较少的参数下更好地实现特征提取。

（4）**更强的泛化能力**：ViT 相对于传统的 CNN 模型具有更好的泛化能力，因为 ViT 在训练时没有显式地使用位置信息，所以模型能够更好地适应新的图像，而不是只记住已经出现的图像。

本节将着重介绍 ViT 的建模方法，其中包括模型结构和预训练任务。

1.3.1　模型结构

ViT 模型的输入是图像,首先将图像分成一个个小的图像块(Patch),然后将每个图像块进行扁平化处理,得到一个序列。接着,将序列输入 Transformer 编码器中,通过多个 Transformer 编码器层学习图像中的特征表示。最后,使用一个全连接层将编码器的输出映射到类别标签。

训练 ViT 模型时,可以使用大规模的数据集进行预训练,然后在小数据集上进行微调。在预训练阶段,ViT 模型采用自监督学习的方式,即在不需要人工标注的情况下进行训练。预训练任务包括使用图像块的位置信息预测原始图像的类别标签,以及在随机图像块的干扰下预测原始图像的类别标签。

如图 1.5 所示,ViT 是一种使用自注意力机制的图像分类模型,它在 Transformer 模型的基础上针对图像领域进行改进和优化。ViT 的详细模型结构如下。

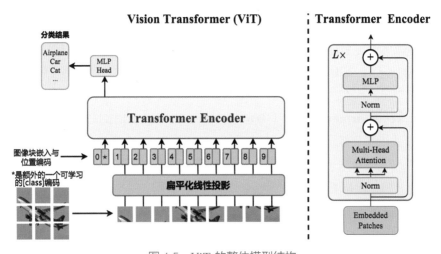

图 1.5　ViT 的整体模型结构

(1)**图像切割(Image Cropping)**:对于标准的 Transformer 模块,要求输入的是 Token 序列,即二维矩阵 $[\text{num}_{\text{Token}}, \text{Token}_{\text{dim}}]$。将输入图像 $\boldsymbol{x} \in \mathbb{R}^{H \times W \times C}$ 划分为固定大小的图像块 $\boldsymbol{x}_{\text{p}} \in \mathbb{R}^{N \times (P^2 C)}$,接着对 $\boldsymbol{x}_{\text{p}}$ 采用线性映射(Linear Projection)$\boldsymbol{E} \in \mathbb{R}^{(P^2 C) \times D}$,得到 $\boldsymbol{x}_{\text{p}} \boldsymbol{E} \in \mathbb{R}^{N \times D}$ 向量。其中,(H, W) 是原始图像的尺寸,C 是图像通道数目,(P, P) 是每个图像块的尺寸,$N = \text{HW}/P^2$ 是图像块的数目。以 ViT-B/16 为例,对输入图像 $\boldsymbol{x} \in \mathbb{R}^{224 \times 224 \times 3}$ 进行划分后会得到 $(224/16)^2 = 196$ 个图像块,每个图像块的维度(Shape)为 $16 \times 16 \times 3$。接着,通过线性映射将每个图像块展平为长度为 768($D = N$)的一维向量(后面都直接称为 Token)。这

些向量是 ViT 模型输入的基本单位。输入图像到 Token 向量的维度变化过程为

$$[224, 224, 3] \rightarrow \underset{\text{Patch Num}}{196} \times \underset{\text{Patch}}{[16, 16, 3]} \rightarrow \underset{\text{Patch Num}}{196} \times \underset{\text{Token}}{[768]} \tag{1.14}$$

（2）**类别嵌入层（Class Embedding Layer）**：与 BERT 类似，在上述 Token 中插入一个专门用于分类的 [CLASS] Token $x_{\text{class}} \in \mathbb{R}^{1 \times D}$，$x_{\text{class}}$ 是一个可训练的参数，数据格式和其他 Token 一样都是一个向量。以 ViT-B/16 为例，x_{class} 就是一个长度为 768 的向量，与之前从图像中生成的 Token（[196, 768]）拼接在一起。输入 Token 拼接 [CLASS] Token 向量 x_{class} 之后的维度变化过程为

$$[196, 768] \rightarrow \text{Concat(Tokens, [CLASS]Token)} \rightarrow \text{Concat}([196, 768], [1, 768]) \rightarrow [197, 768] \tag{1.15}$$

（3）**位置编码层（Positional Encoding Layer）**：ViT 的嵌入向量中需要加入位置信息，以表示每个向量在原图像中的位置关系。以 ViT-B/16 为例，其位置编码采用的是一个可训练的参数 $E_{\text{pos}} \in \mathbb{R}^{(N+1) \times D}$，可以理解为一张表，其维度与输入序列 Embedding 的维度（[197, 768]）相同。值得注意的是，位置编码是直接叠加在 Token 上的，因此添加位置编码之后的 Embedding 维度也是 [197, 768]。

（4）**多层 Transformer 编码器（Transformer Encoder）**：ViT 采用 L 层 Transformer Encoder，主要由以下几部分组成。

（a）层归一化：层归一化针对自然语言处理领域提出，作用于每个 Block 之前，这里是对每个 Token 进行归一化处理。

（b）多头自注意力。

（c）Dropout 层。

（d）多层感知器（Multi-Layer Perceptron，MLP）：由两层全连接层、GeLU 激活函数和 Dropout 层组成。

基于上述 Transformer Encoder 结构，多层 Transformer 编码器可以用如下方式表达：

$$z_0 = [x_{\text{class}}; x_{\text{p}}^1 E; x_{\text{p}}^2 E; \cdots ; x_{\text{p}}^N E] + E_{\text{pos}} \tag{1.16}$$

$$z_l' = \text{MSA}(\text{LN}(z_{l-1})) + z_{l-1}, \quad l = 1, 2, \cdots, L \tag{1.17}$$

$$z_l = \text{MLP}(\text{LN}(z_l')) + z_l', \quad l = 1, 2, \cdots, L \tag{1.18}$$

$$y = \text{LN}(z_L^0) \tag{1.19}$$

式 (1.19) 中，y 表示最终的预测结果。

总的来说，ViT 将图像看作一系列向量的序列，并使用 Transformer 的自注意力机制来处理这些向量。它克服了传统卷积神经网络中对于空间结构的依赖，可以处理任意尺寸的输入图像，并且在一些图像分类任务中取得了很好的效果。

1.3.2 预训练任务

ViT 的预训练数据是由大规模图像数据集 ImageNet 组成的。ImageNet 是一个庞大的图像数据集，包含了超过 100 万张图像，涵盖了 1,000 个不同的类别。这些图像被用于对 ViT 模型进行预训练。除了 ImageNet 数据集，还有一些数据集也被用于 ViT 的预训练，例如 JFT-300M、YFCC100M 等。这些数据集规模更大，包含的图像种类也更加丰富，可以进一步提高 ViT 模型的泛化能力。

ViT 的预训练任务通过自监督学习来学习图像的表示。具体来说，ViT 模型使用掩码图像块预测（Masked Patch Prediction，MPP）的方法进行预训练。在该方法中，50% 的图像块 Embedding 以不同概率被不同方式修改，其中 80% 的概率被可学习的 [MASK] 替换，10% 的概率被随机替换，10% 的概率与原始图像保持一致。最后，采用图像块表征预测每个被干扰的图像块的 3-bit 平均颜色，让模型学习到更好的图像表示。通过这种方式，ViT 模型可以在大规模图像数据集上进行预训练，并从中学习到丰富的图像表示。

除了上述 MPP 预训练任务，ViT 的自监督预训练任务还有以下两种。

（1）**图像块对比学习（Image Patch Contrastive Learning）**：这种方法要求模型对两个来自同一张图像的块进行编码，使它们在嵌入空间中彼此相似，与来自其他图像的块有明显区别。为了实现这个目标，ViT 使用了对比学习方法，如 InfoNCE、SimCLR 等，利用正负样本对比最小化损失函数，使得来自同一张图像的块的嵌入向量之间的距离尽可能小，而来自不同图像的块的嵌入向量之间的距离尽可能大。

（2）**图像重构（Image Reconstruction）**：这种方法要求模型从遮盖或损坏后的图像块中预测原始的图像块。通过这种方法，模型可以学习到图像的特征，并在对新图像进行分类时使用这些特征。这个任务的一个关键思想是在训练时，将一些图像块遮盖或损坏，然后让模型预测这些遮盖或损坏的部分，从而使模型能够学习到图像的局部特征，并将这些特征整合到全局特征中。

这两种方法通常结合使用，以提高模型的鲁棒性。值得注意的是，这些预训练任务都是基于无标签数据的，这意味着模型能够从大量的未标注数据中学习到一些有用的特征，从而提高其在下游任务上的性能。

在基于图像重构的预训练任务中，2021 年，何恺明提出的掩码自编码器（Masked Autoencoders，MAE）是一种非常具有代表性的自监督预训练方法，并在 ViT 模型上取得了惊艳的效果。MAE 本质上是一种更通用的去噪自编码器（Denoising Autoencoders）。MAE 最核心的思想是先对图像中的图像块进行随机掩码，然后通过未被掩码的区域预测被掩码的区域，使模型学习图像的语义特征。

视觉和语言任务中 MAE 的区别如下。

（1）**模型结构不同**：过去十年，在技术范式上，计算机视觉被卷积神经网络主导，卷积是一个基于划窗的算法，它和其他嵌入（位置嵌入等）的融合比较困难，直到 ViT 的提出才解决了这个问题。

（2）**信息密度不同**：文本数据是人类高度抽象之后的一种信号，它的信息是密集的，所以仅预测文本中的几个被掩码的单词就能很好地捕捉文本的语义特征。而图像数据是一个信息密度非常小的矩阵，其中包含大量的空间冗余信息，而且像素和它周围的像素仅在纹理上就有非常大的相似性，恢复被掩码的像素并不需要太多的语义信息。

（3）**解码器的作用不同**：在 BERT 的掩码预测任务中，预测被掩码的单词是需要解码器了解文本的语义信息的；而在计算机视觉的掩码预测任务中，预测被掩码的像素往往不严重依赖图像的语义信息。

基于上述分析，MAE 通过 75% 的高掩码率对图像添加噪声，这样图像便很难通过周围的像素对被掩码的像素进行重建，迫使编码器学习图像中的语义信息。下面将详细介绍 MAE 的基本原理。

MAE 的网络结构如图 1.6 所示，它是一个非对称的编码器-解码器（Encoder-Decoder）结构的模型，编码器结构采用了 ViT 提出的以 Transformer 为基础的骨干网络，它基于图像块的输入正好可以作为掩码的基本单元。MAE 的解码器是一个轻量级的结构，在深度和宽度上都比编码器小很多。MAE 的另一个非对称特性表现在编码器仅将未被掩码的部分作为输入，而解码器将整个图像的图像块（掩码标志和编码器编码后的未被掩码图像块的图像特征）作为输入，下面笔者将详细介绍这两个模块。

（1）**MAE 的编码器**：MAE 的编码器结构借鉴了 ViT 的编码器，MAE 的编码器的输入不是整张图像，而是未被掩码的图像块。与标准的 ViT 结构类似，MAE 的编码器采用线性映射将图像块投影为嵌入向量并叠加位置编码嵌入向量，然后采用多层 Transformer 结构进行处理。此外，MAE 的编码器仅对每个未被掩码的图像块（仅占总图像块的 25%）进行运算，因此可以采用较少的计算资源来训练编码器。

（2）**MAE 的解码器**：MAE 的解码器的输入包含图像嵌入和图像的位置编码两个部分。

（a）图像嵌入由编码器编码之后的特征和被掩码的 Token 组成。

（b）图像的位置编码。值得注意的是，解码器的被掩码 Token 是一个共享的且可以学习的模块。

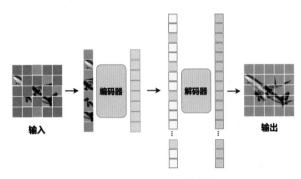

图 1.6　MAE 的网络结构

在 MAE 中，解码器独立于编码器，它仅在预训练的图像重建过程中使用。因此，MAE 解码器的结构可以独立于编码器并灵活设计。例如，MAE 默认采用的解码器仅需要编码器计算量的 10%。基于这种非对称设计，预训练时间可以大幅缩短。

MAE 的重构目标有两种，一种是重构原始图像像素值，另一种是重构归一化之后的图像像素值。实验结果表明，重构归一化的图像可以带来 0.5% 的准确率的提升。MAE 只使用了随机裁剪和水平翻转的数据扩充策略。实验结果表明，颜色变化（Color Jitter）相关的增强会造成准确率的下降。因为 MAE 的随机掩码已经引入了很大的随机性，所以过度的数据增强可能会带来模型的训练难度的增加。

1.4　GPT 系列

GPT 是由 OpenAI 团队于 2018 年提出的非常强大的预训练语言模型，可以在非常复杂的自然语言处理任务中取得惊艳的效果。GPT 系列的模型结构秉承了不断堆叠 Transformer 的思想，通过持续提升训练数据的规模和质量、增加网络的参数数量来完成迭代更新。与 BERT 不同，GPT 是一个单向语言模型，它只能根据上文生成文本。GPT 系列的发展历程可以概括为以下几个阶段。

GPT-1[12]：于 2018 年 6 月发布，共有 12 个 Transformer 编码器层，其中每个编码器层包含 768 个隐藏层单元，使用 1.17 亿个参数和约 5GB 的 BooksCorpus 数据集进行无监督预训练，再根据特定任务进行微调。

GPT-2[13]：于 2019 年 2 月发布，在 GPT-1 的基础上进行了改进。GPT-2 拥有 15 亿个参数，参数量是 GPT-1 的 10 倍。GPT-2 使用更大的文本数据集进行预训练，包括 CommonCrawl、WebText、BooksCorpus 等。与 GPT-1 相比，GPT-2 在文本生成和其他下游任务上的表现都有显著提升，能够在不需要微调的情况下完成多种自然语言处理任务。

GPT-3[14]：于 2020 年 5 月发布，使用了 1,750 亿个参数和 45TB 的 CommonCrawl 数据集进行海量参数学习，GPT-3 的参数量是 GPT-2 的 10 倍以上。GPT-3 使用更大规模的数据集进行预训练，包括 CommonCrawl、WebText、BooksCorpus、Wikipedia 和其他大型数据集。此外，GPT-3 采用更复杂的结构并对技术进行改进，如动态控制模型大小、层级分解、流控制等。GPT-3 在各种自然语言处理任务上取得了出色的表现，能够在给定少量示例或者自然语言指令的情况下完成多种自然语言处理任务。

ChatGPT：于 2022 年 11 月发布，是一个基于 GPT-3.5 模型的应用，使用 10 万亿个参数和 100TB 的社交媒体数据集进行对话生成学习。ChatGPT 的核心结构与基于 GPT-3 的 InstructGPT 模型一致，采用多层 Transformer 解码器结构。与 GPT-3.5 等通用语言模型相比，ChatGPT 专注于对话场景，通过针对对话语境的优化，生成更贴近对话场景的自然语言文本，能够与人类进行流畅、有趣、有逻辑、有情感、有创造力的对话交流。

GPT-4：于 2023 年 3 月发布，相较于 ChatGPT 实现了多方面的飞跃式提升。例如，提升为多模态模型，可以接收图像的输入与输出，有强大的识图能力；文字输入限制提升至 2.5 万字；回答准确性显著提高；高级推理能力、模拟考试水平明显提升。

GPT-4V：2023 年 9 月 25 日，OpenAI 发布了具有视觉功能的 GPT-4Vision（简称 GPT-4V）。用户能够让 GPT-4 来分析用户提供的图像输入。2023 年 9 月 29 日，微软发布了 166 页关于 GPT-4V 的研究报告。

1.4.1 GPT-1 结构详解

GPT-1 假设可以获取大量无标签的文本数据及少量带标签的下游任务数据，并且不要求无标签的数据与任务数据是同一个类型的。在这些数据的基础上，GPT-1 模型的训练主要包括以下两个阶段。

（1）**无监督预训练**：利用大量未标注的数据预训练一个语言模型。

（2）**有监督微调**：利用标注数据对预训练好的语言模型进行微调，将其迁移到各种有监督的自然语言处理任务上。GPT-1 这样的训练方式本质上是一种半监督方法，旨在学习一个通用的表示，让其在后续训练不同的任务时，只需要很小的改动。GPT-1 的整体结构如图 1.7 所示，左图为 GPT-1 采用的 Transformer 结构和训练目标，右图为 GPT-1 训练的不同微调任务。下面详细介绍 GPT-1 训练的两个阶段。

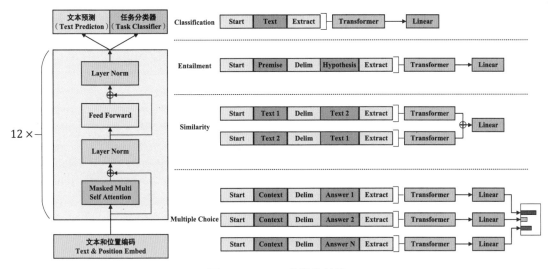

图 1.7　GPT-1 的整体结构

1. 无监督预训练

给定一个无标注的数据序列 $\mathcal{U} = \{u_1, u_2, \cdots, u_n\}$，GPT-1 采用一个标准的语言建模目标函数来最大化如下似然估计：

$$L_1(\mathcal{U}) = \sum_i \log P(\boldsymbol{u}_i|\boldsymbol{u}_{i-k}, \cdots, \boldsymbol{u}_{i-1}; \Theta) \tag{1.20}$$

式中，k 表示文本窗口大小，P 表示用神经网络参数 Θ 来建模的条件概率。这些参数均采用随机梯度下降法训练。

GPT-1 使用的是来自 BERT 的多层 Transformer 解码器结构，并对输入文本采用多头自注意力机制和位置敏感的全连接层，得到目标序列的输出分布：

$$\begin{aligned} \boldsymbol{h}_0 &= \boldsymbol{U}\boldsymbol{W}_{\mathrm{e}} + \boldsymbol{W}_{\mathrm{p}} \\ \boldsymbol{h}_l &= \text{Transformer\_block}(\boldsymbol{h}_{l-1}), \quad \forall i \in [1, n] \\ P(\boldsymbol{u}) &= \text{Softmax}(\boldsymbol{h}_n \boldsymbol{W}_{\mathrm{e}}^\top) \end{aligned} \tag{1.21}$$

式中，$\boldsymbol{U} = \{\boldsymbol{u}_{-k}, \cdots, \boldsymbol{u}_{-1}\}$ 表示上下文序列向量，n 表示层数，$\boldsymbol{W}_{\mathrm{e}}$ 表示词向量矩阵，$\boldsymbol{W}_{\mathrm{p}}$ 表

示位置向量矩阵，⊤ 表示矩阵转置。

2. 有监督微调

GPT-1 模型利用式 (1.20) 预训练后，会采用有监督微调的方式来调整模型参数。假设存在一个标注数据集 $\mathcal{C}$，其中的每个实例包含一个输入词向量序列 $\boldsymbol{x}_1, \boldsymbol{x}_2, \cdots, \boldsymbol{x}_m$，以及一个类别标签 $\boldsymbol{y}$。将输入加载到预训练模型，得到最终的 Transformer 的激励 $\boldsymbol{h}_l^m$，然后将该激励输入参数为 $\boldsymbol{W}_y$ 的线性输出层来预测 $\boldsymbol{y}$：

$$P(\boldsymbol{y}|\boldsymbol{x}_1, \boldsymbol{x}_2, \cdots, \boldsymbol{x}_m) = \text{Softmax}(\boldsymbol{h}_l^m \boldsymbol{W}_y) \tag{1.22}$$

接下来，通过最大化下面的目标函数进行微调：

$$L_2(\mathcal{C}) = \sum_{(\boldsymbol{x}, \boldsymbol{y})} \log P(\boldsymbol{y}|\boldsymbol{x}_1, \boldsymbol{x}_2, \cdots, \boldsymbol{x}_m) \tag{1.23}$$

此外，GPT-1 将语言模型的目标函数添加到下游微调任务中，提高模型的泛化能力及收敛速度，最终的目标函数如下：

$$L_3(\mathcal{C}) = L_2(\mathcal{C}) + \lambda L_1(\mathcal{C}) \tag{1.24}$$

3. 任务相关的输入形式

如图 1.7 的右半部分所示，对于不同的下游任务，GPT-1 使用了不同的输入形式。

（1）**文本分类（Classification）任务**：直接使用上述方式进行微调。

（2）**文本蕴含（Entailment）任务**：文本蕴含是自然语言理解中的一个重要概念，指的是根据一个文本的内容推断另一个文本的真实性或合理性。对于该任务，将前提（Premise）和假设（Hypothesis）的文本序列拼接到一起，并在中间添加分隔符 \$。

（3）**文本相似（Similarity）任务**：对于文本相似任务，被比较的两个句子之间不存在固有的顺序关系。为了反映上述关系，GPT-1 的作者修改输入序列，将两个可能的句子顺序（之间有一个分隔符）都包含在内，然后独立地处理每个序列，产生两个序列表示 $\boldsymbol{h}_l^m$，然后将它们逐元素相加，再输入线性输出层。

（4）**多项选择（Multiple Choice）任务**：在这类任务中，给定一个文档 $\boldsymbol{z}$，一个句子 $\boldsymbol{q}$，以及一个可能的答案集合 $\{\boldsymbol{a}_k\}$，将文档、问题和每一个答案拼接在一起，并在答案之前添加分隔符 \$，最终得到 $[\boldsymbol{z}; \boldsymbol{q}; \$; \boldsymbol{a}_k]$。将每一个文本序列独立地输入语言模型和线性分类层，再将所有结果进行 Softmax 处理，得到在可能的答案集合上的输出分布。

1.4.2 GPT-2 结构详解

GPT-2 无监督学习的方式和 GPT-1 是一样的，但是使用了大量不同任务的高质量数据，每一个任务都要保证其损失函数能收敛，不同任务之间共享参数，进一步提升了模型的泛化能力。在加深网络与增加数据量的同时，GPT-2 取消了微调步骤，不再针对不同任务分别进行微调建模。相比于有监督的多任务学习，语言模型只是不需要定义哪些字段是输入和输出。实际上，有监督的输出只是语言模型序列中的一个子集。例如，在训练模型时有一句话是"中国的首都是北京"，语言模型就自然地将问答任务的输入和输出都学到了。GPT-2 的目标是朝着能够处理更多任务的通用系统的方向前进，最终不需要对每个任务标记额外的训练数据。下面将详细介绍 GPT-2 的核心方法、训练数据及模型结构。

1. 核心方法

GPT-2 的核心方法是语言建模。语言建模可以理解为对样例序列 $(x_1, x_2, \cdots, x_n)$ 的无监督分布进行估计，其中每个样本包含不同长度的符号序列 $(s_1, s_2, \cdots, s_n)$。语言包含天然的次序结构，因此通常将符号的联合概率分解为条件概率的乘积：

$$p(x) = \prod_{i=1}^{n} p(s_n | s_1, s_2, \cdots, s_{n-1}) \tag{1.25}$$

这种方法可以实现对 $p(x)$ 及形式为 $p(s_{n-k}, \cdots, s_n | s_1, \cdots, s_{n-k-1})$ 的任何条件概率的可控采样和估计。近年来，模型的表达能力显著提高，并可以计算这些条件概率。

学习执行单个任务可以表达为在概率框架下估计条件分布 $p(\text{output}|\text{input})$。一个通用的系统应该能够执行许多不同类型的任务，即使对于相同的输入，它也应该不仅依赖输入，而且依赖要执行的任务。因此，GPT-2 根据给定输入与任务做出相应的输出：

$$p(\text{output}|\text{input}, \text{task}) \tag{1.26}$$

对于各种特定的任务，其输入、输出都可以表示成一个序列的格式，如都可以用自然语言表示，这样各种任务可以变得像自然语言一样灵活。例如，可以直接输入"中国的首都是北京"，由 GPT-2 将中文翻译为英文，得到笔者需要的结果 "The capital of China is Beijing"。因此，GPT-2 可以将机器翻译、自然语言推理、关系提取等多类任务统一建模为一个分类任务，而不再为每一个子任务单独设计模型。实验表明，足够大的语言模型能够以这种方式处理各种任务，但是其学习速度要比特定的监督方式慢不少。可以认为，GPT-2 为之后大语言模型的大放光彩打下了坚实的基础。

2. 训练数据

GPT-2 的训练数据集采用的是 WebText，为了构建 WebText 数据集，GPT-2 创建了一个强调文档质量的新网络爬取工具，只爬取人工筛选或经过过滤的网页，并从社交媒体平台 Reddit 中爬取了至少获得 3 个点赞的所有外部链接，这可以被视为一个启发式指标，用于判断其他用户是否发现该链接有趣、有教育意义或仅仅是好笑。WebText 是包含 4,500 万个链接的文本子集。为了从 HTML 响应中提取文本，GPT-2 使用了 Dragnet 和 Newspaper 内容提取器的组合。因为 WebText 是其他数据集的常见数据源，可能会由于训练数据和测试评估任务的重叠使分析变得复杂，所以 GPT-2 从 WebText 中删除了所有维基百科文档。

3. 模型结构

GPT-2 的主要结构还是基于 Transformer 的，并在 GPT-1 的基础上做了些许调整。层归一化移动到每个 Transformer 块的开始处，并且在最后一层注意力机制后添加了一次层归一化操作。考虑到随着模型深度的加深，残差网络会累积，GPT-2 对 Transformer 模块残差层的初始化做了调整，将其参数调整到原来的大小，N 是残差的层数。词表的大小拓展到 50,247，上下文窗口的长度也从 512 增加到 1,024，Batch Size 也提高到了 512。

1.4.3 GPT-3 结构详解

"预训练 + 微调"范式的主要限制是需要任务相关的数据集及特定的微调。对于每一个新任务，都需要大量的带标签的数据，这极大地限制了预训练语言模型的能力。微调之后的预训练模型，也常常会过拟合任务数据，丢失处理其他问题的能力。反观人类，在绝大多数任务上，不需要大量的标记数据就能学习好。

鉴于此，OpenAI 在 2020 年 5 月发布了 GPT-3（Generative Pre-trained Transformer 3）。GPT-3 是一个自回归语言模型，沿用了 GPT-2 的结构，在网络容量上有很大的提升，采用了 96 层的多头 Transformer，词向量维度为 12,288，共有 1,750 亿个参数，是 GPT-2 的 100 多倍。在给出任务的描述和一些参考案例的情况下，GPT-3 能理解当前的语境。即使在下游任务和预训练的数据分布不一致的情况下，GPT-3 也能表现得很好。GPT-3 并没有进行微调，在计算子任务的时候不需要计算梯度，而是让案例作为一种输入的指导，帮助模型更好地完成任务。GPT-3 在许多自然语言处理数据集上表现出了强大的性能，包括翻译、问答、填空任务，以及一些需要即时推理或领域适应的任务，如拼写单词、在句子中使用新词或执行三位数的算术运算等。下面将详细介绍 GPT-3 的模型结构、训练数据及评测方式。

1. 模型结构

除了 Transformer 的内部结构有所不同，GPT-3 使用了与 GPT-2 基本一致的结构。GPT-3 的 Transformer 使用的是类似稀疏 Transformer 那样的局部带状稀疏注意力模式，这种结构可以提高 Transformer 的计算效率。

2. 训练数据

GPT-3 使用了更大规模的数据库进行预训练，包括 CommonCrawl、WebText、BooksCorpus、Wikipedia 和其他大型数据集。虽然 CommonCrawl 有足够的数据，但是质量较低，因此，GPT-3 采取了 3 个步骤来提高数据质量。

（1）以 WebText 内的数据作为高质量数据，CommonCrawl 内的数据为低质量数据，训练一个简单的逻辑回归模型来判断数据质量，通过将这个模型进行过滤，获取一版 CommonCrawl 数据。

（2）进行模糊去重处理，保证不会在留作验证集的保留数据上过拟合。

（3）增加一些已知的高质量的数据集，提高数据集的多样性。

GPT-3 下载的 CommonCrawl 数据包含 45TB 的文本，过滤后还有 570GB。然而，在实际训练过程中，并不是按照数据集的大小进行采样的，而是赋予质量更高的数据集更大的采样权重。实际上，就是使用少量数据的过拟合来交换更高质量的训练数据。训练数据处理还有一个比较关键的步骤，就是判断与各个任务评测数据集的重合度，以降低靠记忆数据带来的指标虚高。

3. 评测方式

GPT-3 使用三种方式来评测所有的任务，包括 Few-shot、One-shot 和 Zero-shot。

Few-shot（FS）：在推理时，给定模型少量的任务演示作为条件，但不允许进行权重更新。具体来说，Few-shot 就是给定 K 个样本（一般为 10~100 个），然后预测任务。通常，K 越大，效果越好。Few-shot 方法的主要优点是大幅减少了对任务特定数据的需求，以降低从大但狭窄的微调数据集中学习过于狭隘分布的可能性。Few-shot 方法的主要缺点是，其性能远不如最先进的微调模型。此外，仍需要一小部分任务特定数据。正如其名，这里描述的语言模型中的 Few-shot 学习与机器学习中其他上下文中使用的 Few-shot 学习相关，两者都涉及基于广泛的任务分布（这种情况下是隐含在预训练数据中的）学习，然后快速适应新任务。

One-shot（1S）：One-shot 与 Few-shot 相同，只允许一次演示，同时配合一个任务的自然语言描述，如图 1.8 所示。将 One-shot 与 Few-shot 和 Zero-shot（下文会提到）区分开来的原因是，它最接近人类沟通任务的方式。例如，在众包工作平台（如 Mechanical Turk）上生成数据集时，通常会给出一次任务演示。相比之下，如果没有示例，则很难传达任务的内容或格式。

Zero-shot（0S）：Zero-shot 与 One-shot 相同，只是不允许演示，而且模型只会得到描述任务的自然语言指令。这种方法提供了最大的便利、最强的鲁棒性，并且能避免虚假相关性（除非它们广泛存在于预训练数据的大数据库中），但也是最具挑战性的。在某些情况下，即使对人类来说，在没有先前的示例的情况下理解任务的格式也可能很困难，因此这种情况是"不公平的难"。例如，如果要求某人"制作 200m 冲刺的世界纪录表"，这个请求可能是含糊的，原因在于不清楚表格应该采用什么格式或包含什么内容。尽管如此，对于某些情况来说，Zero-shot 是最接近人类执行任务的方式。以图 1.8 中的翻译示例为例，人类可能只需要根据文本指令就知道该做什么，而 GPT-3 在这项工作中研究的 Zero-shot、One-shot、Few-shot 学习方法要求模型只在测试时进行前向传递来执行任务。在 Few-shot 学习的设置中，通常需要向模型提供几十个示例。

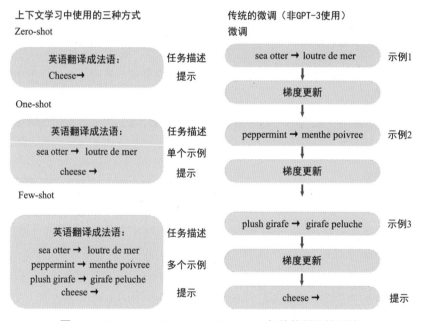

图 1.8 Zero-shot、One-shot、Few-shot 与传统微调的对比

除此之外，这三种方式与原本的微调最大的不同在于是否改变模型的参数。微调会在学习样本的过程中，不断调整自身模型的参数，而 GPT-3 的几种方式，则完全不会调整模型的参数，这也是一个模型能够处理所有任务的基础。

4. GPT-3 的局限

尽管 GPT-3 在文本合成和几个自然语言处理任务方面相对于 GPT-2 有了显著的定量和定性改进，但仍然存在一些明显的弱点。在文本合成方面，虽然 GPT-3 输出的总体质量很高，但有时样本在文档级别上会有语义重复，随着篇幅的增长而失去连贯性，自相矛盾，并偶尔包含不连贯的句子或段落。在离散语言任务领域，笔者注意到，GPT-3 似乎特别难处理"常识物理"问题。具体来说，GPT-3 在回答"如果我把奶酪放进冰箱，它会融化吗"这类问题时存在困难。定量上，在笔者的基准测试中，GPT-3 的上下文学习表现有明显的缺陷，在某些"比较"任务上，它甚至不比随机猜测的结果好，如确定两个单词在句子中的使用方式是否相同，或者一个句子是否暗示另一个句子。

GPT-3 存在一些结构和算法上的限制，这些限制可能会导致上述问题。GPT-3 专注于探索自回归语言模型在上下文学习方面的能力，原因在于使用这种模型进行采样和计算似然是很简单的。因此，GPT-3 的实验不包含任何双向结构或其他训练目标，例如去噪。然而，GPT-3 的设计决策可能会使其在某些双向任务上表现得更差，这包括填空任务、涉及查看和比较两个内容的任务等。这可能是 GPT-3 在一些任务上表现差的解释，例如 WIC（涉及比较一个单词在两个句子中的使用方式）、ANLI（涉及比较两个句子，以查看一个是否暗示另一个）及几个阅读理解任务（例如 QuAC 和 RACE）。根据过去的文献推测，一个大型的双向模型在微调方面会比 GPT-3 更强。制作一个与 GPT-3 规模相当的双向模型，或者尝试使双向模型适用于少量或零样本学习，是未来研究的方向，这有利于实现"两全其美"。

一个关于语言模型最本质的不足，是预训练时的目标函数。当前的目标函数是对所有的 Token 都平等对待，并不关心哪些更重要。纯粹地放大尺寸（模型容量、数据大小、训练时长等）可能已经达到自监督方法的上限了。大型预训练语言模型不基于其他领域的经验，如视频或现实世界中的物理交互，因此缺乏关于世界的大量上下文信息。由于所有这些原因，纯自监督预测的扩展可能会遇到限制，可能需要使用不同的方法进行增强。这方面的未来方向可能包括从人类那里学习目标函数，使用强化学习进行微调或添加其他模态（如图像），以提供基础和更好的世界模型。

语言模型普遍存在的另一个限制是在预训练期间的样本效率低下。虽然在测试时 GPT-3 的样本效率接近人类，但在预训练期间它仍然比人类在一生中看到的文本要多得多。提高预训练样本效率是未来工作的一个重要方向。提高预训练样本效率的方式可能是利用物理世界提供的额外信息，或者来自算法的改进。

GPT-3 的少样本学习的一个限制或不确定性是，它能否在推理时"从零开始"学习新任务，还是仅识别和辨别在训练中学到的任务。可行的方案有几个：可以从训练集中抽取与测试时完全相同分布的演示，也可以识别以不同格式呈现的相同任务，还可以适应于特定样式的一般任务。在这些方案中，GPT-3 的位置可能因任务而异。合成任务，如单词乱序或定义无意义的单词，很可能被重新学习，而翻译显然必须在预训练期间学习，原因在于其包含可能来自组织和样式非常不同的数据。最终，人类是从头开始学习，还是从以前的演示中学习，这是一个问题。

针对 GPT-3 规模的模型，无论是目标函数还是算法，都存在局限性，即它们的推理成本高昂，而这可能对这种规模的模型在当前的实际适用性构成挑战。解决这个问题的一个可能有效的方法是对 LLM 进行蒸馏以适应特定任务。像 GPT-3 这样的 LLM 包含非常广泛的技能，其中大多数在特定任务中并不需要，因此原则上可以进行蒸馏。蒸馏技术已经得到了广泛的研究，但在数千亿参数级别的模型上进行压缩还面临着新的挑战和机遇。

最后，GPT-3 存在与大多数深度学习系统类似的局限性——其决策缺乏可解释性，其在新输入上的预测不能很好地校准，这可以从其在标准基准测试中表现的高方差中观察到，而这相比于人类表现要高得多，并且它保留了其训练数据中的偏差，数据中的偏误可能导致模型生成带有偏误的内容。

1.5　ChatGPT 简介

ChatGPT 是 OpenAI 推出的一种 AI 技术驱动的自然语言处理工具，使用了 Transformer 神经网络结构，也是 GPT-3.5 结构。这是一种用于处理序列数据的模型，拥有语言理解和文本生成能力，尤其是它会通过连接大量的数据库来训练模型，这些数据库包含真实世界中的对话，使得 ChatGPT 具备上知天文、下知地理，还能根据聊天的上下文进行互动的能力。ChatGPT 不仅是聊天机器人，还能完成撰写邮件、视频脚本、文案、翻译、代码等任务。自 2022 年 11 月 30 日发布以来，ChatGPT 爆火全球，5 天注册用户超 100 万，用户破亿用时仅 2 个多月，被称为"史上用户增长最快的消费者应用"。

要了解 ChatGPT，首先要学习 InstructGPT[15]，这是因为 ChatGPT 沿用了 InstructGPT。虽然 ChatGPT 的核心结构与基于 GPT-3 的 InstructGPT 模型一致，但是数据量多了好几个量级。InstructGPT 在 GPT-3 上用强化学习做了微调，内核模型为 PPO-ptx。

1.5.1　InstructGPT

让语言模型变得更大并不会从本质上使它们更善于遵循用户意图。例如，LLM 可能会生成不真实、有害或对用户没有帮助的输出。换句话说，这些模型与其用户的需求不对齐。在 InstructGPT 中，使用了一种通过人类反馈微调的语言模型，目的是在广泛任务中使其与用户意图对齐。InstructGPT 的三个步骤为有监督微调、奖励模型训练，以及在该奖励模型上进行近端策略优化（Proximal Policy Optimization，PPO）的强化学习。如图 1.9 所示，蓝色箭头表示这些数据被用来训练 InstructGPT 模型。在步骤二中，A~D 是从 InstructGPT 模型中抽取的样本，这些样本会被标注者进行排序。InstructGPT 从由标注者编写的提示和通过 OpenAI API 提交的提示开始，收集标注者演示所需模型行为的数据集，然后使用有监督学习微调 GPT-3。接着，InstructGPT 收集了一组模型输出排名的数据集，并使用人类反馈的强化学习进一步微调这个有监督的模型，因此称之为 InstructGPT 模型。在 InstructGPT 的提示分布的人类评估中，尽管 InstructGPT 模型只有 130 亿个参数，不足拥有 1,750 亿个参数的 GPT-3 的 1/100，但其输出被优先选择。此外，InstructGPT 模型在真实性方面有所提高，在产生有害输出方面有所减少。尽管 InstructGPT 仍然会出现简单的错误，但实验结果表明，通过人类反馈进行微调是实现语言模型与人类意图对齐的一个有前途的方向。

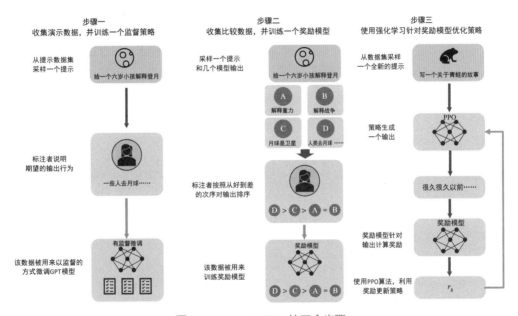

图 1.9　InstructGPT 的三个步骤

1. 高层方法论

步骤 1：收集演示数据，训练一个有监督的策略。InstructGPT 的标注者在输入提示分布上提供所需行为的演示。然后，InstructGPT 使用监督学习在这些数据上微调预训练的 GPT-3

模型。

步骤 2：收集比较数据，训练奖励模型。InstructGPT 收集一个模型输出之间的比较数据集。然后，InstructGPT 训练一个奖励模型来预测人类偏好的输出。

步骤 3：使用 PPO 针对奖励模型优化策略。InstructGPT 将奖励模型的输出用作标量奖励。InstructGPT 使用 PPO 算法微调监督策略以优化此奖励。

步骤 2 和步骤 3 可以持续迭代。收集当前最佳策略的更多比较数据，用于训练新的奖励模型和新的策略。实际上，InstructGPT 中大部分比较数据来自监督策略，有些则来自 PPO 策略。

2. 数据集

InstructGPT 的提示数据集主要由提交给 OpenAI API 的文本提示组成，特别是那些在 Playground 界面上使用早期版本的 InstructGPT 模型（通过对 InstructGPT 演示数据的子集进行监督学习训练得到）。使用 Playground 的客户被告知，每当使用 InstructGPT 模型时，都会被通知数据将被用来进一步训练模型。InstructGPT 通过检查具有长公共前缀的提示启发式地删除重复提示，每个用户 ID 限制提示数为 200 个。InstructGPT 还基于用户 ID 创建训练、验证和测试数据集。为避免模型学习潜在敏感的客户细节，InstructGPT 过滤了训练集中所有包含个人身份信息的提示。

为了训练第一个 InstructGPT 模型，InstructGPT 要求标注者自己编写提示。这是因为 InstructGPT 需要一个初始的指导式提示来源来启动这个过程，而这些类型的提示通常不会被提交到 API 上的常规 GPT-3 模型中。InstructGPT 要求标注者编写以下三种类型的提示。

（1）**普通提示**：要求标注者任意提出一个任务，同时确保任务具有足够的多样性。

（2）**少样本提示**：要求标注者提出一条指令及该指令的多个查询/响应对。

（3）**基于用户的提示**：在等候 OpenAI API 申请时列出了许多用例，要求标注者提出与这些用例相对应的提示。

从这些提示中，InstructGPT 产生了三个不同的数据集，用于微调过程。

（1）InstructGPT 的 SFT 数据集，使用标注者的演示来训练 InstructGPT 的有监督微调模型。

（2）RM 数据集，使用标注者对模型输出的打分排序来训练 InstructGPT 的奖励模型。

（3）PPO 数据集，没有任何人类标签，用作基于人类反馈的强化学习（Reinforcement Learning from Human Feedback，RLHF）微调的输入。SFT 数据集包含约 13,000 个训练提示（由 API 和标注者编写），RM 数据集有 33,000 个训练提示（由 API 和标注者编写），PPO 数据集有 31,000 个训练提示（仅来自 API）。

3. 训练任务

InstructGPT 的训练数据有以下两个来源。

（1）由标注者编写的提示数据集。

（2）InstructGPT API 上早期 InstructGPT 模型的提示数据集。

这些提示非常多样化，包括生成、问答、对话、摘要、提取和其他自然语言任务。InstructGPT 的数据集中有超过 96% 的文本为英语。

对于每个自然语言提示，任务通常是通过自然语言指令直接指定的（例如，写一个关于青蛙的故事），也可以通过少量示例（例如，提供两个关于青蛙故事的示例，并提示模型生成一个新的故事）或隐含的联系（例如，提供一个有关青蛙的故事的开头）来间接指定任务。InstructGPT 要求标注者尽力推断编写提示的用户的意图，并要求他们跳过任务非常不清晰的输入。此外，InstructGPT 的标注者还考虑到隐含的意图，如响应的真实性，以及有偏见或有害语言等潜在的有害输出。

4. 人类数据收集

为了生成 InstructGPT 的演示和比较数据，并进行评估，InstructGPT 在 Upwork 和 ScaleAI 上聘请了一个约 40 名员工的承包商团队。与早期收集人类偏好数据来完成摘要任务的工作相比，InstructGPT 的输入涵盖了更广泛的任务范围，有时还包括有争议和敏感的主题。Instruct-GPT 的目标是选择一组对不同人群偏好敏感的标注者，并擅长识别潜在的有害输出。因此，InstructGPT 进行了一个筛选测试，以衡量标注者在这些方面的表现，InstructGPT 选择了表现良好的标注者。

在训练和评估过程中，InstructGPT 的对齐标准可能会有所不同（例如，当用户请求可能会产生有害影响的响应时）。在训练过程中，InstructGPT 优先考虑对用户的帮助（如果不这样做，则需要做出一些困难的设计决策，InstructGPT 将这些决策留给未来的工作）。在 InstructGPT 的最终评估中，要求标注者优先考虑真实性和无害性。

5. 模型构建流程

InstructGPT 基于 GPT-3 预训练语言模型，适用于各种下游任务，但行为特征交叉。InstructGPT 使用了 3 种技术训练模型。

（1）**有监督微调**（Supervised Fine-tuning，SFT）：InstructGPT 使用监督学习将 GPT-3 模型微调到标注演示数据上。使用余弦学习率衰减和残差丢失率为 0.2 进行了 16 轮（Epoch）的训练。根据验证集上的奖励模型分数选择最终的有监督微调模型。有监督微调模型在 1 轮训练后会过度拟合验证集的损失，训练更多的轮次可以提高奖励模型的分数和人类偏好评分。

（2）**奖励建模**：InstructGPT 从去掉最终反嵌入层的有监督微调模型开始训练一个模型，输入是提示和响应，输出是标量奖励。InstructGPT 只使用参数量为 6B[1] 的奖励模型，这样可以节省大量计算资源；参数量为 175B 的奖励模型训练不稳定，不适合在强化学习阶段用作价值函数。

（3）**强化学习**：InstructGPT 使用 PPO 对有监督微调模型进行微调。该环境是一个赌博环境，它会提供一个随机的客户提示并期望得到一个响应。给定提示和响应，InstructGPT 根据奖励模型生成奖励并结束该情景。此外，InstructGPT 在每个标记上添加一个来自有监督微调模型的 KL 惩罚，以减轻奖励模型的过度优化。价值函数从奖励模型初始化，InstructGPT 将上述模型称为 PPO。

1.5.2 ChatGPT

ChatGPT 以 GPT-3.5 为基座，依托其强大的生成能力，使用 RLHF 对其进行进一步训练，取得了惊艳四座的效果。GPT 系列模型的发展从 GPT-3 开始分成两个技术路径并行发展，一个路径是以 Codex 为代表的代码与训练技术，另一个路径是以 InstructGPT 为代表的文本指令（Instuction）预训练技术。这两个技术不是始终并行发展的，而是到了一定阶段就进入融合式预训练的过程，并通过指令学习（Instruction Tuning）、有监督微调及 RLHF 等技术实现以自然语言对话为接口的 ChatGPT 模型。

1. ChatGPT 未来的发展方向

虽然 ChatGPT 取得了不错的效果，但是仍然面临诸多挑战。

（1）ChatGPT 可能生成一些似是而非、毫无意义的答案。导致这个问题的原因有：强化学习训练过程中没有明确的正确答案；训练过程中一些谨慎的训练策略导致模型无法给出本应给出的正确回复；监督学习训练过程中错误的引导导致模型更倾向于生成标注者知道的内容，而不是模型真正知道的内容。

（2）ChatGPT 对于输入措辞比较敏感。例如，给定一个特定的问题，模型声称不知道答案，但只要稍微改变措辞，模型就可以生成正确答案。

（3）ChatGPT 生成的回复通常过于冗长，并且存在过度使用某些短语的问题（这样的问题主要来自训练数据的偏差和过拟合）。

（4）虽然 OpenAI 已经努力让模型拒绝不恰当和有害的请求，但是仍然无法避免对有害请

---

1. B 即 Billion，表示十亿个。

求作出回复或对问题表现出偏见。

虽然 ChatGPT 很强大，但是其模型过于庞大且使用成本过高，因此，对模型进行瘦身也是未来的发展方向。主流的模型压缩方法有量化、剪枝、蒸馏和稀疏化等。量化是指降低模型参数的数值表示精度，例如从 FP32 降低到 FP16 或者 INT8。剪枝是指合理地利用策略删除神经网络中的部分参数，例如从单个权重到更高粒度组件（从权重矩阵到通道），这种方法在视觉领域或其他较小语言模型中比较奏效。蒸馏是指利用一个较小的学生模型学习较大的老师模型中的重要信息、摒弃一些冗余信息的方法。稀疏化将大量的冗余变量去除，简化模型的同时保留数据中最重要的信息。

此外，减少人类反馈信息的基于 AI 反馈的强化学习（RL from AI Feedback，RLAIF）也是一个全新的观点。2022 年 12 月，Anthropic 公司发表论文 "Constitutional AI: Harmlessness from AI Feedback"，介绍了其最新推出的聊天机器人 Claude。与 ChatGPT 类似，两者均利用强化学习对模型进行训练，不同点在于其排序过程使用模型进行数据标注而非人类，即训练一个模型学习人类对于无害性偏好的打分模式并代替人类对结果进行排序。

2. ChatGPT 的优势

ChatGPT 与其他聊天机器人（如微软小冰、百度度秘等）类似，也是直接对其下指令即可与人类自然交互，简单直接。相较之下，ChatGPT 的回答更准确，能进行更细致的推理，能完成更多的任务，这得益于其具有以下三方面的能力。

（1）**强大的底座能力**：ChatGPT 基于 GPT-3.5 系列的 Code-davinci-002 指令微调而成。而 GPT-3.5 系列是一系列采用了数千亿的 Token 预训练的千亿大模型，足够大的模型规模赋予了 ChatGPT 更多的参数量，同时其内含"涌现"的潜力，为之后的指令微调能力激发打下坚实的基础。

（2）**惊艳的思维链推理能力**：在文本预训练的基础上，ChatGPT 的基础大模型采用 159GB 的代码进行继续预训练，借助代码分步骤、分模块解决问题的特性，模型涌现出了逐步推理的能力，在模型表现上不再是随着模型规模线性增长，有了激增，打破了尺度定律（Scaling Law）。

（3）**实用的零样本能力**：通过在基础大模型上利用多种指令进行指令微调，ChatGPT 的泛化性被显著激发，可以处理未见过的任务，其通用性大大提高，可以处理多种语言、多项任务。

综上，在 LLM 存储充足的知识和涌现的思维链能力的基础上，ChatGPT 辅以指令微调，几乎做到了知识范围内的无所不知，且难以看出破绽，已遥遥领先普通的聊天机器人。

相较于其他的 LLM，ChatGPT 使用了更多的多轮对话数据进行指令微调，这使其拥有了建模对话历史的能力，能持续和用户交互。同时，因为现实世界语言数据的偏见性，LLM 基于这些数据预训练可能会生成有害的回复。ChatGPT 在指令微调阶段通过 RLHF 调整模型的输出偏好，使其能输出更符合人类预期的结果（能进行翔实的回应、公平的回应、拒绝不当问题、拒绝知识范围外的问题），一定程度上解决了偏见问题，使其更加耐用。同时，其能利用真实的用户反馈不断进行 AI 正循环，持续增强自身和人类的这种对齐能力，输出更安全的回复。

在 ChatGPT 之前，利用特定任务数据微调小模型是近年来最常用的自然语言处理范式。相较于这种微调范式，ChatGPT 通过大量指令激发的泛化能力在零样本和少样本场景下具有显著优势，在未见过的任务上也可以有所表现。例如，ChatGPT 的前身 InstructGPT 指令微调的指令集中 96% 以上是英语，只含有 20 种其他语言（如西班牙语、法语、德语等）。然而，在机器翻译任务上，笔者使用指令集中未出现的塞尔维亚语让 ChatGPT 进行翻译，仍然可以得到正确的翻译结果，这是在微调小模型的范式下很难实现的泛化能力。

除此之外，ChatGPT 在创作型任务上的表现尤为突出，甚至强于大多数普通人。

3. ChatGPT 的劣势

受 LLM 自身、数据原因、标注策略等限制，ChatGPT 仍存在一些劣势，具体表现在以下几个方面。

（1）可信性无法保证：ChatGPT 的回复可能是在"一本正经地胡说八道"，即语句通畅，逻辑貌似合理，但其实完全不对。目前，模型还不能提供合理的证据进行可信性的验证。

（2）时效性差：ChatGPT 无法实时地融入新知识，其知识范围局限在 LLM 使用的预训练数据时间之前，可回答的知识范围有明显的边界。

（3）成本高昂：ChatGPT 训练成本高、部署困难、每次调用花费不菲、还可能有延迟问题，对工程能力有很高的要求。

（4）在特定的专业领域上表现欠佳：LLM 的训练数据是通用数据，没有领域专业数据（例如，针对特定领域的专业术语翻译做得并不好）。

（5）语言模型每次的生成结果是集束搜索（Beam Search）或者采样的产物，每次都会有细微的不同。同样地，ChatGPT 对输入敏感，对于某个指令可能回答不正确，但简单替换几个词表达同样的意思重新提问，又可以回答正确，说明模型目前还不够稳定。

如上所述，ChatGPT 的基础模型是基于现实世界的语言数据预训练而成的，因为数据的偏见性，所以很可能生成有害内容。虽然 ChatGPT 已采用 RLHF 的方式大大缓解了这一问题，但是通过诱导，有害内容仍有可能出现。此外，ChatGPT 为 OpenAI 部署，用户数据都为 OpenAI 所掌握，长期大规模使用可能存在一定的数据泄露风险。

ChatGPT 通过 RLHF 使模型的生成结果更符合人类预期，这也导致模型的行为和偏好在一定程度上反映的是标注者的偏好，在标注者偏好分布不均的情况下，可能会引入新的偏见问题。同样地，标注者标注时会倾向于更长的答案，因为这样的答案看起来更全面，这导致 ChatGPT 偏好于生成更长的回答，在部分情况下显得冗长。

在目前微调小模型已经达到较好效果的前提下，同时考虑到 ChatGPT 的训练和部署困难程度，ChatGPT 可能不适用于以下任务场景或者相比于目前的微调小模型范式性价比较低。

（1）针对特定的序列标注等传统自然语言处理任务，考虑到部署成本和特定任务的准确性，在自然语言理解（Natural Language Understanding，NLU）任务不需要 LLM 的生成能力，也不需要更多额外知识的前提下，如果拥有足够的数据进行微调，那么微调小模型可能仍是更佳的方案。

（2）不适用于一些不需要 LLM 提供额外知识的任务。例如，机器阅读理解，回答问题所需的知识已经都存在于上下文中。

（3）除英语外的其他语言在预训练数据库中占比很少，因此非英文或多语言的翻译任务在追求准确的前提下可能并不适用。

（4）LLM 的现实世界先验知识太强，很难被提示覆盖，这导致使用者很难纠正 ChatGPT 的事实性错误，使其使用场景受限。

（5）对于常识、符号和逻辑推理问题，ChatGPT 更倾向于生成"不确定"的回复，避免直接正面回答问题。不适用于追求唯一性答案的场景。

4. ChatGPT 的应用前景

作为掀起新一轮 AIGC（Artificial Intelligence Generated Content，人工智能技术生成内容）热潮的新引擎，ChatGPT 给 AI 行业和其他行业带来了深远影响，笔者分别从这两个方面讨论 ChatGPT 的应用前景。

1）在 AI 行业的应用前景及影响

ChatGPT 的发布及其取得的巨大成功对 AI 行业形成了强烈的冲击，人们发现之前许多悬而未解的问题随着 ChatGPT 的出现迎刃而解（包括事实型问答、文本摘要事实一致性、篇章级机器翻译的性别问题等）。从另一个角度看，可以把 ChatGPT 当成一个工具，帮助开发者做如下工作。

（1）**代码开发**：利用 ChatGPT 辅助开发代码，提高开发效率，包括代码补全、自然语言指令生成代码、代码翻译、Bug 修复等。

（2）**ChatGPT 和具体任务相结合**：ChatGPT 的生成结果在许多任务上相比微调小模型都有明显优势（例如，文本摘要的事实一致性、篇章级机器翻译的性别问题），在微调小模型的基础上结合 ChatGPT 的长处，可以显著提升小模型的效果。

（3）**基于 ChatGPT 指令微调激发的零样本能力**：对于只有少数标注或者没有标注数据的任务，以及需要分布外泛化的任务，既可以直接应用 ChatGPT，也可以把 ChatGPT 当作冷启动收集相关数据的工具。

2）在其他行业的应用前景及影响

ChatGPT 的发布引起了其他行业的连锁反应：Stack Overflow 禁用 ChatGPT 生成的内容，美国多所公立学校禁用 ChatGPT，各大期刊禁止将 ChatGPT 列为合著者。ChatGPT 似乎在一些行业成为"公敌"，但在其他行业，也许充满机遇。

（1）**搜索引擎**：自 ChatGPT 发布以来，最著名的新闻莫过于谷歌担心 ChatGPT 会打破搜索引擎的使用方式和市场格局而拉响的红色警报。为此，各大科技巨头纷纷行动起来，谷歌开始内测自己的类 ChatGPT 产品 Bard，百度面向公众开放文心一言，微软更是宣布 ChatGPT 为必应提供技术支持，推出新必应。ChatGPT 和搜索引擎的结合似乎已经不可避免，也许不会马上取代搜索引擎，但基于搜索引擎为 ChatGPT 提供生成结果的证据展示，以及利用检索的新知识扩展 ChatGPT 的回答边界已经是可以预见并正在进行的结合方向。

（2）**泛娱乐行业**：ChatGPT 给文娱行业带来了机遇。无论是基于 ChatGPT 创建更智能的游戏虚拟人和玩家交流提升体验，还是利用虚拟数字人进行虚拟主播直播互动，ChatGPT 都为类似的数字人提供了更智能的"大脑"，使行业充满想象空间。除此之外，在心理健康抚慰、闲聊家庭陪护等方面，类似的数字人也大有拳脚可展。

（3）**自媒体行业**：美国的新闻聚合网站 BuzzFeed 宣布和 OpenAI 合作，将使用 ChatGPT 帮助其创作内容。ChatGPT 的出现将使内容创作变得更容易，相关博主的内容产出效率得到极大的提升，有更多的精力润色内容。

（4）**教育行业**：ChatGPT 在教育行业可能是彻头彻尾的"大魔王"：调查显示，89% 的学生利用 ChatGPT 完成家庭作业。这迫使多所学校全面禁用 ChatGPT，无论是在作业、考试还是论文中，一经发现即认定为作弊。然而，这可能会促使 AI 相关法律法规的完善，加速 AI 社会化的发展。

（5）**其他专业领域**：针对其他专业领域，ChatGPT 的具体影响不大。受 ChatGPT 训练数据的限制，ChatGPT 无法对专业领域的专业知识进行细致的分析，生成的回答专业度不足且可信度难以保证，至多作为参考，很难实现替代。例如，因为 ChatGPT 未获取 IDC、Gartner 等机构的数据使用授权，所以其关于半导体产业的市场分析中很少涉及量化的数据信息。

此外，ChatGPT 可以帮助个人使用者在日常工作中写邮件、演讲稿、文案和报告，提高工作效率。同时，微软将 ChatGPT 整合进了 Word、PowerPoint 等办公软件，个人使用者可以从中受益，提高办公效率。

1.5.3 多模态 GPT-4V

2023 年 9 月 25 日，OpenAI 发布了多模态版本的 ChatGPT，可以实现看、听、说的功能。新版 ChatGPT 开启了一种更直观的交互方式，可以向 AI 展示正在谈论的内容。与此同时，GPT-4V[16] 的更多细节也一并放出。用户能够用 GPT-4V 指示 GPT-4 分析用户提供的图像输入，并且这是目前广泛提供的最新功能。将额外的模态（如图像输入）融入 LLM 被一些人视为 AI 研究和开发的关键前沿。多模态大模型提供了利用非语言模态的可能性，具有新的界面和功能，使它们能够解决新任务并为用户提供新的体验。与 GPT-4 类似，GPT-4V 的训练于 2022 年完成，OpenAI 从 2023 年 3 月开始提供系统的早期访问权限。GPT-4 是 GPT-4V 视觉能力的技术基础，因此训练过程相同。首先，预训练模型使用来自互联网的大量文本和图像数据及许可数据源训练，以预测文档中的下一个单词。然后，使用 RLHF 算法，利用额外的数据进行微调，以生成人类首选的输出。多模态大模型与基于文本的语言模型相比，引入了不同的限制并扩展了风险范围。GPT-4V 不仅具备多种模态（文本和视觉）的功能，还具备从这些模态的交汇点及大模型提供的智能和推理中产生的新能力。GPT-4V 在处理任意交错的多模态输入和其通用性能力方面具有前所未有的能力，这使得 GPT-4V 成为一个强大的多模态通用系统。结合所有公布的视频演示与 GPT-4V System Card 中的内容，笔者总结了 GPT-4V 的一些视觉能力。

（1）**物体检测**：GPT-4V 可以检测和识别图像中的常见物体，如汽车、动物、家居用品等。其物体识别能力在标准图像数据集上得到了评估。

（2）**文本识别**：该模型具有光学字符识别（Optical Character Recognition，OCR）功能，可以检测图像中的打印或手写文本并将其转录为机器可读文本。该功能在文档、标志、标题等图像中进行了测试。

（3）**人脸识别**：GPT-4V 可以定位并识别图像中的人脸，并根据面部特征识别性别、年龄和种族属性。GPT-4V 的面部分析能力是在 FairFace 和 LFW 等数据集上测量的。

（4）**验证码解密**：在解密基于文本和图像的验证码时，GPT-4V 显示出了视觉推理能力。这表明该模型具有高级解密能力。

（5）**地理定位**：GPT-4V 具有识别风景图像中描绘的城市或地理位置的能力，这证明模型学习了关于现实世界的知识，同时有泄露隐私的风险。

（6）**复杂图像**：该模型忽略上下文细节，难以准确解释复杂的科学图表、医学扫描或具有多个重叠文本组件的图像。

接下来，笔者将简要介绍 GPT-4V 的输入模式、工作模式和提示技术，以及存在的挑战[17]。

1. GPT-4V 的输入模式

GPT-4V 支持三种输入模式，分别为纯文本、单个图像-文本对、交错的图像-文本输入。

GPT-4V 的强大语言能力使其能够充当一个有效的单模态语言模型，接收纯文本输入。GPT-4V 在输入和输出都使用文本的情况下，能够执行各种语言和编码任务。建议读者参考 GPT-4 的技术报告[16]，对 GPT-4V 的语言和编码能力以及与 GPT-4 的比较进行全面和深入的分析。

GPT-4V，作为最新的多模态大模型，接收图像和文本作为输入，生成文本输出。与现有的通用视觉-语言模型一样，GPT-4V 可以接收单一的图像-文本对或单一的图像作为输入，执行各种视觉和视觉-语言任务。需要注意的是，图像-文本对中的文本可以用作指令，例如"描述图像"用于字幕生成，也可以用作查询输入，类似于视觉问题回答中的问题。相对于先前的技术，GPT-4V 以其显著增强的性能和通用性彰显了卓越的智能。

GPT-4V 的通用性进一步增强，能够灵活处理交错的图像-文本输入。这些交错的图像-文本输入可以以视觉为中心，例如多个图像与一个简短的问题或指令；也可以以文本为中心，例如一个包含两张插入图像的长网页，或者是图像和文本的混合。这种混合输入模式为各种应用提供了灵活性。例如，它可以计算多张收据图像上支付的总税款，处理多个输入图像并提取信息。GPT-4V 还能有效地关联交错的图像-文本输入中的信息，例如在菜单上找到啤酒价格、统计啤酒数量及总成本。除了直接应用，处理交错的图像-文本输入还作为上下文内的少样本学习和其他高级测试时提示技术的基本组成部分，进一步增强了 GPT-4V 的通用性。

2. GPT-4V 的工作模式和提示技术

1）遵循文本指令

GPT-4V 的独特优势之一是通过其强大的理解和遵循文本指令的能力获得通用性。指令为任意视觉-语言用例提供了定义和自定义所需输出文本的自然方式。另外，在输入方面，GPT-4V 可以理解详细的指令以执行具有挑战性的任务。例如，通过提供有关中间步骤的指令，使 GPT-4V 能够更好地解释抽象推理问题。从指令中学习新任务的能力展示了 GPT-4V 在适应各种未见应用和任务方面具有巨大潜力。

2）视觉指向和视觉参考提示

指向是人际互动的一个基本方面。为了提供一个可比较的互动通道，GPT-4V 研究了各种形式的"指向"，以指向任意感兴趣的空间区域。例如，"指向"可以表示为数值空间坐标，如框坐标和图像截取，叠加在图像像素上的视觉标记，如箭头、框、圆圈和手绘图案。GPT-4V 在理解直接绘制在图像上的视觉指针方面特别强大。鉴于在图像上绘制的灵活性，这种能力可以作为未来实际场景中人机交互的方法。

3）视觉-文本提示

视觉参考提示可以与其他图像-文本提示结合使用，呈现出一个丰富的界面，简洁地展现感兴趣的问题。GPT-4V 在整合不同的输入格式和无缝混合指令与输入示例方面具有较好的熟练程度。GPT-4V 的通用性和灵活性使其具有类似于人类理解多模态指令的能力，并且具有应对未见任务的前所未有的能力。

融合多模态指令输入。现有的模型通常对交错的图像-文本输入应如何格式化存在隐含的约束。例如，上下文内的少样本学习需要图像-文本对与查询输入具有相似的格式。相比之下，GPT-4V 展示了在处理任意混合的图像、子图像、文本、场景文本和视觉指针时的通用性。与GPT-4V 的灵活性形成鲜明对比的是，现有的多模态大模型在如何组合图像和文本及它们可以处理的图像数量方面受到严格限制，从而对模型的能力和通用性施加了限制。

多模态示例引导指令。除了支持更灵活的输入格式，与遵循指令模式和上下文内的少样本学习相比，GPT-4V 的通用性还开辟了更有效的任务演示方式。遵循指令技术最初是为自然语言处理任务提出的，专注于以纯文本格式呈现的任务指令。文本指令与视觉查询输入弱相关，因此可能无法提供清晰的任务演示。而上下文内的少样本学习提供了包含图像和文本的测试示例，这些示例必须与推理查询的格式完全对齐，因此难以融合。此外，上下文示例通常与指令分开使用，需要模型推断任务目标，从而损害了演示的效果。

4）上下文少样本学习

上下文内的少样本学习是在 GPT-4V 中观察到的另一个引人注目的新能力。也就是说，GPT-4V 可以通过在推理时前置少数上下文示例来生成所需的输出，无须更新参数。这些示例与输入查询具有相同的格式，并用作演示以说明所需的输出。

3. GPT-4V 存在的挑战

GPT-1、GPT-2 和 GPT-3 主要是文本输入-文本输出系统，只能处理自然语言。GPT-4 展现了在文本理解和生成方面的强大能力，而 GPT-4V 展现了强大的图像理解能力。多模态大模型应能生成交错的图像-文本内容，例如生成包含文本和图像的生动教程，以实现全面的多模态内容理解和生成。此外，将其他模态，如视频、音频和其他传感器数据纳入模型，以扩展多模态大模型的能力。关于学习过程，当前的方法主要依赖组织良好的数据，如图像-标签或图像-文本数据集。然而，GPT-4V 也存在如下挑战。

（1）空间关系：模型可能很难理解图像中对象的精确空间布局和位置。它可能无法正确传达对象之间的相对位置。

（2）对象重叠：当图像中的对象严重重叠时，GPT-4V 可能无法区分一个对象的结束位置和下一个对象的开始位置而将不同的对象混在一起。

（3）背景/前景：模型并不总是准确地感知图像的前景和背景中的对象。它可能会错误地描述对象关系。

（4）遮挡：当图像中某些对象被其他对象部分遮挡或全部遮挡时，GPT-4V 可能无法识别被遮挡的对象。

（5）细节：模型会经常错过或对非常小的物体、文本或图像中的复杂细节有误判，导致错误的关系描述。

（6）上下文推理：GPT-4V 缺乏强大的视觉推理能力来深入分析图像的上下文并描述对象之间的隐式关系。

（7）置信度：模型可能会错误地描述对象关系，与图像内容不符。

（8）System Card 中重点声明了"目前在科学研究和医疗用途中性能不可靠"。

GPT-4V 的能力带来了激动人心的机会和全新的挑战。GPT-4V 的部署工作针对与人物图像相关的风险进行评估，如人员识别、人物图像的偏见输出，包括此类输入产生的代表性伤害或分配性伤害。

GPT-4V 的研究者将进一步研究并解决以下挑战：例如，模型是否应该通过图像识别公众人物。模型是否应该被允许推断性别、种族或人们的情绪。这些问题涉及隐私、公平性和社会中允许 AI 模型发挥的作用等关注点。

1.6 中英双语对话机器人 ChatGLM

对话机器人 ChatGLM 是一个具有问答、多轮对话和代码生成功能的中英双语模型，基于千亿基座 GLM-130B 开发，并针对中文进行了优化。继开源 GLM-130B 千亿基座模型之后，清华大学 KEG 团队正式开源最新的中英双语对话 GLM 模型 ChatGLM-6B，结合模型量化技术，用户可以在消费级显卡上进行本地部署（INT4 量化级别下只需 6GB 显存）。经过中英双语训练，辅以有监督微调、RLHF 等技术，虽然拥有 62 亿个参数的 ChatGLM-6B 的规模不及千亿模型，但大大降低了用户部署的门槛，并且能生成符合人类偏好的回答。ChatGLM 相关开源模型可以在 ChatGLM 官网访问获取。

2023 年 3 月 14 日，千亿对话模型 ChatGLM 开始内测，有 62 亿个参数的 ChatGLM-6B 模型开源。截至 2023 年 4 月底，ChatGLM-130B 商用于联想等企业。2023 年 6 月 25 日，ChatGLM-6B 全球下载量达 300 万，GitHub 星标数达 3 万，数百个垂直领域模型和国内外应用基于该模型开发。2023 年 6 月 25 日，二代模型 ChatGLM2-6B 开源，它具有更强大的性能：MMLU 性能提升 23%、C-Eval 性能提升 33%、GSM8K 性能提升 571%、更长的上下文（从 2,000 扩展到 8,000）、更高效的推理能力（推理速度提升 42%），以及更开放的开源协议。2023 年 7 月 25 日，CodeGeeX2 发布，它是基于 ChatGLM2-6B 的代码生成（Code Generation）模型。

ChatGLM 参考了 ChatGPT 的设计思路，在千亿基座模型 GLM-130B 中注入代码进行预训练，通过有监督微调等技术实现人类意图对齐。ChatGLM 模型的能力提升主要来源于独特的千亿基座模型 GLM-130B。不同于 BERT、GPT-3 及 T5 的结构，ChatGLM 是一个包含多目标函数的自回归预训练模型。2022 年 8 月，清华大学 KEG 团队向研究界和工业界开放了拥有 1,300 亿个参数的中英双语稠密模型 GLM-130B，该模型有以下独特优势。

（1）**双语**：同时支持中文和英文。

（2）**高精度（英文）**：在公开的英文自然语言榜单 LAMBADA、MMLU 和 Big Bench Lite 上优于 GPT-3 175B、OPT-175B 和 BLOOM-176B。

（3）**高精度（中文）**：在 7 个零样本 CLUE 数据集和 5 个零样本 FewCLUE 数据集上明显优于 ERNIE TITAN 3.0 260B 和 YUAN 1.0-245B。

（4）**快速推理**：首个实现 INT4 量化的千亿模型，支持用单台 4 块 3,090 GPU 或单台 8 块 2080 Ti GPU 进行快速且基本无损的推理。

（5）**可复现性**：所有结果（超过 30 个任务）均可通过开源代码和模型参数复现。

（6）**跨平台**：支持在国产的海光 DCU、华为和申威处理器及美国的英伟达芯片上进行训练与推理。

1.6.1　ChatGLM-6B 模型

为更好地推动大模型技术的发展，清华大学 KEG 团队开源了 ChatGLM-6B 模型。ChatGLM-6B 是一个具有 62 亿个参数的中英双语语言模型。通过使用与 ChatGLM 相同的技术，ChatGLM-6B 初具中文问答和对话功能，并支持在单块 2080Ti GPU 上进行推理。具体来说，ChatGLM-6B 有如下特点。

（1）**充分的中英双语预训练**：ChatGLM-6B 在 1:1 的中英数据上训练了 1TB 的 Token 量，兼具双语能力。

（2）**更优秀的模型结构**：吸取 GLM-130B 的训练经验，修正了二维 RoPE 位置编码实现，使用传统 FFN 结构。

（3）**较低的部署门槛**：FP16 半精度下，ChatGLM-6B 需要至少 13GB 的显存进行推理，结合模型量化技术，这一需求可以进一步降低至 10GB（INT8）和 6GB（INT4），使得 ChatGLM-6B 可以部署在消费级显卡上。

（4）**更长的序列长度**：相比 GLM-10B（序列长度 1,024），ChatGLM-6B 的序列长度达 2,048，支持更长的对话。

（5）**人类意图对齐训练**：使用有监督微调、反馈自助（Feedback Bootstrap）、RLHF 等方式，使模型初具理解人类指令意图的能力。输出格式为 Markdown，方便展示。

因此，ChatGLM-6B 具备一定条件下较好的对话与问答能力。当然，ChatGLM-6B 也有以下已知的不足。

（1）**模型容量较小**：6B 的小容量，决定了 ChatGLM-6B 相对较弱的模型记忆和语言能力。在面对许多事实性的知识任务时，ChatGLM-6B 可能会生成不正确的信息；它也不擅长逻辑类问题（如数学、编程）的解答。

（2）**可能会产生有害或有偏见的内容**：ChatGLM-6B 只是一个初步与人类意图对齐的语言模型，可能会生成有害、有偏见的内容。

（3）**较弱的多轮对话能力**：ChatGLM-6B 的上下文理解能力还不够强，在面对长答案生成或多轮对话的场景时，可能会出现上下文丢失和理解错误的情况。

（4）**英文的理解能力不足**：训练时使用的指示大部分都是中文的，只有一小部分指示是英文的。因此，在使用英文指示时，回复的质量可能不如中文指示，甚至与中文指示的回复矛盾。

（5）**易被误导**：ChatGLM-6B 的"自我认知"可能存在问题，很容易被误导并产生错误的言论。

ChatGLM2-6B 是开源中英双语对话模型 ChatGLM-6B 的第二代版本，在初代模型对话流畅、部署门槛较低等众多优秀特性的基础上，ChatGLM2-6B 引入了如下新特性。

（1）**更强大的性能**：基于 ChatGLM 初代模型的开发经验，全面升级了 ChatGLM2-6B 的基座模型。ChatGLM2-6B 使用 GLM 的混合目标函数，经过 1.4TB 中英标识符的预训练与人类偏好对齐训练，评测结果显示，相比于初代模型，ChatGLM2-6B 在同尺寸开源模型中具有较强的竞争力。

（2）**更长的上下文**：基于 Flash Attention 技术，ChatGLM-6B 基座模型的上下文长度（Context Length）由 2,000 扩展到 32,000，并在对话阶段使用 8,000 的上下文长度训练，允许更多轮次的对话。

（3）**更高效的推理**：基于 Multi-Query Attention 技术，ChatGLM2-6B 有更高效的推理速度和更低的显存占用：在官方的模型实现下，推理速度相比初代提升了 42%，在 INT4 量化条件下，6GB 显存支持的对话长度由 1,000 提升到 8,000。

1.6.2   千亿基座模型 GLM-130B 的结构

GLM-130B[18] 是一个双语（英文和中文）预训练语言模型，参数数量达到 1,300 亿个。它的性能接近 GPT-3（davinci），如表 1.1 所示。与 GPT-3 175B 相比，GLM-130B 模型在多个热门英文基准测试上表现出了显著的优势。同时，在相关基准测试中，GLM-130B 模型也超越了中文语言模型 ERNIE TITAN 3.0 260B。GLM-130B 利用一种独特的缩放特性，实现了 INT4量化，无须量化感知训练，且几乎没有性能损失，使其成为首个拥有这一特性的百亿级模型。

表 1.1   ChatGLM-130B 与主流 LLM 的对比

基础架构		训练方式	量化	加速	跨平台能力
GPT3-175B	GPT	自监督预训练	-	-	NVIDIA
BLOOM-176B	GPT	自监督预训练	INT8	Megatron	NVIDIA
GLM-130B	GLM	● 自监督预训练 ● 多任务预训练	INT4/INT8	Faster Transformer	● NVIDIA ● 海光 DCU ● 华为处理器 910 ● 申威
对比优势	高精度： ● Big Bench Lite: +5.2% ● LAMBADA: +2.3% ● CLUE: +24.3% ● FewCLUE: +12.8%		普惠推理： ● 节省 75% 的内存空间 ● 可在单台 4 块 3090 GPU 或单台 8 块 2080 Ti GPU 上进行基本无损的推理	高速推理： ● 比 PyTorch 提速 7~8.4 倍 ● 比 Megatron 提速 2.5 倍	跨平台：支持更多的大规模语言模型的适配和应用

LLM,尤其是那些参数量超过 1,000 亿的语言模型[14, 19-22]，已经呈现出值得注意的扩展规律[23]，突然出现了零样本学习和少样本学习的能力。具有 1,750 亿个参数的 GPT-3[14] 通过在各种基准上用 32 个标注的例子产生比完全监督的 BERT-Large 模型更好的性能，开启了 1,000 亿级参数量的 LLM 的研究。然而，无论是 GPT-3 模型本身，还是如何训练它，到目前为止对公众都是不透明的。训练一个如此规模的高质量 LLM，并与大家共享模型和训练过程，是非常有价值的。

2022 年 5 月 6 日至 7 月 3 日，GLM-130B 在有 96 块 NVIDIA DGX-A100（8×40GB）GPU 节点的集群上预训练了 4,000 亿个 Token。GLM-130B 没有使用 GPT 式的结构，而是采用 GLM 算法[24]，以利用其双向注意力优势和自回归空白填充目标。

1. 模型结构

GLM-130B 以 GLM 为主干。100B 规模的 LLM，如 GPT-3、PaLM、OPT 和 BLOOM，都遵循传统的 GPT 式[13] 的纯解码器自回归语言模型结构，而 GLM-130B 尝试探索以双向

GLM-通用语言模型[24] 作为其主干的潜力。

GLM 是一个基于 Transformer 的语言模型，利用自回归空白填充作为其训练目标。简而言之，对于一个文本序列 $x = [x_1, x_2, \cdots, x_n]$，文本跨度 $\{s_1, s_2, \cdots, s_n\}$ 被从中取样，其中每个 s_i 表示一个跨度的连续 Token$[s_{i,1}, s_{i,2}, \cdots, s_{i,l_i}]$，并被替换为一个单一的掩码 Token，形成 x_{corrupt}。该模型被要求以自回归方式恢复它们。为了允许被破坏的跨度之间的相互作用，它们之间的可见性由随机抽样的顺序排列决定。预训练目标函数可以定义为

$$L = \max_{\theta} \mathbb{E}_{\boldsymbol{z} \sim Z_m} \left[\sum_{i=1}^{m} \log \prod_{j=1}^{l_i} p(\boldsymbol{s}_{i,j} | \boldsymbol{x}_{\text{corrupt}}, \boldsymbol{s}_{\boldsymbol{z}<i}, \boldsymbol{s}_{i,<j}) \right] \tag{1.27}$$

其中，Z_m 表示所有扰动序列的集合，$\boldsymbol{s}_{\boldsymbol{z}<i}$ 表示 $[s_{z_1}, s_{z_2}, \cdots, s_{z_{i-1}}]$。

GLM 对未被掩码的上下文使用双向注意力机制，使得 GLM-130B 区别于 GPT 式的 LLM，后者使用的是单向注意力机制。为了支持理解和生成任务，它混合了两个扰动目标，每个目标由一个特殊的掩码 Token 表示：

- [MASK] 指句子中的短空白，其长度加起来相当于输入的某一部分。
- [gMASK] 用在前缀上下文的句子末尾。

具有双向注意力的空白填充目标比 GPT 式的模型更有效地理解上下文：当使用 [MASK] 时，GLM-130B 的表现与 BERT[10] 和 T5[25] 类似；当使用 [gMASK] 时，GLM-130B 的表现与 PrefixLM 相似[26]。

层归一化。训练不稳定是训练 LLM 的一个主要挑战。正确选择层归一化有助于稳定 LLM 的训练。GLM-130B 尝试了现有的做法，如 Pre-LN、Post-LN、Sandwich-LN。遗憾的是，这些做法无法让 GLM-130B 稳定运行。幸运的是，对 Post-LN 的尝试之一是用 DeepNorm 初始化，产生了不错的训练稳定性。具体来说，假设 GLM-130B 有 N 层，采用 DeepNorm$(\boldsymbol{x}) = $ LayerNorm$(\alpha \cdot \boldsymbol{x} + \text{Network}(\boldsymbol{x}))$，其中 $\alpha = (2N)^{-\frac{1}{2}}$，并对 FFN、v_proj 和 out_proj 应用 Xavier 归一化，缩放系数为 $(2N)^{-\frac{1}{2}}$。此外，所有偏差项都被初始化为零。

位置编码和 FFN。GLM-130B 从训练稳定性和下游性能两方面对位置编码和 FFN 改进的不同方案进行了经验测试。GLM-130B 中的位置编码采用旋转位置编码 RoPE，而不是 ALiBi。为了改进 Transformer 中的 FFN，GLM-130B 挑选了带有 GeLU 激活的 GLU 函数作为替代。

2. GLM-130B 的预训练设置

GLM-130B 的预训练目标不仅包括自回归填空的自监督 GLM，还包括一小部分 Token 的多任务学习。这将有助于提高其下游任务的零样本学习性能。

自监督的空白填充（95% 的 Token 以这种方式填充）。GLM-130B 同时使用 [MASK] 和

[gMASK] 来完成这项任务。每个训练序列每次都独立使用其中之一。具体来说，[MASK] 被用来掩盖连续跨度在 30% 以内的训练序列，以填补空白。对于其他 70% 的序列，每个序列的前缀被保留为上下文，[gMASK] 被用来掩盖其余部分。掩码的长度从均匀分布中取样。

预训练数据包括 1.2TB 的英文训练集 Pile，1.0TB 的中文数据集 WudaoCorpora，以及从网上抓取的 250GB 的中文数据，这些内容使中文和英文平衡分布。

多任务指令预训练（5% 的 Token 以这种方式填充）。 T5 和 ExT5 表明，预训练中的多任务学习比微调更有帮助，因此 GLM-130B 的预训练中包括各种指令提示的数据集，包括语言理解、生成和信息提取。

与利用多任务提示微调来改善零样本学习迁移性能的工作相比，多任务指令预训练只在 5% 的 Token 上操作，并且 MIP 只在预训练阶段使用，目的是防止破坏 LLM 的其他通用能力，如无条件的自由生成。具体来说，GLM-130B 包括 74 个提示数据集。

3. 平台感知的并行策略和模型配置

GLM-130B 在一个由 96 块 DGX-A100 GPU（8×40GB）服务器组成的集群上进行训练，访问时间为 60 天。其目标是让服务器集群尽可能输入更多的 Token，这是因为文献 [27] 表明，大多数现有的 LLM 在很大程度上是训练不足的。

三维并行策略： 数据并行和张量并行是训练十亿级模型的实际方法。为了进一步解决海量 GPU 需求和在节点之间应用张量并行导致的 GPU 总体利用率下降的问题，GLM-130B 的研发团队将方法并行与其他两种策略结合，形成三维并行策略。

方法并行将模型分为每个并行组的顺序阶段。为了进一步减少方法引入的气泡，GLM-130B 利用 DeepSpeed 的 PipeDream-Flush 实现，以相对大的全局批次量（4,224）训练 GLM-130B，以减少时间和 GPU 内存的浪费。通过数值和经验的检验，GLM-130B 采用 4 路张量并行和 8 路方法并行。

GLM-130B 的配置： 目标是使 100B 规模的 LLM 能够在 FP16 精度下运行一个 DGX-A100（40GB）节点。基于 GLM-130B 从 GPT-3 中采用维度为 12,288 维的隐藏状态，因此 GLM-130B 产生的模型大小必须不超过 130B 的参数量。为了最大限度地提高 GPU 的利用率，GLM-130B 根据平台及其相应的并行策略配置模型。为了避免由于两端的额外字嵌入导致中间阶段的内存利用率不足，GLM-130B 通过从其中删除一层来平衡方法分区，使 GLM-130B 生成 $9 \times 8 - 2 = 70$ 个 Transformer 层。

在 60 天的集群访问期间，GLM-130B 设法进行了 4,000 亿个 Token（中文和英文大约各 2,000 亿个）的训练，每个样本的固定序列长度为 2,048。对于 [gMASK] 训练目标，使用 2,048

个 Token 的上下文窗口。对于 [MASK] 和多任务目标，使用窗口大小为 512 的上下文窗口，并将 4 个样本串联起来，以满足 2,048 的序列长度。在前 2.5% 的样本中，GLM-130B 将批次大小从 192 升至 4,224。GLM-130B 使用 AdamW 作为优化器，β_1 和 β_2 设置为 0.9 和 0.95，权重衰减值为 0.1。在最初的 0.5% 的样本中，GLM-130B 将学习率从 10^{-7} 预热到 8×10^{-5}，然后通过 10 倍余弦计划衰减。GLM-130B 使用 0.1 的 dropout 比率，并使用 1.0 的修剪值来修剪梯度。

1.7　百川大模型

2023 年 9 月 6 日，百川智能宣布正式开源百川 2 系列 LLM[28]，包含 7B、13B 的 Base 和 Chat 版本，并提供了 Chat 版本的 4bit 量化，均为免费商用。在所有主流中英文通用榜单上，百川 2 全面领先 LLaMA 2，而百川 2-13B 更是"秒杀"所有同尺寸开源模型。百川 2-13B 是截至 2023 年 9 月 15 日同尺寸性能最好的中文开源模型。

虽然在 LLM 领域已经出现了令人振奋的突破和应用，但大多数领先的 LLM，如 GPT-4[29]、PaLM-2[30] 和 Claude，仍然是封闭源代码的。开发者和研究人员只能有限地访问模型参数，这使得社区难以深入研究或微调这些系统。LLaMA[31] 是由 Meta 开发的 LLM，包含多达 650 亿个参数，通过完全开源为 LLM 研究社区带来了巨大的益处。LLaMA 的开放性，以及其他开源的 LLM，如 OPT[32]、Bloom[33]、MPT[34] 和 Falcon[35]，使研究人员可以自由地访问这些模型以进行检查、实验和进一步开发。这种透明度和访问性使 LLaMA 与其他专有 LLM 有所不同。通过提供全面的访问，开源 LLM 的涌现加快了领域内研究的速度，激发了新模型的研发，如 Alpaca[36]、Vicuna[37] 及其他模型[38-40]。

然而，大多数开源的 LLM 主要基于英语。例如，LLaMA 的主要数据源是 CommonCrawl1，它占据了 LLaMA 预训练数据的 67%。其他开源的 LLM，如 MPT[34] 和 Falcon[35]，也专注于英语，在其他语言方面的能力有限。这限制了 LLM 在特定语言（如中文）方向的发展和应用。

本节将介绍百川 2，它是一系列大规模多语言模型。百川 2 包括两个独立的模型：百川 2-7B，拥有 70 亿个参数；百川 2-13B，拥有 130 亿个参数。这两个模型都是在 2.6 万亿标记的数据上训练的，据笔者所知，这是迄今为止最大的数据集，比百川 1 的数据量大了一倍以上。有了如此庞大的训练数据量，百川 2 在各个方面都取得了显著的改进。在像 MMLU[41]、CMMLU[42] 和 C-Eval[43] 这样的通用基准测试中，百川 2-7B 的性能比百川 1-7B 的提高了近 30%。具体而言，百川 2 通过进一步优化来改善其在数学和代码问题上的性能。在 GSM8K[44] 和 HumanEval[45]

的评估中，百川 2 的结果明显优于百川 1。此外，百川 2 在医学和法律领域的任务上也表现出色。在 MedQA[46] 和 JEC-QA[47] 等基准测试中，百川 2 胜过其他开源模型，使其成为适合特定领域的基础模型。

此外，百川还发布了两个聊天模型，百川 2-7B-Chat 和百川 2-13B-Chat，经过优化以遵循人类指令。这些模型在对话和上下文理解方面表现出色。接下来，笔者将介绍百川 2 对基础 Transformer 结构进行的详细修改及训练方法。然后，描述百川 2 的微调方法。百川 2 的基础模型和聊天模型都可以在 GitHub 的 /baichuan-inc/baichuan2 项目上用于研究和商业用途。

1.7.1　预训练

1. 预训练数据

数据来源：数据采集的目标是追求强大的数据可扩展性和广泛的代表性。百川 2 从各种来源收集数据，包括互联网网页、书籍、研究论文、代码库等，以构建一个广泛的世界知识系统。百川 2 训练数据库的组成如图 1.10 所示。

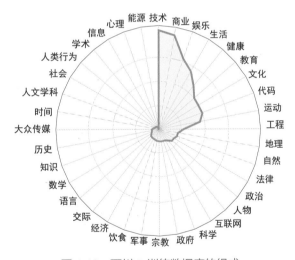

图 1.10　百川 2 训练数据库的组成

数据处理：在数据处理方面，百川 2 关注数据出现的频率和数据质量。控制数据出现的频率依赖聚类和去重方法。百川 2 构建了一个支持 LSH-like 特征和密集嵌入特征的大规模去重和聚类系统。这个系统可以在几小时内对万亿级数据进行聚类和去重。基于聚类，个别文档、段落和句子被去重并评分。然后，这些分数将被用于预训练中的数据抽样。

2. 模型结构

百川 2 的模型结构基于 Transformer[48]，并对其进行了几项修改。

3. 分词器

分词器（Tokenizer）需要平衡两个关键因素：高压缩率，以实现高效地推理适当大小的词汇表；确保每个词嵌入的充分训练。百川 2 的开发者已经考虑到这两方面。百川 2 将词汇表的大小从 64,000 扩展到 125,696，旨在在计算效率和模型性能之间取得平衡。

百川 2 使用来自 SentencePiece[49] 的字节对编码（BPE）[50] 对数据进行分词。具体来说，百川 2 不对输入文本应用任何限制，也不像百川 1 那样添加虚拟前缀。百川 2 将包含好几位数字的数拆分为单个数字以更好地编码数值数据。为了处理包含额外空白的代码数据，百川 2 向分词器添加了只包含空格的标记。将字符覆盖率设置为 0.9999，罕见字符会回退到 UTF-8 字节。百川 2 将最大标记长度设置为 32，以处理较长的中文短语。百川 2 的分词器的训练数据来自百川 2 的预训练数据库，其中包括更多的抽样代码示例和学术论文，以提高覆盖范围[51]。

位置编码：百川 2 在百川 1 的基础上采用 RoPE（Rotary Positional Embedding）[52] 得到百川 2-7B。类似地，百川 2 在百川 1 的基础上采用 ALiBi[53] 得到百川 2-13B。ALiBi 是比 RoPE 更新的位置编码技术，已经显示出更好的外推性能。虽然大多数开源模型使用 RoPE 进行位置嵌入，但像 Flash Attention[54-55] 这样的注意力机制目前更适合 RoPE，原因在于它是基于乘法的，无须将 attention_mask 传递给注意力操作。尽管如此，位置嵌入的选择并没有显著影响模型的性能。

4. 激活函数与层归一化

百川 2 使用 SwiGLU[56] 激活函数，该函数是 GLU[57] 的一种切换激活变体，显示出改进的结果。SwiGLU 具有一个"双线性"层，包含三个参数矩阵，与普通的 Transformer 前馈层不同，后者只有两个矩阵，因此百川 2 将隐藏尺寸从 4 倍的隐藏尺寸减少到 8/3 倍的隐藏尺寸，并四舍五入为 128 的倍数。

百川 2 的注意力层利用了 xFormers2 的优化注意力机制[58]。通过节约内存的注意力机制和具有偏差能力的特性，百川 2 可以高效地融合 ALiBi 的基于偏差的位置编码，同时减少内存开销。这为百川 2 的大规模训练提供了性能和效率方面的好处。

百川 2 将层归一化[59] 应用于 Transformer 块的输入，这对于热身策略（Warm-up Schedule）[60] 更加鲁棒。此外，百川 2 使用了文献 [61] 引入的 RMSNorm 实现，它仅计算输入特征的方差以提高效率。

5. 优化

百川 2 使用 AdamW[62] 优化器进行训练。β_1 和 β_2 分别设置为 0.9 和 0.95。百川 2 使用 0.1 的权重衰减，并将梯度范数裁剪为 0.5。模型在进行了 2,000 个线性缩放步骤的热身后达到最大学习率。

整个模型使用 BFloat16 混合精度进行训练。与 Float16 相比，BFloat16 具有更好的动态范围，使其对 LLM 训练中起关键作用的极大值更加稳健。然而，BFloat16 的低精度在某些情况下会引发问题。例如，在某些公共的 RoPE 和 ALiBi 实现中，当整数超过 256 时，torch.arange 操作会由于碰撞而失败，阻止了对附近位置的微分。因此，对于一些对数值敏感的操作，如位置嵌入，百川 2 使用全精度。

NormHead：为了稳定训练并提高模型性能，百川 2 对输出嵌入（也称为"头"）进行规范化。NormHead 在百川 2 研发团队的实验中具有两个优点。首先，在百川 2 的初步实验中，发现头的范数容易不稳定。在训练过程中，稀有标记的嵌入范数变得较小，这会干扰训练动态。NormHead 可以显著稳定这些动态。其次，语义信息主要由嵌入的余弦相似度编码，而不是 L2 距离。当前的线性分类器通过点积计算 logits，因此它是 L2 距离和余弦相似度的混合。NormHead 减轻了在计算 logits 时 L2 距离的干扰。

Max-z 损失：在训练过程中，百川 2 发现 LLM 的 logits 可能会变得非常大。虽然 Softmax 函数不关心 logits 的绝对值（它仅依赖它们的相对值），但在推理过程中，大的 logits 会引发问题，原因在于常见的重复惩罚实现（例如 model.generate 中的 HuggingFace 实现）会将一个标量直接应用于 logits。以这种方式缩小非常大的 logits 可以显著改变 Softmax 操作后的概率值，使模型对重复惩罚超参数的选择变得敏感。受到 NormSoftmax[63] 和 PaLM 中的辅助 z 损失[21] 的启发，百川 2 添加了一个 max-z 损失来规范 logits：

$$\mathcal{L}_{\text{max-}z} = 2\mathrm{e}^{-4}z^2 \tag{1.28}$$

其中 z 是最大的 logits 值。这有助于稳定训练并使推断更加稳健，不那么依赖超参数。

6. 尺度定律

尺度定律，即误差随训练集大小、模型大小或两者之间的某种幂函数而减小。当 LLM 训练变得越来越昂贵时，其为性能提供了可靠的指导。在训练拥有数十亿参数的 LLM 之前，百川 2 训练了一些规模较小的模型，并为训练更大的模型拟合了一个尺度规律。百川 2 推出了一系列不同参数规模的模型，从 10M 到 3B，从最终模型大小的 1/1000 到 1/10 不等，每个模型最多训练 1 万亿个 Token，使用一致的超参数和来自百川 2 的相同数据集。基于不同模型的最终损失，百川 2 可以获得从训练 FLOP 到目标损失的映射。

为了拟合模型的尺度定律，百川 2 采用文献 [64] 提供的公式：

$$\mathcal{L}_C = a \times C^b + L_\infty \tag{1.29}$$

其中，L_∞ 是不可减少的损失，上述公式第一项是可减少的损失，它被构建为一个幂律缩放项。C 是训练的 FLOP，L_C 是该 FLOP 下模型的最终损失。作者使用 SciPy 库中的 curve_fit 函数来拟合参数。

7. 基础设施

有效地利用现有的 GPU 资源在 LLM 的训练和开发中起着至关重要的作用。为了实现这一目标，百川 2 开发了一种协同设计方法，包括弹性训练框架和智能集群调度策略。

由于百川 2 的 GPU 资源被多个用户和任务共享，因此每个任务的具体行为是不可预测的，这通常会导致集群中的 GPU 节点处于空闲状态。考虑到一台配备了 8 块 A800 GPU 的机器足以满足百川 2-7B 和百川 2-13B 模型的显存需求，百川 2 训练框架的主要设计标准是需要框架根据集群状态动态修改任务资源，因此百川 2 训练框架是百川 2 智能调度算法的基础。

为了满足机器级弹性的要求，百川 2 的训练框架集成了张量并行和 ZeRO 支持的数据并行，在每台机器内设置了张量并行化，使用 ZeRO 共享数据并行进行机器间的弹性扩展。

此外，百川 2 采用了一种张量分割技术[65]，将某些计算分组，以减少内存峰值消耗。例如，具有大词汇表的交叉熵计算。这种方法能够满足用户的显存需求，无须额外的计算和通信，使系统更加高效。

为了进一步加速训练而不损害模型的准确性，百川 2 实现了混合精度训练，其中百川 2 在 BFloat16 中执行前向和后向计算，而在 Float32 中执行优化器更新。

此外，为了将百川 2 的训练集群有效扩展到数千块 GPU，百川 2 集成了以下技术，以避免通信效率的降低。

（1）**具有拓扑感知的分布式训练**。在大规模集群中，网络连接经常跨越多个交换机层。百川 2 策略性地安排分布式训练的排名，以最小化在不同交换机之间的频繁访问，从而降低延迟，提高整体训练效率。

（2）**ZeRO 的混合和分层划分**。通过在多块 GPU 之间对参数进行划分，ZeRO3 在降低内存消耗的同时增加了额外的全局聚合通信。当扩展到数千块 GPU 时，这种方法可能会导致显著的通信瓶颈。为了解决这个问题，百川 2 提出了一种混合和分层划分方案。具体来说，百川 2 的框架先将优化器状态跨所有 GPU 划分，然后自适应地决定哪些层需要激活 ZeRO3，以及是否要分层划分参数。

通过整合这些策略，百川 2 的系统能够在 1,024 块 NVIDIA A800 GPU 上高效训练百川 2-7B 和百川 2-13B 模型，实现了超过 180 TFLOP 的计算效率。

1.7.2 对齐

百川 2 还引入了对齐过程，生成了两个聊天模型：百川 2-7B-Chat 和百川 2-13B-Chat。百川 2 的对齐过程包括 SFT 和 RLHF 两个主要组成部分。

1. SFT

在 SFT 阶段，请人类标注者标注从各种数据源收集的提示。根据与 Claude 类似的关键原则，每个提示都被标记为"有帮助"或"无害"。为了验证数据质量，百川 2 使用交叉验证，即一个权威的标注者检查由特定众包工作者组标注的一批样本的质量，拒绝不符合质量标准的批次。

百川 2 收集了超过 100,000 个监督微调样本，并在基础模型上进行训练。接下来，百川 2 通过 RLHF 方法进一步改进结果，详细的 RLHF 过程包括奖励模型学习和强化学习训练，如图 1.11 所示。

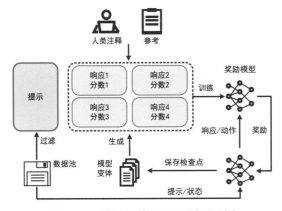

图 1.11　百川 2 的 RLHF 过程示例

2. 奖励模型

百川 2 为所有提示设计了一个三层分类系统，包括 6 个主要类别、30 个次要类别和 200 多个三级类别。从用户的角度看，百川 2 的分类系统旨在全面涵盖所有类型的用户需求。从奖励模型训练的角度看，每个类别内的提示具有足够的多样性，以确保能够良好地泛化。

给定一个提示，响应是由不同大小和阶段的百川 2 模型（SFT、PPO）生成的，以增强响应的多样性。只有由百川 2 模型生成的响应被用于奖励模型训练。来自其他开源数据集和专有模型的响应不会提高奖励模型的准确性。这也从另一个角度凸显了百川 2 模型的内在一致性。

用于训练奖励模型的损失函数与 InstructGPT[15] 中的损失函数一致。训练得出的奖励模型的表现与 LLaMA 2[31] 一致，表明两个响应之间的得分差异大，奖励模型的区分准确性高。

3. PPO

在获得奖励模型之后，作者使用 PPO 算法训练语言模型。百川 2 使用了四个模型：演员模型（负责生成响应）、参考模型（用于计算与固定参数的 KL 惩罚）、奖励模型（提供整个响应的总体奖励，具有固定参数）和评论家模型（用于学习每个 Token 的值）。

4. 训练细节

在 RLHF 训练过程中，评论家模型会在初始的 20 个训练步骤中进行预热。随后，评论家模型和演员模型都通过标准的 PPO 算法进行更新。对于所有模型，百川 2 使用的梯度裁剪值为 0.5，学习率为 $5e-6$，PPO 剪切阈值为 $\epsilon = 0.1$。百川 2 将 KL 惩罚系数 β 设置为 0.2，并以一定步长将 β 逐渐减小到 0.005。百川 2 对所有的聊天模型进行 350 次迭代训练，得到百川 2-7B-Chat 和百川 2-13B-Chat。

对学术界来说，是什么阻碍了对大模型训练的深入研究？从 0 到 1 完整训练一个模型，成本是极其高昂的，每个环节都需要大量人力、算力的投入。在 LLM 的训练过程中，包括海量的高质量数据获取、大规模训练集群稳定训练、模型算法调优等环节，失之毫厘，差之千里。然而，目前大部分的开源模型，只是对外公开了模型权重，很少提及训练细节。并且，这些模型都是最终版本，甚至还带有 Chat，对学术界并不友好。因此，企业、研究机构和开发者，都只能在模型基础上做有限的微调，很难深入研究。针对这一点，百川智能直接公开了百川 2 的技术报告，并详细介绍了百川 2 训练的全过程，包括数据处理、模型结构优化、尺度定律、过程指标等。更重要的是，百川智能还开源了模型训练从 220B 到 2,640B 全过程的检查点（Check Ponit）。这在国内开源生态圈尚属首次。对于模型训练过程、模型继续训练和模型的价值观对齐等方面的研究来说，检查点极具价值。

1.8　本章小结

本章介绍了最具代表性的 LLM 的结构，包括 BERT、ViT、GPT 系列、ChatGPT、ChatGLM 和百川大模型的结构。这些经典结构是多模态大模型的基础，也为接下来介绍多模态大模型核心技术奠定了基础。

多模态大模型核心技术

在过去的十年里，AI 领域的模型发展历程丰富多彩。笔者将它们分为四类，如图 2.1 所示。

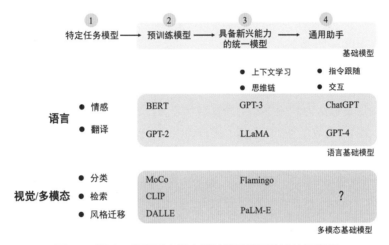

图 2.1　语言、视觉及多模态基础模型发展轨迹的示意图

在四个类别中，第一类是特定任务模型，后三类都属于基础模型，其中语言和视觉的基础模型分别在绿色和蓝色的块中分组，强调了每个类别中模型的一些显著特点。通过比较语言和视觉的基础模型，笔者预见多模态基础模型的转变会遵循相似的趋势：从特定目的的预训练模型，到具备新兴能力的统一模型，再到通用助手。然而，需要进行研究探索以找出最佳的方法，如图中的问号所示，因为 GPT-4V 和 Gemini 的技术细节仍然保密，所以这种分类体系适用于不同领域。笔者先使用自然语言处理中的语言模型来说明演化过程。早期，为单独的数据集和任务开发的特定任务模型，通常是从头开始训练的。随着大规模预训练的兴起，语言模型在多个领域的语言理解和生成任务中取得令人瞩目的成就，例如 BERT[10]、RoBERTa[66]、T5[25]、DeBERTa[67] 和 GPT-2[13]。这些预训练模型为下游任务的适应提供了基础。以 GPT-3[14] 为例，LLM 将各种语言理解和生成任务整合到一个统一的模型中，实现了规模化的预训练。这一阶段的模型涌现出了令人兴奋的新能力，如上下文理解和思维链构建。根据人机协作领域的最新进

展，LLM 开始扮演通用助手的角色，执行各种语言任务，如 ChatGPT 和 GPT-4[29]。这些助手展示出令人瞩目的互动和工具使用能力，并为开发 AGI Agent 奠定了坚实的基础。值得注意的是，最新迭代的基础模型不仅继承了早期版本的显著特性，还提供了额外的能力。

多模态大模型成为新兴的研究热点，它利用强大的 LLM 作为"大脑"执行多模态任务。多模态大模型具备令人惊讶的认知能力，例如能够根据图像创作故事或实现数学推理，这些能力在传统方法中鲜有出现。本章旨在聚焦多模态大模型的核心技术，涵盖文本、图像、视频及其他数据模态，包括预训练基础模型（Pretrained Foundation Model, PFM）、预训练（Pre-training）、自监督学习（Self-Supervised Learning）、提示学习（Prompt Learning）、上下文学习（In-Context Learning）、指令微调（Fine-Tuning）、思维链（Chain-of-Thought, CoT）、RLHF 及 RLAIF。

2.1　预训练基础模型

预训练基础模型被认为是应用于不同数据模态的各种下游任务的基础。预训练基础模型（如 BERT、ChatGPT）是在大规模数据上进行训练的，为广泛的下游应用提供了合理的参数初始化。与早期利用卷积和循环模块来提取特征的方法不同，BERT 通过 Transformer 学习双向编码器表示，这些表示是在大型数据集上训练的上下文语言模型。类似地，生成式预训练 Transformer 方法采用 Transformer 作为特征提取器，并在大型数据集上使用自回归范式进行训练。ChatGPT 在 LLM 上展现了令人期待的成功，它应用了零样本或少样本提示的自回归语言模型。近年来，预训练基础模型的显著成就为 AI 的各个领域带来了重大突破。

预训练基础模型建立在预训练技术基础上，该技术旨在使用大量数据和可在不同下游应用中轻松微调的任务来训练通用模型。预训练的思想起源于计算机视觉任务中的迁移学习[68]。鉴于预训练在计算机视觉领域的有效性，人们开始将预训练技术用于增强其他领域的模型性能。当将预训练技术应用于自然语言处理领域时，经过良好训练的语言模型可以捕获对下游任务有益的丰富知识，如长期依赖性、层次关系等。此外，预训练在自然语言处理领域的显著优势是训练数据可以来自任何未标记的文本数据库。也就是说，在预训练过程中存在无限量的训练数据。早期的预训练是一种静态技术，例如 NNLM[69] 和 Word2Vec[70]，但是静态方法难以适应不同的语义环境。因此，提出了动态预训练技术，例如 BERT[71]、XLNet[72] 等。图 2.2 展示了自然语言处理和计算机视觉领域中预训练基础模型的演变历史。基于预训练技术的预训练基础模型使用大型数据库学习通用的语义表示。随着这些开创性工作的引入，各类预训练基础模型层出不穷，并被应用于下游任务和应用中。

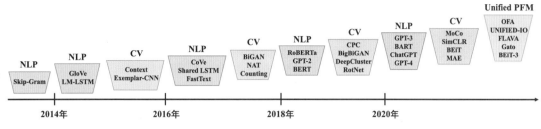

图 2.2　自然语言处理和计算机视觉领域中预训练基础模型的演变历史

例如，预训练基础模型可以用于机器翻译、问答系统、主题建模、情感分析等任务。对于图像，与文本上的预训练基础模型类似，它使用大规模数据集训练一个适用于多种计算机视觉任务的大模型。一个典型的例子是 OpenAI 提出的 GPT-4V 模型[29]，它是一个庞大的多模态语言模型，可以处理文本和图像输入，并生成文本输出。GPT-4V 在各种专业和学术评估任务中展现了与人类水平相当的性能。此外，预训练基础模型还呈现出处理多模态数据的趋势，称为 Unified PFM，即可以处理文本、图像、音频等不同类型数据的模型，如 OFA[73]、UNIFIED-IO[74]、FLAVA[75]、BEiT-3[76] 等。

一个典型的预训练基础模型应用示例是 ChatGPT。ChatGPT 是从 GPT-3.5 微调而来的，而 GPT-3.5 则是在文本和代码的混合数据上进行训练的[45, 77]。ChatGPT 采用了 RLHF[78-79]，这已经成为将 LLM 与人类意图对齐的一种有前景的方式[15]。ChatGPT 的优越性能可能会导致各类型预训练基础模型训练范式的转变——应用指令对齐技术，例如强化学习、提示调整[14, 80-81]和思维链[82-83]，以朝着 AGI 的方向发展。

2.1.1　基本结构

Transformer 是用于预训练基础模型的主流模型结构。在自然语言处理领域，Transformer 可以在处理顺序输入数据时解决长距离依赖问题。例如，GPT-3[14] 是基于 Transformer 的生成模型。在计算机视觉领域，ViT[11] 将图像表示为一系列图像块，类似于一系列词嵌入。得益于 Transformer 结构支持更高的并行化，Transformer 变得足够可扩展，从而为预训练基础模型带来开创性的能力。例如，ViT-22B 模型[84] 大约有 220 亿个参数，而最大的语言模型有超过 1,000 亿个参数（例如，GPT-3 有 1,750 亿个参数，PaLM[21] 有 5,400 亿个参数）。

预训练大模型需要多种数据集。在训练完成后，还需要对模型进行微调，以满足下游任务的要求。Transformer[48] 是一种创新的结构，有助于在各种神经单元之间传递加权知识表征。它完全依赖注意力机制，不使用循环或卷积结构。注意力机制是 Transformer 的关键组成部分，它为所有编码的输入表示分配权重，并学习输入数据中最重要的部分。注意力机制的输出通过对值进行加权求和得到，权重通过相应键的兼容性函数计算得出。在大模型中已经出现了许多种类型的注意力机制[85]。

2.1.2 学习机制

在计算机视觉领域，深度学习模型在大多数任务中表现出明显的优势，包括常见的分类、识别、检测和分割任务，以及特定的匹配、跟踪和序列预测任务。这些学习方法不仅适用于计算机视觉领域，还适用于自然语言处理领域。

1. 有监督学习

给定一个训练数据集 $\boldsymbol{X}$，用 $\{(\boldsymbol{x}_i, y_i)\}_{i=1}^{n}$ 表示训练数据集中的原始数据，其中 $\boldsymbol{x}_i$ 表示第 i 个训练样本，y_i 表示相应的标签。完整的网络通过最小化以下目标函数来学习一个函数 $f(\boldsymbol{x}_i; \boldsymbol{\theta})$。

$$\arg\min_{\boldsymbol{\theta}} \frac{1}{n} \sum_{i=1}^{n} \mathcal{L}(f(\boldsymbol{x}_i; \boldsymbol{\theta}), y_i) + \lambda \Omega(\boldsymbol{\theta}) \tag{2.1}$$

其中，$\mathcal{L}$ 和 Ω 分别表示预定义的损失函数和正则化项。函数 f 可以用如下嵌套形式表示：

$$
\begin{aligned}
h_1(\boldsymbol{x}_i) &= g(\boldsymbol{x}_i^{\top} \boldsymbol{\omega}_1 + b_1) \\
h_{l+1}(\boldsymbol{x}_i) &= g(h_l(\boldsymbol{x}_i^{\top}) \boldsymbol{\omega}_1 + b_l), l = 1, 2, \cdots, N
\end{aligned}
\tag{2.2}
$$

其中 h 表示深度学习模型某一层的映射函数，g 表示激活函数，b 表示某一层的偏置项，l 表示深度学习模型的层数索引，N 表示层数，这意味着 $\boldsymbol{\theta} = \{\boldsymbol{\omega}_1, b_l, l = 1, 2, \cdots, N\}$。

2. 半监督学习

假设除了带有人工标签的数据集，还有一个未标记的数据集 $\boldsymbol{Z} = \{\boldsymbol{z}_i\}_{i=1}^{m}$，如果想同时利用这两个数据集来学习一个理想的网络，学习过程可以被表述为

$$\arg\min_{\boldsymbol{\theta}} \frac{1}{n} \sum_{i=1}^{n} \mathcal{L}(f(\boldsymbol{x}_i; \boldsymbol{\theta}), y_i) + \frac{1}{m} \sum_{i=1}^{m} \mathcal{L}'(f'(\boldsymbol{z}_i; \boldsymbol{\theta}'), R(\boldsymbol{z}_i, \boldsymbol{X})) + \lambda \Omega(\boldsymbol{\theta}) \tag{2.3}$$

其中，R 是一个关系函数，用于定义未标记数据的目标，然后这些伪标签被整合到端到端的训练过程中。f' 是一个编码器，用于在数据集 $\boldsymbol{Z}$ 中为原始数据学习新的表示。具体来说，如果在训练过程中没有任何数据的标签，则可以通过数据本身的内部距离或设计的预训练任务来学习数据的特征，分别称为无监督学习和自监督学习。

3. 弱监督学习

弱监督学习对人工标签依赖的程度介于全监督学习和自监督学习之间。自监督学习采用特殊的预训练任务，而全监督学习则利用附加在数据上的现有标签。它们都能学习到良好的视觉特征，并在特定的下游任务上表现良好。假设数据集中对应于图像 $\boldsymbol{x}_i$ 的真实标签是 $\boldsymbol{y}_i \in \{0,1\}^K$，$i = 1,2,\cdots,n$，$K$ 表示可能的标签数目，$\boldsymbol{y}_i$ 的任何一个元素都可以是 0 或 1。那么，总共需要最小化 nK 个损失项，其表述如下：

$$\arg \min_{\boldsymbol{\theta}} \frac{1}{nK} \sum_{i=1}^{n} \sum_{k=1}^{K} \mathcal{L}(f(\boldsymbol{x}_i;\boldsymbol{\theta}), y_i^k) + \lambda \Omega(\boldsymbol{\theta}) \tag{2.4}$$

其中 $[y_i^1, y_i^2, \cdots, y_i^K] = \boldsymbol{y}_i$，并且 $\mathcal{L}$ 可以是适用于二元分类问题的损失函数。对于 $\boldsymbol{y}_i$ 中的任何一个元素，需要计算一对多（one-versus-all）二元分类的损失函数。

4. 自监督学习

自监督学习（Self-Supervised Learning，SSL）利用数据本身的信息来学习不同任务的基本特征表示。通过应用自定义的伪标签，它可以避免手动标记大规模数据集的成本。在自然语言处理中，语言模型可以通过预测掩码字符、词语或句子进行训练。变分自编码器（Variational Auto-Encoders，VAE）和生成对抗网络（Generative Adversarial Network，GAN）是两种生成式自监督学习方法，用于重构数据本身。此外，对比学习作为一种判别式自监督学习方法被广泛应用于计算机视觉、自然语言处理和图像生成任务。对比学习的主要思想是通过各种方法（如数据增强）学习数据本身的先验知识分布。通过这种方式，对比学习可以学习一个模型，使得在投影空间中相似的实例更加接近，而不相似的实例在投影空间中相距更远。以下是对比损失的一个简单版本：

$$\mathcal{L}_c(\boldsymbol{x}_i, \boldsymbol{x}_j, \theta) = m\|f_\theta(\boldsymbol{x}_i) - f_\theta(\boldsymbol{x}_j)\|_2^2 + (1-m)\max(0, \epsilon - \|f_\theta(\boldsymbol{x}_i) - f_\theta(\boldsymbol{x}_j)\|_2^2)^2 \tag{2.5}$$

其中，当两个样本具有相同的标签时，m 为 1，否则为 0，而 ϵ 为上限距离。

5. 强化学习

强化学习（Reinforcement Learning，RL）是另一种学习范式，它将学习过程建模为 Agent 与环境之间的顺序交互，其中 Agent 旨在学习用于顺序决策问题的最优策略。具体而言，在每个时间交互步骤 t，Agent 接收来自状态空间 $\mathcal{S}$ 的状态 s_t，并从动作空间 $\mathcal{A}$ 中选择动作 a_t，遵循由参数 θ 参数化的策略 $\pi_\theta(a_t|s_t)$ 来实现 $\mathcal{A} \to \mathcal{S}$。然后，Agent 接收标量即时奖励 $r_t = r(s_t, a_t)$ 及根据环境动态得到的下一个状态 s_{t+1}，其中 $r(s,a)$ 为奖励函数。对于每个 episode（一系列

连续的交互步骤)，该过程持续进行，直到 Agent 达到终止状态。每当一个 episode 结束，Agent 会重新开始一个新的 episode。每个状态的回报被折现，即用折扣因子 γ (介于 0 和 1 之间)累积奖励，$R_t = R(s_t, a_t) = \sum_{k=0}^{\infty} \gamma^k r_{t+k}$。Agent 的目标是最大化每个状态长期回报的期望值：

$$\max_{\theta} \mathbb{E}_{s_t}[R_t | s_t, a_t = \pi_{\theta}(s_t)] \tag{2.6}$$

2.2　预训练任务概述

预训练是一种初始化框架，通常需要与微调下游任务结合使用。在预训练和微调的方案中，模型的参数在预设的任务上进行训练，以捕捉特定的属性和结构信息。预训练的特征可以为下游任务提供足够的信息，并加快模型的收敛速度。

2.2.1　自然语言处理领域的预训练任务

预训练任务根据学习方法可以分为五类：MLM、去噪自编码器 (Denoised Autoencoder，DAE)、字符替换检测 (Replaced Token Detection，RTD)、NSP 和句子顺序预测 (Sentence Order Prediction，SOP)。RTD、NSP 和 SOP 属于对比学习方法，它们假设观察到的样本在语义上比随机样本更相似。

MLM 在输入序列中随机擦除一些单词，然后在预训练过程中预测这些被擦除的单词。典型的例子包括 BERT[71] 和 SpanBERT[86]。

DAE 用于向原始数据库添加噪声，然后使用包含噪声的数据库重构原始输入。一个典型的例子是 BART[87]。

RTD 是一个判别任务，用于确定语言模型是否替换了当前的 Token。这个任务是在 ELEC-TRA[88] 中引入的。通过训练模型区分一个 Token 是否被替换，模型可以获取语言知识。

为了使模型理解两个句子之间的相关性并捕捉句子级别的特征，引入了 NSP 任务。PFM 输入两个来自不同文档的句子，并检查句子的顺序是否正确。一个典型的例子是 BERT。

与 NSP 不同，SOP 使用一个文档中的两个连续片段作为正样本，将两个片段的顺序交换作为负样本。预训练基础模型可以更好地建模句子之间的相关性，例如 ALBERT[89]。

2.2.2　计算机视觉领域的预训练任务

针对计算机视觉领域，有许多基于自监督学习的预训练任务被设计用来学习特征空间。这些预训练任务包含人工设计的标签，如拼图或对图像中各种图像块进行比较。通过这种方式，预训练任务学到的特征能够被泛化到一系列下游任务中。

（1）**特定代理任务**。代理任务是为编码器网络在预训练阶段执行而创建的。网络通过预测特定代理任务的答案进行训练，根据数据的特定特征，为虚构的任务生成伪标签。然后，使用有导向的学习技术，训练编码器网络来完成代理任务。例如，修补任务旨在通过预测缺失的中心部分来预训练模型。

（2）**帧序学习任务**。从视频中学习帧序涉及通过时间步骤进行帧处理，这可以作为计算机视觉领域的预训练任务。该任务通常涉及完成预文本练习，有助于获取视觉时间表示。

（3）**数据生成任务**。生成对抗网络内的表示能力也可用于预训练任务。将数据投影回潜在空间，有助于辅助有监督判别任务，充当特征表示。

（4）**数据重建任务**。由于图像可以像自然语言一样划分成图像块，一些用于自然语言处理的预训练任务也可用于计算机视觉领域，例如基于自编码器的掩码预测。首先，将原始图像划分为几个图像块，并使用离散的视觉标记对每个图像块进行编码。然后，输出来自掩码图像块的视觉标记，以与固定分词器的相应视觉标记匹配。

（5）**其他任务**。为了在计算机视觉领域训练预训练基础模型，建议使用额外的预训练任务。例如，基于对比学习，编码器网络被用于在各种数据增强上进行预训练。通过最大化负样本（如标签不同的样本对）之间的距离和最小化正样本（如标签相同的样本对）之间的距离来训练参数。为了预训练骨干网络的参数，DeepClustering[90]方法将特征分成不同的聚类，并将这些聚类标记为监督信号。

2.3　基于自然语言处理的预训练关键技术

自然语言处理是将语言学和计算机科学融合的研究领域。预训练基础模型的概念最初在自然语言处理领域获得广泛应用，随后计算机视觉领域也采用这种预训练技术。预训练基础模型在大规模基准数据集上进行训练，并在主任务数据集上进行微调，以获得能够解决新的类似任务的模型。预训练基础模型同时对单词的句法和语义表示进行建模，并根据不同的输入动态地改变多义词的表示。预训练基础模型学习了丰富的语法和语义推理知识，并取得了更好的结果。

在本节中，笔者先介绍单词表征方法，包括自回归语言模型、上下文语言模型和置换语言模型。然后，介绍用于预训练基础模型设计方法和掩码设计方法的神经网络结构。接着，总结用于提高模型性能的增强方法、多任务学习和不同的下游任务。最后，介绍指令对齐方法（如

RLHF 和思维链）在预训练基础模型（如 ChatGPT）中的应用，以提供更符合人类偏好且无害的输出结果。

2.3.1 单词表征方法

许多大规模预训练模型在问答、机器阅读理解和自然语言推理方面具有比人类更好的性能，这表明当前的预训练基础模型构建方法是实用的。根据单词表征方法，预训练语言模型可分为自回归语言模型、上下文语言模型和置换语言模型三个分支。在这三个分支中，单词预测方向和上下文信息是最重要的因素。

1. 自回归语言模型

自回归语言模型根据前面的单词预测下一个可能的单词，或者根据后面的单词预测最后一个可能的单词。它作为特征提取器，将文本表示从前面的单词中提取出来。因此，在自然语言生成任务中，它具有更好的性能。对于一个序列 $T = [w_1, w_2, \cdots, w_N]$，给定一个单词的概率计算如下：

$$P(w_1; w_2; \cdots; w_N) = \prod_{i=1}^{N} P(w_i | w_1; w_2; \cdots; w_{i-1}) \tag{2.7}$$

其中 $i > 1$，N 表示输入序列的长度。

GPT[12] 采用自监督预训练和有监督微调的两阶段方法，并将堆叠的 Transformer[48] 用作其解码器。随后，OpenAI 团队继续对其扩展，提出 GPT-2[13]，并将堆叠的 Transformer 层数增加到 48 层，总参数数量达到 15 亿个。GPT-2 还引入多任务学习[91]。GPT-2 具有相当大的模型容量，可以针对不同的任务模型进行调整，而不是进行微调。GPT-2 仍然使用自回归语言模型，在不显著增加成本的情况下改进模型的性能。由于 Transformer 缺乏上下文建模能力，GPT-2 的主要性能改进来自多任务预训练、超大规模数据集和模型的综合效果。特定的下游任务仍然需要基于任务的数据集进行微调。增加语言模型的训练规模可以显著提高任务无关性。因此，OpenAI 团队开发了 GPT-3[14]，其模型有 1,750 亿个参数，并使用 45TB 数据进行训练。这使它在不需要针对特定下游任务进行微调的情况下展现出良好的性能。

2. 上下文语言模型

自回归语言模型只使用前向或后向的信息，不能同时使用前向和后向的信息。ELMo（Embeddings from Language Model）仅使用双向长短期记忆网络（Long Short-term Memory，LSTM），即由前向和后向两个单向 LSTM 拼接而成。上下文语言模型的预测基于上下文单词。它使用 Transformer 编码器，由于采用自注意力机制，模型的上层和下层直接相连。

BERT[71] 使用堆叠的多层双向 Transformer 作为基本结构，并采用 WordPiece[92] 作为单词分割方法。模型输入由单词嵌入、片段嵌入和位置嵌入三个部分组成。它使用双向 Transformer 作为特征提取器，弥补了 ELMo 和 GPT 的不足。然而，BERT 的缺点也不容忽视。双向 Transformer 结构并没有消除自编码模型的约束，其大量的模型参数对于计算资源有限的设备来说非常不友好，并且在部署和应用上具有挑战性。此外，预训练中的隐藏语言建模将导致其与微调阶段的模型输入不一致。针对训练数据不足的问题，RoBERTa[66] 使用了更大的批量大小和无标签数据。此外，它将模型训练时间延长，移除 NSP 任务，添加长序列训练。在处理文本输入时，与 BERT 不同，RoBERTa 采用字节对编码（Byte Pair Encoding，BPE）[93] 进行单词分割。BPE 为每个输入序列使用不同的掩码模式，即使输入序列相同。

3. 置换语言模型

具有上下文语言模型的建模方法可以看作自编码语言模型。然而，由于训练阶段和微调阶段之间的不一致性，自编码语言模型在自然语言生成任务中表现较差。置换语言模型（Permuted LM）旨在结合自回归语言模型和自编码语言模型的优点。它在很大程度上改进了这两种模型的缺陷，并可以作为未来预训练目标任务构建的基本思路。对于给定的输入序列 $T = [w_1, w_2, \cdots, w_N]$，置换语言模型的目标函数的形式表示如下：

$$\max_{\theta} \mathbb{E}_{z \sim Z_N} \left[\sum_{t=1}^{N} \log p_{\theta}(x_{z_{T=t}} | x_{z_{T<t}}) \right] \tag{2.8}$$

其中，θ 是所有排列中的共享参数，Z_N 表示输入序列 T 的所有可能排列的集合，$z_{T=t}$ 和 $z_{T<t}$ 分别表示 $z \in Z_N$ 中的第 t 个元素和第 $[1, 2, \cdots, t-1]$ 个元素。

BERT 中的 MLM 可以很好地实现双向编码。MLM 在预训练期间使用了掩码标记，在微调期间却没有使用，这导致预训练和微调阶段数据的不一致。为了实现双向编码并避免 MLM 中存在的问题，置换语言模型被提出。置换语言模型基于自回归语言模型，避免了不一致数据的影响。与传统的自回归语言模型不同，置换语言模型不再按顺序建模序列。它给出了序列的所有可能排列，以最大化序列的预期对数似然。通过这种方式，任何位置都可以利用所有位置的上下文信息，使得置换语言模型实现了双向编码。最常见的置换语言模型是 XLNET[72] 和 MPNet[94]。XLNET 是一种基于置换语言建模方法的预训练基础模型，它融合了 Transformer-XL 中的两个关键技术：相对位置编码和段重复机制。相比之下，MPNet 将掩码语言建模和置换语言建模结合，以预测标记的依赖关系，并使用辅助位置信息作为输入，使模型能够看到完整的句子并减少位置差异。这两种模型代表了预训练基础模型领域的重大进展。

2.3.2　模型结构设计方法

ELMo 采用多层循环神经网络（Recurrent Neural Network，RNN）结构。每一层都是一个由前向和后向语言模型组成的双向 LSTM 结构。这两个方向的最大似然值被作为目标函数。与词向量方法相比，ELMo 引入了上下文信息，解决了多义性问题，但在提取语言特征方面的能力较弱。

预训练基础模型的应用研究有两个主要方向。一个是带微调的预训练基础模型（如 BERT），另一个是带零/少样本提示的预训练基础模型（如 GPT）。BERT 使用 Transformer 中的双向编码器来预测哪些单词被掩码，并确定两个句子是否有上下文关系。然而，由于文档是双向编码的，因此缺失的标记以一种独立的方式被预测，从而降低了 BERT 的文本生成能力。不同的是，GPT 使用自回归解码器作为特征提取器，根据前面几个单词来预测下一个单词，并使用微调来解决下游任务，因此更适合文本生成任务。然而，GPT 仅使用前面的单词进行预测，无法学习双向交互信息。

与这些模型不同，BART[87] 是一个降噪自编码器，采用编码器-解码器结构。预训练主要包括使用噪声破坏文本，然后使用 Seq2Seq 模型重新构建原始文本。编码器层采用双向 Transformer。它采用单词掩码、词汇删除、跨度掩码、句子重新排列、文档重新排列五种噪声模式。在编码器部分，序列在输入编码器之前已经被掩码。然后，解码器根据编码器输出的编码表示和未被掩码的序列恢复原始序列。一系列噪声模式的添加使得 BART 在序列生成和自然语言推理任务中的性能显著提高。

2.3.3　掩码设计方法

注意力机制先将关键词聚合成句向量，再将重要的句向量聚合成文本向量，使得模型能够为不同的输入分配不同的注意力[95]。对于 BERT 来说，输入句子中的任意两个单词可以相互影响。这会阻碍 BERT 模型对自然语言生成任务的学习。

Joshi 等人提出了基于 RoBERTa 的 SpanBERT[86]，它采用了动态掩码和单段预训练的思想。SpanBERT 还提出了跨度掩码和跨度边界目标（Span Boundary Objective，SBO）来掩盖特定长度的单词。跨度边界目标是指通过观察到的两端标记来恢复所有被掩码的跨度，在训练阶段采用 RoBERTa 中提出的动态掩码策略，而不是在数据预处理阶段使用掩码。与 BERT 不同，SpanBERT 随机地覆盖一段连续的文本并添加 SBO 训练目标。它使用最接近跨度边界的标记来预测跨度，并且不需要 NSP 预训练任务。

BERT 和 GPT 只能在自然语言生成任务中分别训练编码器和解码器，无法进行联合训练。

Song 等人提出了掩码 Seq2Seq 预训练模型 MASS[96]。在训练阶段，编码器的输入序列被随机掩码为长度为 k 的连续片段。掩码的片段将通过 MASS 解码器进行恢复。UniLM[26] 通过为输入数据中的两个句子设计不同的掩码来完成自然语言生成模型的学习。对于第一个句子，UniLM 使用与 Transformer 编码器相同的结构，使每个单词注意其前面和后面的单词。对于第二个句子，每个单词只能注意到第一个句子中的单词及当前句子中前面的单词。因此，模型输入的第一句和第二句形成了经典的 Seq2Seq 模式。

2.3.4 提升方法

1. 模型性能的提升

大多数预训练模型需要大量的预训练数据，这对硬件提出了更高的要求，使重新训练变得具有挑战性，只能对模型进行微调。为了解决这些问题，出现了一些模型。例如，百度发布的 ERNIE Tiny 是一个小型的 ERNIE[97]，它减少了层数，并将预测速度提高了 4.3 倍，精度只是略有降低。Lan 等人提出了 ALBERT[89] 来减少内存消耗、加快训练速度。不可否认的是，无论对这些大模型做何种压缩，它们在任务中的性能都会不可避免地下降。因此，未来的工作需要关注高层语义和语法信息的高效表示，以及无损压缩。通过使用词嵌入参数分解和层间隐藏参数共享，ALBERT 提出了 SOP 训练任务来预测两个句子的顺序，不仅显著减少了模型的参数数量，而且不会造成性能损失。

2. 多任务学习能力的提升

ERNIE[97] 主要由 Transformer 编码器和任务嵌入两部分组成。在 Transformer 编码器中，使用自注意力机制来捕获每个标记的上下文信息并生成上下文表示嵌入。任务嵌入是一种将不同特征应用于任务的技术。ERNIE 2.0[98] 通过引入多任务学习实现词汇、语法和语义的预训练。ERNIE 2.0 使用 7 种不同的预训练任务，涵盖词级、句级和语义级 3 个方面。它使用连续学习，使以前的训练任务中的知识得到保留，并使模型能够获得长距离记忆。它使用 Transformer 编码器并引入任务嵌入，使模型能够在连续学习过程中区分不同的任务。UniLM[26] 使用 3 种预训练任务：它们分别基于单向语言模型、双向语言模型和编码器-解码器语言模型。它通过自注意力层掩码机制在预训练阶段同时完成 3 种目标任务。在训练阶段，UniLM 采用 SpanBERT 提出的小段掩码策略，损失函数由上述 3 个预训练任务的损失函数组成。为了保持所有损失函数的贡献一致性，3 个预训练任务同时进行训练。多任务建模和参数共享使得语言模型在自然语言理解和自然语言生成任务中具有良好的泛化能力。

3. 不同下游任务性能的提升

预训练模型往往规模较大，因此匹配不同的下游任务同样重要。一些针对特定数据库进行训练的预训练模型已经出现[99-101]。Cui 等人提出了 BERT 全词掩码模型（BERT-WWM）[99]。他们直接使用 BERT 在中文文本中根据原始的 MLM 训练进行随机掩码，导致语义信息丢失（因为中文中没有明确的语言边界，所以很容易丢失重要的语义）。ZEN[100] 是基于 BERT 的文本编码器，采用 n-gram 来增强性能，基于大量细粒度的文本信息实现快速收敛和良好的性能。Tsai 等人提出了面向多语言序列标记任务的序列标记模型[101]，采用知识蒸馏方法，在多种低资源语言的词性标注和形态属性预测任务中实现了更好的性能，将推理时间缩短为之前的 1/28。

4. 实例：ChatGPT 和 Bard

ChatGPT 在 GPT-3.5 的基础上使用 RLHF 进行微调。首先，收集一个包含提示和期望输出行为的大型数据集。该数据集用于通过监督学习对 GPT-3.5 进行微调。其次，给定已微调的模型和一个提示，模型将生成若干个不同的模型输出。标注者给出期望的分数并对输出进行排序，从而组成一个对比数据集，用于训练奖励模型。最后，微调后的模型（ChatGPT）使用 PPO[102] 算法优化奖励模型。

Bard 基于对话语言模型（LaMDA）。LaMDA[19] 是基于 Transformer 构建的，基于 1.56 万亿条对话数据和网络文本的数据集进行预训练。安全性和事实依据是大语言模型的两个主要挑战，LaMDA 通过使用高质量注释数据和外部知识源进行微调的方法来提高模型性能。

2.3.5 指令对齐方法

指令对齐方法旨在使语言模型能够遵循人类意图并生成有意义的输出。一般的方法是使用高质量数据库以监督的方式对预训练的语言模型进行微调。为了进一步提高语言模型的实用性和无害性，一些研究引入强化学习到微调过程中，使语言模型能够根据人类或 AI 的反馈对其响应进行修正。有监督学习和强化学习方法都可以利用思维链[83] 风格的推理来提高人类判断性能和 AI 决策的透明度。

有监督微调是一种既定的技术，可以将知识应用于特定的现实世界甚至未知的任务。有监督微调的模板由输入-输出对和指令组成[103]。例如，给定指令"将这个句子翻译成西班牙语："和输入"The new office building was built in less than three months."，希望语言模型能够生成目标输出"El nuevo edificio de oficinas se construyó en tres meses."。模板通常是人为制定的，包括不自然的指令[104] 和自然的指令[105-106]，或者基于种子数据库进行引导[38]。语言模型的道德和社会风险是有监督微调阶段要重点考虑的因素[107]。

RLHF 已被应用于提升各类自然语言处理任务的性能，如机器翻译[108]、摘要[18]、对话生成[109]、图像字幕[110]、问题生成[111]、文本游戏[112] 等。强化学习对于将非可微目标优化为序列决策问题的语言生成任务非常有帮助。然而，强化学习存在过度依赖神经网络度量标准的风险，这导致由强化学习生成的样本可能在度量标准上得分较高，但缺乏意义[113]。强化学习还被用于使语言模型与人类偏好保持一致[114-116]。

InstructGPT 的研究团队提议使用 PPO 对大语言模型进行微调，以使语言模型与人类偏好保持一致[15]，这与 ChatGPT 中的 RLHF 使用的方法相同。具体来说，奖励模型是通过标注者对输出的手动排名的比较数据进行训练的。对于每个输出，奖励模型或机器标注者计算一个奖励，用于使用 PPO 更新语言模型。

预训练基础模型的最新突破之一是 GPT-4[29]，它遵循预训练的方法来预测文档中的下一个标记，然后基于 RLHF 微调。随着任务复杂性的增加，GPT-4 在可靠性、创造性和处理更细致的指令方面优于 GPT-3.5。

由 DeepMind 开发的 Sparrow[116] 也采用了 RLHF 的方法，从而降低了不安全和不合适答案的风险。尽管通过融入 RLHF 获得了一些有用的结果，但由于缺乏公开可用的基准测试和实现资源，这一领域进展受阻，导致人们认为强化学习是自然语言处理中的一种难以应用的方法。因此，引入了一个名为 RL4LMs[113] 的开源库，其中包含在基于语言模型的生成上用于微调和评估强化学习算法的构建模块。

除了 RLHF，对话代理 Claude 倾向于采用 Constitutional AI[117]，其中奖励模型是从 RLAIF 中学习得到的。批评和 AI 反馈都受从"宪法"（Constitution）中提取的一些原则的指导，这是 Claude 中唯一由人类提供的内容。AI 反馈着重通过解释其对危险查询的异议来控制输出，以使其更加无害。

思维链提示是一种通过引导大语言模型生成一系列导致多步问题的最终答案的中间步骤来改善其推理能力的技术。思维链是一系列中间推理步骤，可以显著提高大语言模型在复杂推理方面的能力[118]。此外，与不使用思维链相比，使用思维链进行微调后模型的输出表现得更加无害[117, 119]。思维链提示是模型规模的累积特性，这意味着它在更大、更复杂的语言模型上效果更好。也可以在思维链推理数据集上对模型进行微调，以进一步提高其能力并激发更好的可解释性。

神经概率语言模型（Neural Probabilistic LM）使用神经网络估计概率语言模型的参数，从而减少模型参数的数量，同时增加上下文窗口的数量。借助神经网络，该语言模型无须不断改进平滑算法以缓解性能瓶颈。由于训练目标是无监督的，只需使用拥有大量数据的数据库进行训练即可。在训练过程中采用的负采样技术为后续语言模型目标任务的研究提供了新思路。此外，由于其良好的表示能力和训练效率，神经概率语言模型推动了下游任务研究的进一步发展。在预训练基础模型（尤其是 BERT 模型）被提出后，语言模型研究进入了一个新阶段。双向语言模型、隐层语言模型及排序语言模型，成功地对自然语言的语法和语义信息进行了更深层次的建模。ChatGPT 作为使用强化学习的预训练语言模型中的又一项里程碑性工作，其表现能力在质量上优于神经概率语言模型，甚至在某些任务中超越了人类。

2.4　基于计算机视觉的预训练关键技术

随着预训练基础模型在自然语言处理中广泛使用，研究人员开始探索在计算机视觉领域中应用预训练基础模型提取预训练特征。在计算机视觉的深度学习研究领域中，"预训练"一词尚未得到明确定义。这个词起初用于卷积网络，当在数据集（如 ImageNet）上调整参数时，可以使其他任务在热身（warm-up）初始化的基础上训练，并因此更快地收敛。与早期基于卷积神经网络的迁移学习技术依赖带有监督信号的预训练数据集不同，对预训练基础模型的研究重点在于自监督学习，其以人为设计的标签（如拼图游戏或图像中不同区块的对比）作为代理任务。这使得学到的表示可以泛化到各种下游任务中，包括分类、检测、识别、分割等。

然而，当学习任务变得更复杂时，依赖数据标注的代价高昂，使得标注过程比实际学习过程更艰难和耗时。这就是自监督学习迫切需要改进的地方。为了减少对数据标注的依赖，在自监督学习中使用未标记数据进行匹配、对比或生成的训练。

自监督学习的一般流程如图 2.3 所示。顶部流程代表预训练阶段，底部流程从预训练阶段获取参数，用于学习下游的监督任务。在预训练阶段，通常为编码器网络设计一个代理任务。该代理任务的人为标签基于数据的特定属性自动生成，例如来自同一来源的图像块被标记为"正样本"，来自不同来源的图像块被标记为"负样本"。然后，通过监督学习方法训练编码器网络来执行代理任务。由于浅层网络提取的是细节信息，如边缘、角度和纹理，而深层网络捕捉的是与任务相关的高级特征，如语义信息或图像内容，因此学习到的编码器可以将先验任务迁移到下游的有监督任务中。在这个阶段，主干网络的参数被固定，只需要学习一个简单的分类器，例如一个两层的多层感知器。考虑到下游训练阶段的工作量有限，这个学习过程通常被称为微调。总之，在自监督学习的预训练阶段学到的表示可以在其他下游任务上重复使用，并取得不错的结果。

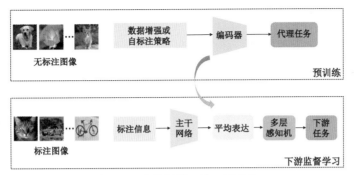

图 2.3　自监督学习的一般流程

本节将介绍计算机视觉中预训练基础模型的不同任务。预训练基础模型可以通过特定的代理任务进行训练。

2.4.1　特定代理任务的学习

在无监督学习的早期阶段，网络通过设计特殊的先验任务并预测任务答案进行训练。Dosovitskiy 等人[120-121] 对 Exemplar CNN 进行预训练，以区分来自未标记数据的不同图像块。实验证明，这种设计可以学习到有用的表示，并转移到标准的识别任务中。基于上下文预测的方法[122]中，关于位置信息的手工标注信号用作成对分类的标签。图像修复[123] 的目标是通过预测缺失的中心部分来预训练模型。由于修复图像是一种基于语义的预测，因此另一个解码器与上下文编码器相连。此外，解码器的标准逐像素重构过程可以转移到其他下游修复任务中。具体来说，Colorization[124] 是一种将图像块上色作为预训练任务的语义表示的方法。它也被称为交叉通道编码，原因在于它将不同的图像通道作为输入/输出进行区分。类似地，Split-Brain Autoencoder[125] 也通过迫使网络解决交叉通道预测任务来学习自监督表示。Jigsaw[126] 设计了一种以拼图作为自监督预训练任务的无上下文网络。Completing Damaged Jigsaw Puzzles（CDJP）[127] 通过增加先验任务的复杂性来学习图像表示，其中的拼图缺少一块，而其他块则包含不完整的颜色信息。在设计高效的先验任务的思路指导下，Noroozi 等人[128] 使用计算视觉基元计数作为特殊的先验任务，在常规基准测试上超越了先前的 SOTA 模型。NAT[129] 通过将主干 CNN 的输出与低维噪声进行对齐来学习表示。RotNet[130] 旨在预测图像的不同旋转角度。

2.4.2　帧序列学习

对于序列数据（如视频），其学习过程涉及通过时间步骤进行帧处理。这个问题通常与解决先验任务相关，这些任务有助于学习视觉时间表示。对比预测编码（Contrastive Predictive

Coding，CPC）[131] 是第一个通过在潜在空间中预测未来来学习数据表示的模型。该模型可以接收任何模态的数据，如语音、图像、文本等。CPC 的组件如图 2.4 所示[131]，输入序列可以表示图像和视频。x_t 表示输入观测序列，z_t 是经过编码器 g_{enc} 处理后的潜在表示序列，c_t 是通过自回归模型 g_{ar} 对所有潜在序列 $z \leqslant t$ 进行总结的上下文潜在表示。与传统模型通过生成模型 $p_k(x_{t+k}|c_t)$ 来预测未来帧 x_{t+k} 不同，CPC 通过"密度比" f_k 来表示 c_t 与 x_{t+k} 之间的互信息：

$$f_k(x_{t+k}, c_t) \propto p(x_{t+k}|c_t)/x_{t+k} \tag{2.9}$$

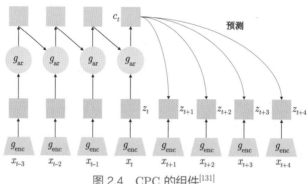

图 2.4　CPC 的组件[131]

在经过循环神经网络的编码后，可以根据实际需求选择 z_t 或 c_t，并应用于下游任务。编码器和自回归模型的训练是通过 InfoNCE[131] 实现的，具体过程如下：

$$\mathcal{L} = -\mathbb{E}_X \left[\log f_k(x_{t+k}, c_t) \Big/ \sum_{x_j \in X} f_k(x_j, c_t) \right] \tag{2.10}$$

其中，X 表示包含正样本和负样本的训练数据集。f_k 可以通过优化 $\mathcal{L}$ 来估计。CPC v2 对 CPC[132] 进行了重新审视和改进，通过在无监督表征学习上进行预训练，其表征的通用性可以转移到数据高效（以较低的资源消耗实现较高的性能）的下游任务中。

2.4.3　生成式学习

由于缺乏特征编码器，GAN 内部的表示能力并未完全被利用，因此提出了双向生成对抗网络（Bidirectional Generative Adversarial Network，BiGAN）[133]，用于将数据投射回潜在空间，这对于将特征表示作为辅助的监督判别任务是有用的。基于 BiGAN，BigBiGAN[134] 首次通过添加编码器并修改判别器，在 ImageNet 上实现了无监督表征学习的 SOTA 效果。如图 2.5 所示，GAN 的传统组件（编码器 ε 和生成器 G）用于产生数据-潜在对，表示为 $(x \sim P_x; \hat{z} \sim \varepsilon(x))$

和 $(\hat{x} \sim G(z); z \sim P_z)$。最终的损失函数 ℓ 被定义为数据特定项 s_x、s_z 和数据联合项 s_{xz} 的和。引入的判别器 D（Adversarially Learned Inference（ALI）[135] 或 BiGAN[133]）学习区分来自原始、潜在分布和编码向量的数据对。

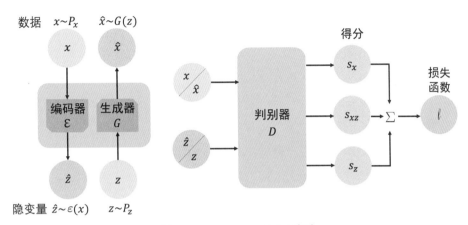

图 2.5　BigBiGAN 结构图[134]

2.4.4　重建式学习

iGPT[136] 和 ViT[11] 模型已经证明了将语言数据中的自编码器的预训练任务应用于图像数据的可行性。BEiT[6] 是第一个证明基于自编码器的遮挡预测优于 DINO[137] 这种传统 SOTA 方法而无须预训练的技术。具体来说，BEiT 由两个阶段组成：使用离散变分自编码器（dVAE）[3] 进行 Token 嵌入，以及使用遮挡图像预测进行标记器训练。在第一阶段，原始图像被分割成多个图像块，并使用离散标记进行编码，这与自然语言处理中的 BERT 不同，因为图像块没有预定义的标记符号。在第二阶段，BEiT 编码器接收一个包含未遮挡和遮挡图像块的图像，输出遮挡图像块的视觉标记符号，以匹配来自固定标记器的相应视觉标记符号。尽管取得了成功，但遮挡预测和自编码器训练之间的分离导致整个框架不是端到端的，影响了学习的效率和效果。

为了解决这个问题，MAE[7] 提出了一种端到端的简单解决方案，通过使用均方误差（Mean-square Error，MSE）损失直接预测未遮挡图像块中的遮挡图像块。值得注意的是，MAE 使用的遮挡比例为 75%，明显高于 BERT 的遮挡比例（通常为 15%）。消融研究表明，较高的遮挡比例对于微调和线性探测都是有益的。同时，SimMIM[138] 提出了一种类似的基于自编码器的解决方案，也证实了更高的遮挡比例和使用随机遮挡策略有助于提高模型性能。MAE 和 SimMIM 的主要区别在于如何在自编码器中分配表示编码和先验预测的责任。SimMIM 的解码器很简单，可以同时执行这两个任务。相反，MAE 的编码器仅承担表示编码的角色，解码器负责先验预测。

2023 年 4 月，Meta AI 发布了 SAM（Segment Anything Model）[139]，它提示用户指定图像中要分割的内容，允许在不需要额外训练的情况下进行各种分割任务。SAM 使用了经过 MAE 预训练的 ViT-H[11] 图像编码器，每个图像运行一次就生成图像嵌入，以及一个嵌入输入提示（例如点击或框选）的提示编码器。随后，一个轻量级的基于 Transformer 的遮罩解码器从图像和提示嵌入中预测对象的遮罩。结果显示，SAM 可以从单个前景点生成高质量的遮罩，质量通常仅略低于手动注释的真值。它通过零样本迁移和提示工程在各种下游任务上取得定量和定性的结果。

在 MAE 中利用 ViT 存在一个严重的效率问题——减少图像块会导致计算资源翻倍。为了解决这个问题，有以下两个解决方案。

（1）分层 ViT。

（2）局部注意力机制。

分层 ViT（hViT）利用缩小的金字塔结构和偏移窗口[140] 来减少计算需求。然而，分层 ViT 不能直接用于启用 MAE 预训练，原因在于分层 ViT 中使用的局部窗口注意力机制使得处理随机遮挡图像块（就像在 MAE 中一样）变得困难。随后，提出了统一遮挡 MAE（UM-MAE）[141]，使 MAE 可以使用分层 ViT。该方法引入了一个两阶段的流程：采样和遮挡。先从每个图像块中随机采样，然后对采样的图像块进行遮挡。另一个提高效率的方式是通过将网络的注意力集中在图像的一些局部小窗口中来减小输入图像的维度大小。在观察到局部知识足以重构遮挡图像块的基础上，提出了局部遮挡重构（LoMaR）[142]。LoMaR 不使用整个图像进行遮挡重构，而是采样一些小窗口并将注意力集中在局部区域，从学习效率的角度超越 MAE 在下游任务上的表现。

2.4.5　记忆池式学习

非参数实例判别（Non-Parametric Instance Discrimination，NPID）[143] 是第一个利用实例来学习下游任务表示的方法。记忆池的通用结构如图 2.6 所示。为了方便计算，特征表示被存储在内存库中，原因在于实例级别的分类目标需要训练数据集中的所有图像。对于任何图像 x，其特征表示为 $\boldsymbol{v} = f_\theta(x)$，其被识别为第 i 个示例的概率为

$$P(i|\boldsymbol{v}) = \exp(\boldsymbol{v}_i^\top \boldsymbol{v}/\tau) / \sum_{j=1}^{n} \exp(\boldsymbol{v}_j^\top \boldsymbol{v}/\tau) \tag{2.11}$$

其中，$\boldsymbol{v}_i$ 或 $\boldsymbol{v}_j$ 是第 i 个或第 j 个样本的表示，它们可以被视为参数化类别原型（分类器的权重）的替代物。另外，τ 是从知识蒸馏[144] 中借鉴的温度参数。

图 2.6　记忆池的通用结构图[143]

局部聚合（Local Aggregation，LA）[145] 是另一种方法，它训练 CNN 编码器将原始图像嵌入较低维度空间（嵌入空间）。当局部聚合度量被最大化时，相似的数据实例在嵌入空间中被移动到一起，而不相似的实例则被分开。

基于非参数实例判别，提出了预文本不变表征学习（Pretext Invariant Representation Learning，PIRL）[146]，用于论证语义表示在预文本转换任务下是不变的。假设图像的原始视图和转换后视图分别表示为 $\boldsymbol{V_I}$ 和 $\boldsymbol{V_{I^t}}$，则样本视图被输入 CNN 编码器，训练数据集 $\mathcal{D}$ 上的总经验损失可以定义为

$$\mathcal{L}_{\text{total}}(\theta; \mathcal{D}) = \mathbb{E}_{t \sim \mathcal{T}} \left[\frac{1}{|\mathcal{D}|} \sum_{\boldsymbol{I} \in \mathcal{D}} \mathcal{L}(\boldsymbol{V_I}, \boldsymbol{V_{I^t}}) \right] \tag{2.12}$$

其中，$\mathcal{T}$ 表示图像的不同转换。该损失的目标是使图像 $\boldsymbol{I}$ 的表示与 $\boldsymbol{I^t}$ 的表示相似，并且 $\boldsymbol{I^t}$ 的表示与其他图像 $\boldsymbol{I'}$ 的表示不相似，如图 2.7 中的虚线框所示。因此，更多的负样本有助于提高梯度的可扩展性，最终学习到更强的表示能力的编码器。这就是引入内存池用于存储更多的先前表示，以便进行后续比较的原因。

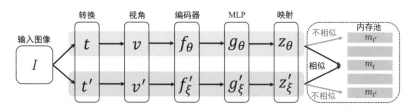

图 2.7　所有双流模型的总结，包括对比学习和基于记忆池的方法

2.4.6　共享式学习

自监督学习倾向于使用两个编码器网络进行不同的数据增强，然后通过最大化负样本之间的距离或最小化正样本之间的距离来预训练参数。图 2.7 显示了所有对比学习框架的双流模型。对于原始输入图像 I，变换 t 生成视图 v，同样，其对应的 t' 生成 v'。一般来说，使用两个不

同或相同的编码器 f_θ 和 f'_ξ 来提取对比表示。随后的 MLP 函数 g_θ 和 g'_ξ 用于学习更多有益于对比损失的组合。需要注意的是，MLP 和内存库可以在不同的设置下保留或移除。共享编码器可以分为如下两类。

（1）软共享，即两个编码器共享相似但不同的参数（$f_\theta \neq f'_\xi$）。

（2）硬共享，即两个编码器保持相同的结构和参数（$f_\theta = f'_\xi$）。

软共享。Facebook AI Research（FAIR）提出了 MoCo（Momentum Contrast）[5]，通过使用动量来控制两个编码器之间的轻微差异。如图 2.8 所示，其中一个编码器用作词典查找任务，生成一个存储着编码数据样本 $\{k_0, k_1, \cdots\}$ 的队列；另一个编码器生成随训练批次更新的编码查询 $q = \{q_0, q_1, \cdots\}$。相似性通过新到来的编码查询 q 与存储在词典队列中的编码键之间的点积来衡量。假设在给定新的键之前，队列中已经存储了 K 个键，则这 K 个键被视为新键的负样本。为了结合负样本和正样本上的对比损失，MoCo 在预训练中使用了 InfoNCE Loss[131]。MoCo 中的软参数共享的关键设计称为动量更新。直接将键编码器（动量编码器）的参数改为查询编码器会导致一致性丢失并产生较差的结果。动量编码器参数 θ_k 的更新如下：

$$\theta_k = m\theta_k + (1-m)\theta_q \tag{2.13}$$

其中，查询编码器参数 θ_q 直接从新来的实例的梯度中学习，$m \in [0, 1)$ 是一个超参数，用于控制一致性（当 m 接近 1 时，θ_k 会更一致）。

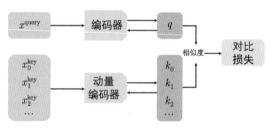

图 2.8　MoCo[5] 是一个双流模型

受 SimCLR 的设计启发，在 MoCo v2[132] 中，FAIR 在编码器后引入了一个 MLP 映射头，并利用数据增强技术来提高性能：内嵌的线性分类器弥合了无监督预训练和有监督预训练表示之间的差距；更多的训练批次和更强的数据增强技术提供了更多的对比样本。

DeepMind 提出了 Bootstrap Your Own Latent（BYOL）[147]，其中包含表示、映射和判别阶段，实现了一种新的 SOTA 方法，无须使用负样本。BYOL 的研发团队认为，在预训练过程中，判别不同视图的图像是防止模型崩溃的必要手段，而构建大量负样本并不是防止模型崩溃的必要手段。如图 2.7 所示，BYOL 有两个具有不同参数的流。在线网络（顶部绿色）通过比较由自身生成的预测和目标网络提供的回归目标来更新参数。然后，目标模型（底部红色）的参数也通过式 (2.13) 更新，即 $\xi \leftarrow \tau\xi + (1-\tau)\theta$，其中 τ 是目标衰减率，用于控制目标网络中参数改变的程度。因此，目标网络也可以理解为动量编码器。这里，目标模型中的 ξ 是动量编码器中的参数 θ_k，而在线网络中的 θ 表示查询编码器中的参数 θ_q。

硬共享。SimCLR[148] 是由 Google Brain 团队提出的，采用了硬参数共享结构。SimCLR 框架也可以在图 2.7 中看到，在这个框架中，笔者可以看到同一图像的不同视图的表示是在网络 $f(\cdot)$ 中学习的。这个基础编码器彼此共享参数。因此，没必要学习键和查询编码器的存储库和动量设置。定义用于最大化同一图像的不同视图（Positive Pairs，正对）之间相似性的损失函数如下：

$$\mathcal{L}_{i,j} = -\log \exp(\text{sim}(z_i, z_j)/\tau)/\sum_{k=1}^{2N} \mathbb{I}_{k\neq i}\exp(\text{sim}(z_i, z_k)/\tau) \tag{2.14}$$

其中，(i,j) 是一对正样本，τ 是引入的超参数，称为温度参数，$\mathbb{I}_{k\neq i} \in \{0,1\}$ 是一个指示函数，用于控制包含只有负对的分母。

为了避免对大量显式成对特征比较的依赖，在线算法 SwAV（Swapping Assignments between multiple Views of the same image）[149] 被 Inria 和 FAIR 提出。SwAV 引入了聚类来替代先前的成对比较，这样可以在非队列结构的帮助下获得更多的存储空间。在这种方法中，聚类原型加入了定义的损失函数的计算。这个原型被编码为 CNN 中反向传播学习的向量连接。因此，SwAV 不需要比较不同视图之间的编码表示。

在现有的 SwAV 基础上，提出了一种名为 SElf-supERvised（SEER）[150] 的新模型，旨在从任意随机图像和广泛的数据集中学习预训练编码器，其基础网络是使用 SwAV SSL 方法[149] 训练的 RegNetY 结构[151]。SwAV SSL 方法证明了有监督学习并不局限于像 ImageNet 这样的数据集。RegNet 的发布凸显了传统骨干网络（如 ResNet）的局限性。

FAIR 利用 Simple Siamese（SimSiam）网络的结构进行了实验。这种方法[152] 可以避免传统对比学习中负样本对和动量编码器的设计。图 2.7 中具有相同参数的两个编码器处理图像 x 的两个不同视图 t 和 t' 的操作被 Simple Siamese 网络替代。MLP 预测器 g 用于表示其中一个视图，而另一个视图的表示则应用了 Stop-gradient 操作。

2.4.7　聚类式学习

DeepCluster[90] 是第一个采用聚类算法进行大规模数据集学习的模型。DeepCluster 方法表示分组为不同的聚类，并将这些聚类标记为主要的预训练信号，用于预训练骨干网络的参数。它在许多用于无监督学习的标准迁移任务上展示出领先的性能。

当涉及对比学习和聚类之间的联系时，SwAV[149] 以原型作为聚类中心，在预训练期间辅助样本对的分类。而 PCL（Prototypical Contrastive Learning）[153] 首次将对比学习和聚类关联起来。与学习低级表示的预训练任务实例鉴别相比，聚类可以编码更多的语义信息，因此更多基于语义的下游任务受益于聚类。如图 2.9 所示，PCL 用原型替换 ProtoNCE 损失（式 (2.14)），从而生成样本的一个视图，这是 PCL 中提出的 ProtoNCE 损失。此外，PCL 也是一种基于软参数共享的方法，其动量编码器的更新采用式 (2.13)。

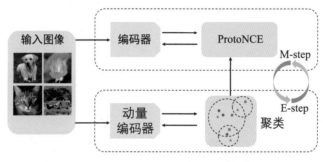

图 2.9 DeepCluster[90] 模型的关键流程

2.5 提示学习

监督学习是一种在目标任务的输入-输出示例数据集上仅针对特定任务训练模型的方法，在许多机器学习任务中（如自然语言处理）发挥核心作用。因为这种手动标注的数据集不足以支撑高质量模型的学习，所以早期的自然语言处理模型通常依赖特征工程，自然语言处理研究人员利用他们的领域知识来定义和提取原始数据中的显著特征，并为模型提供适当的归纳偏差，从有限的数据中进行学习。随着用于自然语言处理的神经网络模型的出现，显著特征与模型训练同时学习，因此重点转向了结构设计，在这种情况下，通过设计适当的网络结构提供归纳偏差，以便模型学习这些特征。

2017 年—2019 年，自然语言处理模型的学习发生了翻天覆地的变化。具体而言，标准转向了"预训练＋微调"的范式。在这种范式中，一个具有固定结构的模型被预先训练成一个语言模型，用于预测观察到的文本数据的概率。由于训练语言模型所需的原始文本数据十分丰富，因此这些语言模型可以在大规模数据集上进行训练，从中学习语言的强大通用特征。上述预训练的语言模型将通过引入额外的参数，并使用任务特定的目标函数进行微调，从而适应不同的下游任务。在这种范式中，主要关注点转向了目标工程，设计了同时用于预训练和微调阶段的训练目标。值得注意的是，在这个过程中通常还会对预训练语言模型的主体部分进行微调，以使其更适合解决下游任务。

而现在正处于第二次重大变革之时，其中"预训练＋微调"范式被"预训练＋提示和预测"范式取代。在这种范式中，模型通过一个文本提示重构下游任务，使其更类似于原始语言模型训练期间解决的任务，而不是通过目标工程将预训练语言模型调整为适应下游任务。例如，在识别社交媒体帖子的情感时，对于句子"I missed the bus today"，笔者可以继续提示"我感到很_"并要求语言模型填入一个带有情感的词。或者，如果笔者选择提示"英语：I missed the bus today. 法语_"，那么语言模型可以用法语翻译填补空白。通过选择适当的提示，笔者可以操控模型的行为，使得预训练语言模型本身可以预测所需的输出，有时甚至不需要任何额外的任务特定训练。这种方法的优势在于，通过一系列适当的提示，一个以完全无监督方式训练的单一语言模型可以用于处理许多任务。然而，提示学习（Prompt Learning）存在一个问题，即这种方法引入了对提示工程的需求，需要找到最适合的提示，使语言模型能够处理手头的任务。

与传统的监督学习不同，提示学习[154] 基于语言模型，直接对文本的概率进行建模。为了使用这些模型执行预测任务，原始输入 x 会通过一个模板进行修改，变成一个带有一些未填充槽的文本字符串提示 x'，然后语言模型被用来随机填充未填充的信息，得到最终的字符串 $\hat{x}$，从中可以推导出最终的输出 y。提示学习之所以强大且有吸引力，是因为它允许语言模型在海量的原始文本上进行预训练，在定义一个新的提示函数的情况下，该模型能执行少样本甚至零样本学习任务，适应少量甚至没有标注数据的新场景。本节，笔者将介绍提示学习的基础知识，描述一个统一的数学符号体系，同时将从几个维度对现有工作进行总结，例如预训练语言模型的选择、提示和调整策略。通过提供对提示方法的概述和正式定义，总结这个发展迅速的领域的研究现状。深入讨论提示方法的各个方面，从基础的提示模板工程和提示答案工程，到更高级的概念，如多提示学习方法。

2.5.1　提示的定义

1. 提示的基础

监督学习的主要问题在于，为了训练模型 $P(y|x;\theta)$，需要为任务准备标注过的数据，而对许多任务来说，这样的数据很难大量获取。提示方法试图通过学习一个语言模型来模拟文本 x 自身的概率 $P(x;\theta)$，并使用这个概率预测 y，从而减少对大量标记数据集的需求。提示方法最基本的数学描述包含许多关于提示的研究，并且可以扩展到其他方法。具体而言，基本的提示

方法能够在三个步骤内预测最高分 $\hat{y}$。

步骤 1：提示加法。提示函数 $f_{\mathrm{prompt}}(\cdot)$ 用于修改输入文本 x，将其转变为提示 $x' = f_{\mathrm{prompt}}(x)$。该函数通常包括两个步骤。

- 应用一个模板，该模板是一个文本字符串，其中包含两个槽：一个输入槽 $[X]$ 用于输入 x，另一个答案槽 $[Z]$ 用于中间生成的答案文本 z，并映射为 y。
- 将输入文本 x 填充到 $[X]$ 槽中。

以情感分析为例，当 $x =$ "I love this movie" 时，模板可能采用如 "$[X]$ Overall, it was a $[Z]$ movie." 的形式。然后，在给定前述示例的情况下，x' 将变为 "I love this movie. Overall it was a $[Z]$ movie."。以机器翻译为例，模板可能采用如 "Chinese: $[X]$ English: $[Z]$" 的形式，其中输入和答案的文本通过标明语言的标头连接在一起。

步骤 2：答案搜索。搜索得分最高的文本 $\hat{z}$，以最大化语言模型的得分。首先，将 Z 定义为 z 可能取值的集合。当任务是生成式时，Z 可以涵盖整个语言范围；而当任务是分类式时，Z 可能是语言中的一小部分词汇，例如可以定义 $Z = \{$"excellent", "good", "OK", "bad", "horrible"$\}$ 来表示 $Y = \{+,+,+,-,-\}$ 中的各个类别。

然后，定义一个函数 $f_{\mathrm{fill}}(\hat{x}, z)$，用来将潜在答案 z 填充到提示 $\hat{x}$ 的 $[Z]$ 位置。将经过这个过程的提示称为**填充提示**。特别地，如果提示被真实答案填充，则将其称为已答复提示。最后，通过使用预训练的 $\mathrm{LMP}(\cdot; \theta)$ 计算相应填充提示的概率，对潜在答案 z 进行搜索：

$$\hat{z} = \operatorname*{search}_{z \in Z} P(f_{\mathrm{fill}}(\hat{x}, z); \theta) \tag{2.15}$$

该搜索函数可以是一个 arg max 搜索，用于寻找得分最高的输出；也可以是一个采样函数，根据语言模型的概率分布随机生成输出。

步骤 3：答案映射。希望从得分最高的答案 $\hat{z}$ 转到得分最高的输出 $\hat{y}$。在某些情况下，这很简单，答案本身就是输出（如语言生成任务中的翻译），但也存在其他情况。例如，一个类别（如 "++"）可能会使用多个不同的带有情感色彩的词汇（如 "excellent" "fabulous" "wonderful"）来表示，在这种情况下，需要在搜索的答案和输出值之间建立映射。

2. 提示的设计原则

笔者将详细阐述一些基本的设计原则。

（1）**预训练语言模型的选择**：有多种预训练语言模型可以用于计算 $P(x; \theta)$。

（2）**提示模板工程**：鉴于提示指定了任务，选择适当的提示模板不仅会对准确性产生很大影响，还会影响模型先执行哪个任务。

（3）**提示答案工程**：根据任务的不同，笔者希望以不同的方式设计 Z，其中包括映射函数。

（4）**扩展范式**：式 (2.16) 只代表已被提出用于不同类型提示的各种基础框架中最简单的一种。

2.5.2　提示模板工程

提示模板工程是创建提示函数 $f_{\text{prompt}}(x)$ 的过程，以在下游任务中获得最有效的性能。在许多先前的研究中，可以用人工或算法查询的方式来确定执行每个任务的最佳模板。研究者首先需要确定提示的类型，然后决定采用手动还是自动的方法创建提示。

（1）**提示类型**。有两种类型的提示：填空提示[155-156]，用于填充文本字符串的空白部分（例如，"I love this movie, it is a [Z] movie"）；前缀提示[80, 157]，用于延续一个字符串的前缀（例如，"I love this movie. What's the sentiment of the review? [Z]"）。选择哪种提示取决于任务和用于处理任务的模型。一般来说，对于生成任务或使用标准自回归语言模型来处理的任务，前缀提示往往更有利，它们与语言模型从左到右的输入特性相符。对于使用掩码语言模型处理的任务，填空提示是一个很好的选择，它们与预训练任务的形式非常接近。完整文本重构模型更加灵活，可以与填空提示或前缀提示一起使用。对于涉及多个输入的某些任务，例如文本对分类，提示模板必须至少包含 [X1] 和 [X2] 两个输入。

（2）**手工模板工程**。也许最自然的方法是基于人类内省（Human Introspection）手动创建模板来生成提示。例如，具有开创性意义的 LAMA 数据集[156] 提供了手动创建的填空模板来探索语言模型中的知识。Brown 等人[14] 创建了手工制作的前缀提示，以处理各种任务，包括问答、翻译及用于常识推理的探究任务。Schick 和 Schütze[81, 158-159] 在文本分类和条件文本生成任务的少样本学习环境中使用了预定义的模板。

（3）**自动模板工程**。虽然手工创建模板更直观且确实在一定程度上完成了各种任务，但这种方法也存在一些问题：创建和尝试这些提示需要时间和经验，尤其是对于一些复杂的任务（如语义解析）；即使是经验丰富的提示设计者，也可能无法手动发现最优的提示。

为了解决这些问题，目前已经出现了许多自动化模板设计的方法。特别是，自动引导的提示可以进一步分为离散提示（提示是实际的文本字符串）和连续提示（提示直接在底层语言模型的嵌入空间中描述）。

另一个正交的设计考虑因素是提示函数 $f_{\text{prompt}}(x)$ 是否是静态的，即对于每个输入基本上使用相同的提示模板或者动态的提示函数，为每个输入生成一个定制的模板。不同种类的离散提示和连续提示都使用了静态和动态策略。

1. 离散提示

自动发现离散提示（也称为硬提示）的方法自动搜索在离散空间中描述的模板，通常对应于自然语言短语。几种已有的方法如下。

（1）**提示挖掘**。Mine 方法[160] 是一种基于挖掘的方法，可以在给定一组训练输入 x 和输出 y 的情况下自动找到模板。该方法会从大型文本数据库（如维基百科）中抓取包含 x 和 y 的字符串，并找到输入和输出之间的中间词或依赖路径。频繁出现的中间词或依赖路径可以作为模板。

（2）**提示释义**。基于释义的方法接收一个现有的种子提示（例如，手动构建或挖掘的提示），将其释义成一组其他候选提示，然后选择在目标任务上训练准确率最高的提示。这种释义可以通过多种方式进行，包括将提示翻译成另一种语言再翻译回来[160]，使用同义词词典中的短语替换[161]，或使用能提高提示系统准确率的神经提示重写器[162]。值得注意的是，Haviv 等人[162] 在将 x 输入提示模板后进行了释义，允许为每个个体生成不同的释义。

（3）**基于梯度的搜索**。Wallace 等人[163] 对实际标记进行基于梯度的搜索，以找到可以触发底层预训练语言模型生成所需目标预测的短序列。在此方法的基础上，Shin 等人[164] 使用下游应用训练样本自动搜索模板标记，这在提示场景中展现出强大的性能。

（4）**提示生成**。可以将提示生成视为文本生成任务，并使用标准的自然语言生成模型执行此任务。例如，Gao 等人[165] 将 T5 模型引入模板搜索过程。由于 T5 已在填充缺失跨度的任务上进行了预训练，他们通过在模板内指定位置插入模板标记，为 T5 提供解码模板标记的训练样本来生成模板标记。Guo 等人[166] 使用强化学习[148] 生成控制文本生成过程的提示。Ben-David 等人[167] 提出了一种域适应算法，该算法训练 T5 为每个输入生成唯一的领域相关特征（Domain Related Feature，DRF）（一组描述领域信息的关键词）。这些领域相关特征可以与输入连接起来形成一个模板，被下游任务使用。

（5）**提示评分**。Davison 等人[168] 研究了知识库补全任务，并使用语言模型设计了一个输入的模板（头-关系-尾三元组）。他们先手工创建一组模板作为候选，填充输入和答案插槽以形成填充的提示。然后，使用单向语言模型对填充的提示进行评分，选择输出概率最高的那个提示。

2. 连续提示

由于提示构建的目的是找到一种方法，使语言模型能够有效地执行任务，因此没必要将提示限制为人类可解释的自然语言。正因如此，还有一些方法研究了连续提示（也称为软提示），直接在模型的嵌入空间中进行提示。具体来说，连续提示消除了两个约束：放宽了模板词的嵌入必须是自然语言（如英语）单词的嵌入的约束；取消了模板的参数由预训练语言模型的参数参数化的限制。相反，模板具有自己的参数，可以根据下游任务的训练数据进行调整。笔者将重点介绍几种有代表性的方法。

（1）**前缀调整**。前缀调整[157] 在输入之前添加了一系列连续的任务特定向量，同时保持语言模型参数不变。这包括在给定可训练的前缀矩阵 M_ϕ 和由 θ 参数化的固定预训练语言模型的情况下，优化以下对数似然目标：

$$\max_\phi P(y|x;\theta;\phi) = \max_\phi \sum_{y_i} \log P(y_i|h_{<i};\theta;\phi) \tag{2.16}$$

在式 (2.16) 中，$h_{<i} = [h_{<i}^{(1)};\cdots;h_{<i}^{(n)}]$ 是时间步 i 上所有神经网络层的连接。如果相应的时间步在前缀内（h_i 是 $M_{\phi[i]}$），则将它直接从 M_ϕ 复制过来；否则，它使用预训练语言模型进行计算。

从实验上看[157]，在低数据设置中，基于连续前缀的学习对不同的提示初始化更敏感，但这些方法使用的是带有真实单词的离散提示。同样，Lester 等人[80] 在输入序列前加入了特殊标记以形成一个模板，并直接调整这些标记的嵌入。与文献 [157] 中提出的方法相比，这样做会减少参数量，原因在于它不会在每个网络层内引入额外的可调参数。Tsimpoukelli 等人[169] 训练了一个视觉编码器，将图像编码为一系列嵌入，用来提示一个固定的自回归语言模型生成适当的标题。由此产生的模型可以在视觉问题回答等视觉语言任务中进行少样本学习。与上述两种方法不同，文献 [169] 中使用的前缀是样本相关的，即输入图像的表示，而不是任务嵌入。

（2）**用离散提示初始化调整**。还有一些方法使用通过离散提示搜索方法创建或发现的提示来初始化连续提示的搜索。例如，Zhong 等人[170] 先使用离散搜索方法（如 Auto-Prompt[164]）定义模板，基于此发现提示初始化虚拟标记，然后微调嵌入以提高任务准确性。Auto-Prompt 这项工作发现，使用手动模板进行初始化可以为搜索过程提供更好的起点。Qin 和 Eisner[171] 提出学习一种基于每个输入的软模板混合，其中权重和每个模板的参数是使用训练样本共同学习的。他们使用的初始模板集可以是手工制作的模板，也可以是使用"提示挖掘"方法获得的模板。同样，Hambardzumyan 等人[172] 引入了使用连续模板的方法，其形状遵循手动提示模板。

（3）**硬-软提示混合调整**。与使用纯学习的提示模板不同，下面介绍的方法在硬提示模板中插入了一些可调的嵌入。Liu 等人[173] 提出了"P-tuning"，其通过在嵌入的输入中插入可训练变量来学习连续提示。P-tuning 还引入了在模板中使用与任务相关的锚点标记（例如，关系提取中的"capital"）进一步提升性能。这些锚点标记在训练期间不进行调整。Han 等人[174] 提出了基于规则的提示调整，它使用手动制作的子模板根据逻辑规则组成完整的模板。为了增强所得模板的表示能力，他们还插入了几个虚拟标记，这些标记可以与预训练语言模型的参数一起使用训练样本进行调整。模板标记包含实际标记和虚拟标记。实验结果证明了这种提示设计方法在关系分类任务中的有效性。

2.5.3 提示答案工程

提示模板工程旨在为提示方法设计合适的输入，而提示答案工程的目标是寻找一个答案空间 Z 及其到原始输出空间 Y 的映射，得到一个有效的预测模型。在执行提示答案工程时必须考虑两个维度：答案类型和答案设计方法。

（1）**答案类型**。答案的类型表征着其粒度。一些常见的选择如下。

（a）令牌（Token）：预训练语言模型词汇表中的一个标记，或者词汇表的一个子集。

（b）跨度（Span）：一个短的多 Token 跨度。通常与填空提示一起使用。

（c）句子：一个句子或文档。通常与前缀提示一起使用。

在实践中，如何选择可接受答案的类型取决于要执行的任务。Token 或文本跨度答案空间在分类任务（如情感分类[175]）及其他任务（如关系提取[156] 或命名实体识别[155]）中广泛使用。较长的短语或句子的答案通常在语言生成任务[13] 和其他任务中使用，例如多项选择题的回答[176]。

（2）**答案设计方法**。接下来，介绍如何设计适当的答案空间 Z，以及如果答案未被用作最终输出，如何实现到输出空间 Y 的映射。

1. 手工设计

在手工设计中，潜在答案空间 Z 及其到 Y 的映射是由系统或基准设计人员手动创建的。有许多可以采取的策略。

（1）**无限制的空间**。通常，答案空间 Z 是所有 Token 的空间[156]、固定长度跨度的空间[177] 或 Token 序列的空间[156]。在这些情况下，最常见的做法是使用恒等映射直接将答案 z 映射到最终输出 y。

（2）**受限制的空间**。在一些情况下，输出的空间是受限制的。这通常适用于标签空间有限的任务，如文本分类、实体识别或多项选择题回答。举例来说，Yin 等人[175] 手动设计了与相关主题（"健康""金融""政治"等）、情感（"愤怒""喜悦""悲伤""恐惧"等）或其他输入文本相关的词汇列表，以便进行分类。Cui 等人[155] 手动设计了用于命名实体识别任务的列表，例如"人物""地点"等。在这些情况下，需要建立答案空间 Z 与底层类别空间 Y 之间的映射。

通常，使用语言模型计算在多个选择项中输出的概率，文献 [178] 是一个早期的示例。

2. 离散答案搜索

与手动创建提示一样，手动创建答案可能不足以让语言模型实现理想的预测性能。因此，虽然对自动答案搜索的研究相对较少，但仍然有一些相关工作，其中包括针对离散答案空间进行搜索和针对连续答案空间进行搜索的方法。

（1）**答案释义**。该方法从初始答案空间 Z' 开始，使用释义扩展答案空间，以增加其覆盖范围[160]。给定答案和输出对 $<z', y>$，定义一个生成释义答案集合 $\text{para}(z')$ 的函数。最终输出的概率被定义为释义答案集合中所有答案的边际概率，即 $P(y|x) = \sum_{z \in \text{para}(z')} P(z|x)$。这种释义可以使用任何方法进行，Jiang 等人[160] 特意使用了反向翻译方法，先将输入翻译成另一种语言，再翻译回来，生成一种包含多个答案释义的列表。

（2）**剪枝-搜索**。该方法先生成一个初始的剪枝答案空间 Z'，其中包含几个可能的答案，然后通过算法在此剪枝空间上进一步搜索，以选择最终的答案集合。请注意，在下面介绍的一些论文中，将标签 y 映射到单个答案标记 z 的函数称为"用词器" [81]。Schick、Schütze[81] 及 Schick 等人[179] 找到了在大型无标签数据集中频繁出现的至少包含两个字母字符的标记。在搜索时，通过在训练数据上最大化标签的可能性来计算一个词作为标签 y 的代表性答案 z 的适用性。Shin 等人[164] 使用 $[Z]$ 标记的上下文表征学习一个逻辑分类器。在搜索时，他们使用在第一步中学到的逻辑分类器，选择得分最高的前 k 个标记，这些标记将形成答案。Gao 等人[165] 先在位置 $[Z]$ 处（$[Z]$ 是基于训练样本确定的）的词汇中选择生成概率最高的前 k 个词汇，构建一个剪枝搜索空间 Z'。然后，选择 Z' 内部的词汇子集进一步剪枝，这些词汇在训练样本上的零样本准确率较高。搜索时，他们先使用训练数据对每个答案映射对的固定模板进行微调，然后基于开发集上的准确率选择最佳的标签词作为答案。

（3）**标签分解**。在进行关系抽取时，Chen 等人[180] 将每个关系标签分解为其组成单词，并将其作为答案。例如，对于关系 per:city_of_death，分解后的标签单词是 {person,city,death}。答案跨度的概率将被计算为每个标记的概率之和。

3. 连续答案搜索

极少有研究探索使用可以通过梯度下降进行优化的软答案标记。Hambardzumyan 等人[172] 为每个类别标签分配了一个虚拟标记，并将每个类别的标记嵌入与提示标记嵌入一起进行优化。答案标记是直接在嵌入空间中进行优化的，因此答案标记不利用语言模型学习嵌入表示，而是从头开始为每个标签学习一个嵌入。

2.5.4　多提示学习方法

笔者讨论的提示工程方法主要集中在为一个输入构建单个提示。然而，大量的研究表明，使用多个提示可以进一步提升提示方法的效果，笔者将这些方法称为**多提示学习方法**。在实践中，有几种方法可以将单个提示学习扩展到多个提示，这些方法设计的动机有很多种。

1. 提示集成

提示集成是在推断时使用多个未回答的提示进行预测的过程。多个提示可以是离散提示或连续提示。这种提示集成可以利用不同提示的互补优势，减少提示工程的成本。选择一个表现最佳的提示的挑战在于如何稳定下游任务的性能。

提示集成与将多个系统组合在一起的集成方法相关。当前的研究还借鉴了这些工作的思想，以制定有效的提示集成方法。

（1）**统一平均法**。在使用多个提示时，最直观的方法是将不同提示的概率取平均，表示为 $P(z|x) := \frac{1}{K} \sum_i^K P(z|f_{\text{prompt},i}(x))$，其中 $f_{\text{prompt},i}(\cdot)$ 是第 i 个提示。Jiang 等人[160] 先通过选择在训练集上获得最高准确率的 K 个提示来过滤所有的提示，然后使用从前 K 个提示中获得的平均对数概率，计算在执行实际探测任务时 $[Z]$ 位置上单个标记的概率。Schick 和 Schütze[81] 在使用集成模型对未标记的数据集进行注释时也尝试了统一平均法。Yuan 等人[161] 将这个任务形式化为一个文本生成问题，并使用不同提示生成分数的平均值，作为最终提示。

（2）**加权平均法**。虽然统一平均法易于实现，但并不是最优的，其某些提示的性能不如其他提示。为了解决这个问题，还探索了使用加权平均法进行提示集成，其中每个提示都与一个权重相关联。这些权重通常是预先指定的，基于提示的性能或者使用训练集进行优化。例如，Jiang 等人[160] 通过最大化训练数据上的目标输出的概率来学习每个提示的权重。Qin 和 Eisner[171] 使用相同的方法，只是每个提示的权重是与软提示参数一起优化的。此外，Qin 和 Eisner[171] 还引入了一种数据相关的加权策略，在加权不同提示时使用输入出现在提示中的概率。Schick 和 Schütze[81, 159] 在训练之前将每个提示的权重设定为其在训练集上的准确率。

（3）**多数投票法**。对于分类任务，还可以使用多数投票法结合来自不同提示的结果[80, 172]。

（4）**知识蒸馏法**。深度学习模型的集合通常可以提高模型的性能，并且可以使用知识蒸馏将这种优越性融入单个模型[181]。为了将这个想法纳入提示集成，Schick 和 Schütze[81, 159] 为每个手动创建的模板-答案对训练一个单独的模型，并使用它们的集合来注释未标记的数据集。模型通过已注释数据集的蒸馏知识进行训练。Gao 等人[165] 在自动生成的模板上使用了类似的集合方法。

（5）**用于文本生成的提示集成**。相比于生成任务（答案是一串标记而不是单个标记的任务），关于提示集成的研究较少。在这种情况下，一种简单的集成方法是使用基于下一个单词概率的集成概率生成输出 $P(z_t|x, z_{<t}) := \frac{1}{K} \sum_i^K P(z_t|f_{\text{prompt},i}(x), z_{<t})$，其中 $f_{\text{prompt},i}(\cdot)$ 表示第 i 个提示。相比之下，Schick[158] 为每个提示 $f_{\text{prompt},i}(x)$ 训练一个单独的模型。将这些微调的语言模型都存储在内存中是不可行的。因此，他们先使用每个模型对生成进行解码，然后通过对所有模

型的生成概率进行平均对每个生成进行评分。

2. 提示增强

提示增强，有时也称为演示学习[165]，提供了一些额外的已答提示，这些提示可以用来说明语言模型应该如何为输入 x 的实例化提示提供答案。例如，不仅提供一个提示"中国的首都是 $[Z]$"，还可以在提示前面添加一些示例，如"英国的首都是伦敦。日本的首都是东京。中国的首都是 $[Z]$"。这些少样本演示利用了强大的语言模型学习重复模式的能力[14]。

虽然提示增强的想法很简单，但有几个方面使其具有挑战性。

（1）**样本选择**。研究人员发现，在这种少样本情景中选择示例可能导致模型性能差异很大，性能可以近似最优准确率或近似随机猜测[182]。为了解决这个问题，Gao 等人[165] 和 Liu 等人[183] 利用句子表征来选择在该表征空间中与输入接近的示例。为了衡量预训练语言模型在执行新任务时基于指令的泛化能力，Mishra 等人[184] 既考虑了正样本又考虑了部分负样本。

（2）**样本排序**。Lu 等人[182] 发现，模型输出提示的顺序在模型性能中起着重要作用，并提出了基于熵的方法为不同的候选排列评分。Kumar 和 Talukdar[185] 找到了一个好的训练示例排列作为增强的提示。与将多个已回答提示排列成有序列表不同，Yoo 等人[186] 提出使用提示方法基于已回答提示生成一个元提示。

提示增强与提供更多文本上下文以改进性能的检索方法密切相关[187]，这种方法在基于提示的学习中被证明是有效的[188]。

（3）**提示组合**。对于那些可以利用基础子任务进行组合的任务，可以进行提示组合，即使用多个子提示，每个子任务使用一个子提示，然后基于这些子提示定义一个复合提示。例如，关系抽取任务旨在提取两个实体的关系，可以将任务分解为几个子任务，包括识别实体的特征和对实体之间的关系进行分类。基于这种直觉，Han 等人[174] 先使用多个手动创建的子提示进行实体识别和关系分类，然后根据关系抽取的逻辑规则将它们组合成一个完整的提示。

（4）**提示分解**。对于需要为一个样本执行多个预测的任务（例如，序列标注任务），直接针对整个输入文本 x 定义一个整体提示是具有挑战性的。解决这个问题的一种方法是将整体提示分解为不同的子提示，然后分别回答每个子提示。该任务旨在识别输入句子中的所有命名实体。在这种情况下，输入首先会被转换为一组文本片段，然后提示模型为每个片段预测实体类型（包括"非实体"）。因为存在大量片段，很难同时预测所有片段的类型，所以可以创建并单独预测每个片段的不同提示。这种类型的提示分解已经被 Cui 等人[155] 探索过，他们应用了笔者在这里讨论的方法。

2.6 上下文学习

随着模型规模的增大，LLM 展示出了一种上下文学习（In-Context Learning，ICL）能力[189]，即从上下文的少量示例中学习。许多研究表明，LLM 可以通过上下文学习执行一系列复杂的任务，如解决数学推理问题。这些强大的能力已被广泛验证为 LLM 的新兴能力。上下文学习的关键思想是通过类比进行学习。图 2.10 给出了 LLM 使用上下文学习进行决策的示例。首先，需要一些示例形成演示上下文。这些示例通常以自然语言模板编写。然后，上下文学习将查询问题和一段演示上下文连接在一起形成提示。最后，将其输入 LLM 进行预测。与需要使用反向梯度来更新模型参数的监督学习不同，上下文学习不进行参数更新，而是直接在预训练语言模型上进行预测。模型被期望能够学习演示中隐藏的模式，并相应地进行预测。

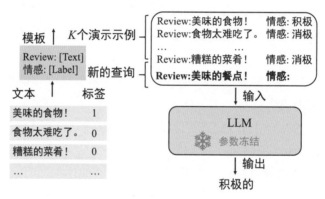

图 2.10 LLM 使用上下文学习进行决策的示例

作为一种新的范式，上下文学习具有多个优点。第一，演示是用自然语言编写的，因此提供了一个可解释的接口，可以与 LLM 进行沟通。这种范式使得通过改变演示和模板更容易将人类知识融入 LLM。第二，上下文学习类似于人类通过类比学习的决策过程。第三，与监督训练相比，上下文学习是一个无须训练的学习框架。这不仅可以降低模型适应新任务的计算成本，还可以利用 LLM 为研究者服务，并轻松应用于大规模的实际任务。

上下文学习的强大性能依赖两个阶段：培养 LLM 的上下文学习能力的训练阶段，以及根据特定任务的演示进行预测的推断阶段。在训练阶段，LLM 直接在语言建模目标上进行训练。尽管这些模型并没有针对上下文学习进行优化，但仍然展现出上下文学习的能力。现有的上下文学习研究将经过良好训练的 LLM 作为骨架。在推断阶段，输入和输出标签都以可解释的自然语言模板表示，因此有多个方向可以改进上下文学习的性能。本节先分析上下文学习的形式化定义，并阐明它与相关研究的关系。然后，讨论训练策略、示例设计策略及相关分析。最后，讨论上下文学习面临的挑战。

2.6.1　上下文学习的定义

根据 GPT-3 的论文[14]，笔者给出上下文学习的定义：上下文学习是一种范式，允许 LLM 仅通过几个演示示例来学习任务。本质上，它通过使用经过良好训练的 LLM 来估计在给定演示的条件下潜在答案的可能性。

形式上，给定一个查询输入文本 x 和一组候选答案 $Y = \{y_1, y_2, \cdots, y_m\}$（$Y$ 可以是类标签或一组自由文本短语），预训练语言模型 $\mathcal{M}$ 以具有最高分数的候选答案作为在给定演示集 C 的条件下的预测。C 包含一个可选的任务指令 I 和 k 个演示示例，因此，$C = \{I, s(x_1, y_1), \cdots, s(x_k, y_k)\}$ 或 $C = \{s(x_1, y_1), \cdots, s(x_k, y_k)\}$，$s(x_k, y_k, I)$ 是根据任务编写的自然语言文本示例。候选答案 y_j 的可能性可以由整个输入序列与模型 $\mathcal{M}$ 的得分函数 f 表示：

$$P(y_j|x) = f_{\mathcal{M}}(y_j, C, x) \tag{2.17}$$

最终，预测的标签 $\hat{y}$ 是具有最高概率的候选答案：

$$\hat{y} = \arg \max_{y_j \in Y} P(y_j|x) \tag{2.18}$$

得分函数 f 估计在给定演示和查询文本的情况下当前答案的可能性。例如，笔者可以通过比较"消极"和"积极"的标记概率来预测二元情感分类中的类标签。

上下文学习与其他相关概念的区别如下。

（1）**提示学习**：提示学习可以是离散模板或软参数，可以促使模型预测所需的输出。严格来说，上下文学习可以被视为提示调整的一个子类。

（2）**少样本学习**：少样本学习是一种通用的机器学习方法，利用参数适应来学习在有限数量的监督示例下的最佳模型参数。相比之下，上下文学习不需要参数更新。

2.6.2　模型预热

尽管 LLM 已经展示出不错的上下文学习能力，但许多研究表明，通过在预训练和上下文学习推断之间进行持续的训练，可以进一步提高上下文学习的能力，笔者称之为**模型预热**。预热是上下文学习的一个可选步骤，它在上下文学习推断之前调整 LLM，包括修改 LLM 的参数或添加额外的参数。与微调不同，预热不是训练 LLM 完成特定的任务，而是增强模型的整体上下文学习能力。

1. 有监督上下文学习

为了增强上下文学习的能力，研究人员提出了一系列有监督的上下文微调策略，通过构建上下文训练数据和多任务训练实现。由于预训练目标并没有针对上下文学习进行优化，文献 [190-191] 提出了一种称为 MetaICL 的方法，以消除预训练和下游上下文学习使用之间的差距。预训练语言模型在海量任务上持续进行训练，从而提升了其少样本学习的能力。为了进一步鼓励模型从输入-标签对映射，Wei 等人[192] 提出了符号微调。这种方法在上下文输入-标签对上对 LLM 进行微调，用任意符号（例如"foo/bar"）替换自然语言标签（例如"正面/负面情感"）。结果，符号微调展示出了更强的利用上下文信息覆盖先前语义知识的能力。

此外，研究表明指令信息具有潜在价值[106]，并且有一个专注于有监督指令调优的研究方向。指令调优通过在任务指令上进行训练来增强 LLM 的上下文学习能力。通过使用自然语言指令模板提供的超过 60 个自然语言处理数据集，对 137B LaMDA-PT[19] 进行调优，FLAN[103] 指令微调模型提升了零样本和少样本的上下文学习性能。与为每个任务构建几个示例不同，MetaICL 指令调优主要考虑任务的解释，并且更容易进行扩展。Chung 等人[118] 和 Wang 等人[105] 提出通过 1,000 多个任务指令进行规模化指令调优的方法。

2. 自监督上下文学习

利用原始数据库进行预热，Chen 等人[190] 提出构建与下游任务中上下文学习格式对齐的自监督训练数据。他们将原始文本转化为输入-输出对，探索四种自监督目标，其中两个为掩码标记预测和分类任务。另外，PICL[193] 也利用原始数据库，但采用简单的语言建模目标，促进基于上下文的任务推断和执行，同时保留了预训练模型的任务泛化能力。因此，PICL 在效果和任务泛化性方面都优于 Chen 等人[190] 提出的方法。

3. 小结

（1）监督训练和自监督训练都提出在上下文学习推断之前对 LLM 进行训练。其关键思想是通过引入接近上下文学习的目标，缩小预训练和下游上下文学习格式之间的差距。与涉及演示的上下文微调相比，没有少量示例作为演示的指令微调更简单且更流行。

（2）从某种程度上讲，这些方法都通过更新模型参数来提高上下文学习的能力，这意味着原始 LLM 的上下文学习能力有很大的提升潜力。因此，尽管上下文学习并不严格要求模型预热，笔者仍建议在上下文学习推断之前添加一个预热阶段。

（3）在不断扩大训练数据规模的情况下，预热所带来的性能提升趋于平稳。这种现象在监督上下文训练和自监督上下文训练中都会出现，表明 LLM 只需要少量数据来适应在预热阶段学习上下文。

2.6.3　演示设计

许多研究表明，上下文学习的性能在很大程度上取决于演示，包括演示的格式、演示示例的顺序等[182, 194]。演示在上下文学习中发挥着至关重要的作用，本节将对演示设计策略进行介绍，并将其分为两部分：演示组织和演示格式。

1. 演示组织

在给定的训练示例池中，演示组织关注如何选择一个示例子集及所选示例的顺序。

（1）**演示选择**。演示选择旨在回答一个基本问题：哪些演示对于上下文学习来说是好的演示？笔者将相关研究分为两类，包括基于预定义指标的无监督方法和基于预定义指标的有监督方法。

基于预定义指标的无监督方法。文献 [183] 表明选择最近邻示例作为上下文示例是一个很好的解决方案。距离度量使用基于句子嵌入的预定义 L2 距离或余弦相似度距离。他们提出了KATE———一种基于 kNN 的无监督检索器，用于选择上下文示例。除了距离度量，互信息也是一个有价值的选择度量标准[195]。类似地，可以检索 kNN 跨语言示例，用于多语言上下文学习[196]，以加强源-目标语言的对齐。互信息的优势在于它不需要有标签的示例和特定的 LLM。此外，Gonen 等人[197] 尝试选择困惑度较低的提示。Levy 等人[198] 考虑了示例的多样性，以改进组合泛化。与从人工标注数据中选择示例不同，Kim 等人[199] 提出了由 LLM 本身生成示例的方法。

一些方法利用语言模型的输出分数 $P(y|C,x)$ 作为无监督度量来选择示例。Wu 等人[200] 根据数据传输的编码长度选择 kNN 示例的最佳子集排列，以压缩在给定 x 和 C 的情况下的标签 y。Nguyen 和 Wong[201] 通过计算示例 x_i 的影响来测量它，该影响是 $\{C|x_i \in C\}$ 和 $\{C|x_i \notin C\}$ 的示例子集的平均性能之间的差异。此外，Li 等人[202] 使用信息分数，即验证集中所有 (x,y) 对的 $P(y|x_i, y_i, x) - P(y|x)$ 的平均值，其中包括多样性正则化。

基于预定义指标的有监督方法。Rubin 等人[203] 提出了一种两阶段检索方法来选择示例。对于特定的输入，先构建一个无监督的检索器（例如 BM25）来召回类似的示例作为候选，随后构建一个有监督的检索器（例如 EPR），从候选中选择示例。一个得分语言模型用于评估每个候选示例与输入的连接。得分高的候选示例被标记为正例，得分低的候选示例被标记为负例。Li 等人[204] 通过采用统一的示例检索器来增强 EPR，以统一跨不同任务的示例选择。Ye 等人[205]

提出检索整个示例集，而不是个别示例，来建模示例之间的相互关系。他们训练了一个 DPP（Determinantal Point Process）检索器，通过对比学习与语言模型输出分数对齐，通过后验最大化获得最优的示例集。

基于提示调整，Wang 等人[206] 将 LLM 视为主题模型，可以从少量示例中推断概念 θ，并基于概念变量 θ 生成 Token。他们使用与任务相关的概念 Token 来表示潜在概念。概念 Token 被学习以最大化 $P(y|x,\theta)$。他们选择最可能根据 $P(\theta|x,y)$ 推断概念变量的示例。此外，强化学习被 Zhang 等人[207] 引入作为示例选择。他们将示例选择形式化为马尔可夫决策过程[208]，并通过 Q-Learning 选择示例。动作是选择一个示例，奖励被定义为标签验证集的准确性。

（2）**演示排序**。对所选示例进行排序也是示范组织的一个重要方面。Lu 等人[182] 证明了对于各种模型，排序敏感性是一个常见的问题。为了解决这个问题，先前的研究提出了几种无须训练的方法对示例进行排序。Liu 等人[183] 通过示例与输入之间的距离进行适当的排序。Lu 等人[182] 定义了全局和局部熵度量。他们发现熵度量与上下文学习的性能之间存在积极相关性，因此直接使用熵度量来选择最佳的示例排序。

2. 演示格式

一种常见的格式化示例的方式是直接将示例 $(x_1,y_1),\cdots,(x_k,y_k)$ 与模板 $\mathcal{T}$ 连接。然而，在一些需要复杂推理（如数学题目、常识推理）的任务中，仅凭 k 个示例来学习从 x_i 到 y_i 的映射并不容易。尽管在提示方面已经研究了模板工程[154]，但一些研究人员旨在通过在指令 I 中描述任务并在 x_i 和 y_i 之间添加中间推理步骤，为上下文学习设计更好的示例格式。

（1）**指令格式**。除了精心设计的示例，准确描述任务的良好指令对于推理性能也有帮助。然而，与示例在传统数据集中普遍存在不同，任务指令严重依赖人工编写的句子。Honovich 等人[209] 发现，在给定几个示例的情况下，LLM 可以生成任务指令。根据 LLM 的生成能力，Zhou 等人[210] 提出自动提示工程师（Automatic Prompt Engineer）的概念，用于自动生成和选择指令。为了进一步提高自动生成的指令质量，Wang 等人[38] 提出使用 LLM 从其自身的生成中获得初始指令示范。现有的工作在自动生成指令方面取得了良好的结果，这为人类反馈与自动指令生成结合提供了机会。

（2）**推理步骤格式**。Wei 等人[83] 在输入和输出之间添加了中间推理步骤来构建示例，这被称为思维链。通过思维链，LLM 能预测推理步骤和最终答案。思维链提示可以通过将输入和输出映射分解为许多中间步骤来学习复杂的推理。思维链提示策略[211] 包括提示设计和流程优化等方面的研究。接下来，笔者主要介绍思维链的设计策略。

与示例的选择类似，思维链设计也考虑了思维链的选择。不同于[83] 手动编写思维链，AutoCoT[82] 使用"让我们一步一步来思考"生成思维链。此外，Fu 等人[212] 提出了基于复杂性的示例选择方法。他们选择具有更多推理步骤的示例进行思维链提示。

由于输入-输出映射被分解为逐步推理，一些研究人员将多阶段上下文学习应用于思维链提示，并为每个步骤设计思维链示例。多阶段上下文学习在每个推理步骤中使用不同的示例查询 LLM。Self-Ask[213] 允许 LLM 为输入生成后续问题并自我回答这些问题，问题和中间答案将被添加到思维链中。iCAP[214] 提出了一种上下文感知的提示器，可以动态调整每个推理步骤的上下文。从最少到最多提示[215] 是一个包括问题缩减和子问题解决的两阶段上下文学习。第一阶段将复杂问题分解为子问题；第二阶段，LLM 逐个回答子问题，并将先前回答过的问题和生成的答案添加到上下文中。

Xu 等人[216] 在特定任务上对小型 LLM 进行微调，作为插件来生成伪推理步骤。给定输入-输出对 (x_i, y_i)，SuperICL 将小型 LLM 对输入 x_i 的预测 y_i' 和置信度 c_i 视为推理步骤，通过连接 (x_i, y_i', c_i, y_i) 形成思维链。

3. 小结

（1）演示选择策略提高了上下文学习的性能，但其中大多数都是实例级别的。由于上下文学习主要在少样本设置下进行评估，虽然数据库级别的选择策略更重要，但尚未被充分探索。

（2）LLM 的输出分数或概率分布在实例选择中起着重要作用。

（3）对于 k 个演示示例，排列的搜索空间大小为 $k!$。如何高效地找到最佳顺序或更好地近似最优排序是一个具有挑战性的问题。

（4）添加思维链可以有效地将复杂的推理任务分解为中间推理步骤。在推理过程中，多阶段演示设计策略被应用于更好地生成思维链。如何提高 LLM 的思维链提示能力也值得探讨。

（5）除了人工编写的示例，LLM 的生成性质可以在演示设计中得到利用。LLM 可以生成指令、演示、探测集、思维链等。通过使用 LLM 生成的演示示例，上下文学习可以减少人工编写模板的工作量。

2.6.4　评分函数

评分函数决定了将语言模型的预测转化为特定答案的可能性估计。直接估计法采用候选答案的条件概率，这些候选答案可以由语言模型词汇表中的标记表示[14]，选择输出概率较高的答案作为最终答案。然而，这种方法对模板设计有一些限制，例如，答案标记应放在输入序列的末尾。困惑度是另一个常用的度量标准，整个输入序列 $S_j = \{C, s(x, y_j, I)\}$ 的句子困惑度由演示示例 C、输入查询 x 和候选标签 y_j 的标记组成。由于困惑度评估整个句子的概率，因此它消除了标记位置的限制，但需要额外的计算时间。需要注意的是，在生成任务（如机器翻译）中，上下文学习通过解码具有最高句子概率的标记来预测答案，同时结合促进多样性的策略，如波束搜索或 Top-p 和 Top-k[217] 采样算法。

与先前的方法不同，Min 等人[218] 提出利用通道（Channel）模型在相反的方向上计算条件概率，即在估计给定标签的情况下输入查询的可能性。这种方式需要 LLM 生成输入中的每个标记，可以在训练数据不平衡的情况下提高性能。由于上下文学习对示例很敏感，通过对空白输入减去模型先验得到的分数进行归一化，也可以有效地提高稳定性和整体性能[194]。

另一个方向是利用超出上下文长度限制的信息来校准分数。Structured Prompting[219] 提议使用特殊的位置嵌入将示例单独编码，然后通过重新缩放的注意力机制将其提供给测试示例。kNN Prompting[220] 先使用训练数据查询 LLM 以获取分布式表示，然后通过参考具有封闭表示的最近邻存储的锚点表示来预测测试实例。

虽然直接采用候选答案的条件概率是高效的，但这种方法仍然对模板设计有一些限制。困惑度也是一种简单且广泛应用的评分函数。直接采用候选答案的条件概率这种方法具有通用性。现有的评分函数都直接从 LLM 的条件概率中计算得分。通过评分策略来校准偏差或减轻敏感性的研究有限。例如，一些研究在模型预测中添加了额外的校准参数来调整模型的预测结果[194]。

2.7　微调

尽管 LLM 在通用文本数据上进行了训练，但可能未能对特定任务或领域编码积累足够的知识。在这种情况下，将模型微调到更小的、领域特定的数据集上，可以增强其在特定领域内的性能。这种微调主要有两种方法：适配器微调和任务导向微调。

（1）**适配器微调**：如图 2.11（a）所示，这种方法使用神经适配器或模块化组件，以增强 LLM 在特定领域任务上的性能，而不对 LLM 的内部参数进行大幅修改。这些适配器通常集成到现有的 LLM 结构中，允许进行特定任务的学习，同时保持原始模型基本完整。

（2）**任务导向微调**：如图 2.11（b）所示，这种方法侧重于修改 LLM 的内部参数，以与特定任务对齐。然而，由于硬件限制和潜在的性能下降，完全更新 LLM 的所有参数是不现实的。因此，研究人员面临的挑战在于在广泛的参数空间内确定哪些参数需要被修改，或者如何高效地更新这些参数的子集。

这两种方法使 LLM 可以根据特定任务或领域进行定制。

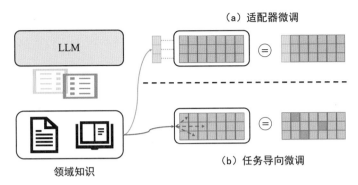

图 2.11　基于领域特定知识对 LLM 进行微调的两种方法的可视化，其中蓝色矩形表示 LLM 中的参数集

微调主要在三种情况下被使用：用于提升模型在特定任务上的性能（如开放世界目标检测），用于增强模型的特定能力（如视觉定位），以及对模型进行指令微调，使其能够解决不同的下游视觉任务（如 InstructBLIP[221]）。首先，即使只微调线性层，模型在特定任务上的性能也可以得到提升。因此，可以使用特定任务的数据集（如 ImageNet）来改进预训练模型。其次，一些研究利用预训练的视觉语言模型对视觉定位任务进行微调，即在定位数据集上对模型进行微调。例如，Minderer 等人[222] 在检测数据集上对视觉 Transformer 进行微调，以创建一个开放词汇的目标检测器。最后，一些研究将视觉数据集转化为指令微调数据集，使视觉语言模型能够适用于下游任务。

2.7.1　适配器微调

适配器微调的目标是在特定任务中获得更好的性能，向 LLM 添加一小部分额外的参数。通常，这些附加参数被编码为简单的模块，以指导 LLM 适应目标领域或任务。添加模块最佳位置的特点如下。

（1）参数数量较少且简单。

（2）可扩展到原始语言模型。

（3）在每个特定领域上进行连续训练时具有灵活性。

大多数具有上述特点的提议策略都是在适配器[223-224] 的框架下构建的，属于参数高效微调的范畴。

适配器是插入预训练模型层的可训练模块[223]。适配器的关键特性是使原始语言模型的参数保持"冻结"，即使在不同领域或任务中，适配器也能提供可持续的共享参数。假设 $f_\Theta(\cdot)$ 表示使用参数集 Θ 参数化的 LLM 的函数，$g_{\triangle\Theta}(\cdot)$ 表示使用参数 $\triangle\Theta$ 参数化的适配器的函数，那

么 $f_\Theta \circ g_{\Delta\Theta}$ 表示通过适配器进行微调的语言模型。设 X 为一般输入数据，具有任务性能度量 ϕ，D 为域训练数据，具有领域特定的任务性能 ϕ_D（对于 ϕ 和 D，较高的值表示性能更好），适配器的目标是找到 $g_{\Delta\Theta}$，使得

$$\phi(f_\Theta(X)) \approx \phi(f_\Theta \circ g_{\Delta\Theta}(X)) \quad \phi_D(f_\Theta(D)) \leqslant \phi_D(f_\Theta \circ g_{\Delta\Theta}(D)) \tag{2.19}$$

一些工作探索了如何使用适配器进行无监督领域自适应（Unsupervised Domain Adaptation，UDA）。使用适配器进行无监督领域自适应旨在增强预训练模型的跨语言或多任务学习能力。文献 [225] 首次针对多领域自适应采用两步策略：先在混合数据库上使用掩码语言模型损失进行领域融合训练，然后在领域数据库上使用任务特定损失进行任务微调。随后，文献 [226] 引入 UDApter，该方法也采用两步训练和微调方法，但 UDApter 将其分为两个适配器模块：领域适配器和任务适配器。领域适配器先学习领域不变表示，然后将其与"冻结"的任务适配器参数进行连接。这是通过 AdapterFusion[227] 中定义的结构实现的。AdapterSoup 在测试阶段仅采用领域适配器的加权平均提高自适应效率[228]。为了选择领域适配器，AdapterSoup 探索了三种策略：穷举组合、文本聚类和语义相似性。在像 GPT-2[225-226, 228] 这样的预训练语言模型上进行评估，结果表明上述方法可能适用于更大的语言模型。为此，LLaMA-Adapter 被提出，以便在使用自我指导演示的 LLM 与适配器上进行高效自适应。适配器结构包含零初始化注意力机制，并在遵循指令和多模态推理任务上测试了领域自适应能力[229]。

随着适配器的应用范围扩大，一些技术通过在下游任务上提供有利的性能或作为现有框架中的集成组件，已经显示出潜力。因此，适配器通常基于其结构分为神经适配器和低秩适配器。为了实现用户友好的功能，越来越多的工作致力于构建不同适配器的综合框架[230-231]。某些研究还表明，适配器的集成可以在各种下游任务中发挥卓越的性能。

（1）**神经适配器**。具有神经网络结构的适配器被称为神经适配器。在最初的设计中，文献 [223] 使用下投影、GeLU 非线性[232]、上投影及前馈层作为神经适配器的骨干。后来，文献 [233] 将神经适配器的结构简化为单层隐藏层前馈网络，并展示了其在领域适应中的有效性。适配器模块被插入 Transformer 中的多头注意力层和前馈层。这些适配器被称为瓶颈（Bottleneck）适配器或串行适配器。笔者在本书中提到的文献 [223]，使用了串行适配器。

神经适配器的发展受到神经网络结构设计的启发，如 ResNet、自动编码器、注意力机制等。文献 [227] 中使用的适配器具有额外的残差连接。不久之后，文献 [234] 提出了 MAD-X 框架，其中插入可逆适配器，这些适配器紧邻输入插入，并反转以传送到输出嵌入。在高层语义空间维度，可逆适配器被视为自动编码器的模拟。Tiny-attention 适配器[235] 探索了使用较小维度注意力层的适配器的有效性。到目前为止，大多数已提出的结构在适配器中应用全连接层进

行下投影和上投影。然而，Compacters[236] 将参数化的超复数乘法层[237] 视为替代方法，它的形式与全连接层类似，但学习了克罗内克积的和。Compacters 的主要优势是参数效率比较高。另一种提升参数效率的方法受到网络修剪的启发，正如 SparseAdapter[238] 提出的，通过在初始化时进行修剪减少训练参数。请注意，SparseAdapter 是一种适用于神经适配器的通用技术。插入汇聚适配器可以被视为在语言模型内部进行适应，另一种选择是在语言模型外部进行适应。K-Adapter[239] 提出在各种知识领域上单独训练多个适配器，然后通过连接将所学知识输入语言模型。Sung 等人[240] 更关注所需的高训练内存，原因在于反向传播完全流经插入适配器的语言模型。他们提出了阶梯侧调节，只在连接到语言骨干模型的一侧添加小模块，通过快捷方式连接。这两种技术都使用多层感知器进行演示，但在不同的适配器结构上保持灵活性。

（2）**低秩适配器**。低秩适配器（Low-Bank Adaptation, LoRA）[241] 受到 "LLM 存在于内在子空间[242] 中" 的启发，其中模型参数能够得到有效更新。LoRA 模块将可学习的奇异值分解块嵌入子空间，其低矩阵秩 $r \ll d$，其中 d 是输入数据的维数。这些矩阵与预训练权重并行相加，因此在微调期间保持它们冻结。值得注意的是，LoRA 在进一步减少训练参数数量方面表现优异，并且在推断期间不引入延迟。

在这一领域的后续工作是 DyLora[243]，它使用动态搜索解决了 LoRA 的两个问题：固定的块大小和对最优秩的穷举搜索。LoRA 的另一个问题是低秩模块的表示能力有限，而 Kronecker 适配器（KronA）[244] 进一步解决了这个问题。其本质是用两个较小尺寸的矩阵替代奇异值分解模块，形成一个 Kronecker 乘积模块。尽管对低秩适配器的后续研究不多，但 LoRA 模块作为重要的构建块被包含在各种综合适应框架中[230, 245-247]。下面将详细地介绍这些框架。

（3）**集成适配器框架**。AdapterFusion[227] 的思路是在不同任务上训练多个适配器，并通过融合层将每个适配器学习到的嵌入组合在一起。UniPELT[246] 提出通过门控机制激活最适合当前数据或任务设置的不同方法的不同组合。其中包括串行适配器[223]、LoRA[241]、前缀微调[157] 和 Bitfit[248] 等子模块。与 UniPELT 相对应，AdaMix[247] 堆叠了多个相同类型的适配器，并使用随机路由训练激活，避免更高的计算成本。尽管 AdaMix 只应用在串行适配器和 LoRA 上，但它可以被看作一种适用于任何适配器的通用技术。

在适配器库的基础上学习路由函数的想法激发了后续的研究。在多任务学习的背景下，Polytropon[249] 同时学习了一个适配器库和一个路由函数，以重新组合在不同任务之间共享的各种尺寸的精调适配器。这种方案的变体被进一步研究[250]，包括用权重平均替换路由函数，或使用多头路由函数来实现更好的表达能力。在实现方面，AdapterHub[231] 是集成了所有主流适配器的最全面和易于使用的库，唯一的缺点是不支持 LLM。LLM-Adapter[230] 提出了一个包括 LLaMA、OPT、GPT-J 等开放访问的 LLM 框架。它将四个适配器作为基本组件（串行适配器[223]、MAD-X[234]、并行适配器[251] 和 LoRA[241])，并扩展到新的模块。

最后，正如 Sung 等人指出的，即使先前的参数被冻结，基于适配器的方法需要的训练内存仍然很大，原因在于反向传播涉及整个模型[240]。

鉴于这些讨论，笔者概述了将适配器应用于语言模型领域特化中的一些挑战。

（1）**稳定性和普适性**：在预训练语言模型上，适配器的性能可能会受到不同的结构或超参数的影响，这对其稳定性和普适性提出了挑战。将这个关注点延伸到语言模型上，深入了解不同适配器如何与不同的任务设置匹配，将推动适配器的更广泛应用。

（2）**计算资源**：适配器在预训练语言模型上展现了出色的成果，其参数规模可以达到百万级。然而，目前尚未证明它们与语言模型是否足够兼容。如果需要更多的适配器模块（更多的参数），那么计算成本的问题会再次被提出。针对这个问题的另一个理想方案是通过新的结构设计或微调策略来减少训练内存消耗。

2.7.2　任务导向微调

尽管这些在大规模文本数据库上训练的 LLM 的能力令人难以置信，但若要从根本上提高模型在少样本示例和辅助适配器之外的性能，仍然需要在大量高质量的领域特定数据集上更新 LLM 的内部参数。然而，在任何领域特定任务上对 LLM 进行微调都面临以下两个挑战。

（1）更新 LLM 的全局知识可能会破坏上下文学习能力，原因包括但不限于过拟合、灾难性遗忘和任务特定的偏见[252]。

（2）由于庞大的参数空间和深层模型结构，对 LLM 进行微调的计算成本很高。

本节将介绍关于更新 LLM 的全局知识的技术，这些技术主要分为基于指令的知识更新和部分知识更新。

1. 基于指令的知识更新

基于指令的知识更新是指通过在具有明确指令或提示的多样任务集上对 LLM 进行微调，更新 LLM 的参数化知识。这在概念上与文献 [15] 中引入的"指令学习"相同。图 2.12 提供了使用指令微调 LLM 的示例。特别地，LLM 在一系列任务（例如常识推理、信息提取等）上进行微调，配备详细的指令，预期通过微调获得解决问题的能力。Wei 等人[38] 首次尝试使用通过指令描述的数据集对 LLM 进行微调。经验证明，有效的指令可以显著提高模型在未见过的任务上的零样本性能。经过指令微调的语言模型 FLAN 使用自然语言指令模板，在 60 个自然语言处理数据集上对具有 137B 参数量的语言模型进行微调。研究结果显示，FLAN 在大多数未见过的任务上的性能都优于其未修改的对应模型，甚至在零样本和少样本的情况下，也超过了

具有 175B 参数量的 GPT-3。随后，文献 [118, 253-254] 采用明确的指令对语言模型进行微调，重点放在扩大任务数量、扩大模型规模，以及在思维链数据上进行微调。经过微调的语言模型在许多零样本或少样本任务的基准测试中实现了最先进的性能。

图 2.12　使用指令微调 LLM 的示例

（1）**基于人类指令的微调**。使用人类指令进行微调旨在引导 LLM 生成更加安全、真实、无害的内容，以符合用户意图。大多数 LLM 采用自回归方法，生成的内容在很大程度上受到训练数据库分布的影响，且较难进行控制。RLHF 是一种值得注意的技术，用于使 LLM 输出的内容与人类需求一致[78]。在 RLHF 中，LLM 为一个提示创建多个内容选项，由人类根据质量、相关性和期望的输出一致性进行排名；外部奖励模型根据排名为内容分配分数，捕捉评估者的偏好；通过强化学习技术更新模型策略以最大化预期奖励，通过微调模型更好地与人类偏好保持一致；这个内容生成、排名、奖励建模和策略优化的过程在迭代中重复进行，模型不断从人类反馈中学习。现有方法成功地将 RLHF 应用于使用人类指令对复杂推理任务进行微调的 LLM 上[255-256]。

（2）**基于指令微调的潜在限制**。基于显式指令的知识更新在自然语言处理任务上表现良好，但受限于指令较简单，在与测试集不同的任务上面临困难。提高对多种任务的适应性通常会引发灾难性遗忘问题。一个关键问题是如何在不引发这种遗忘的前提下扩展模型的知识和能力。Huang 等人提出了一种方法，利用预训练语言模型为无标签的问题生成高置信度的答案，从而在没有基准标签或明确指令的情况下提升模型的通用推理能力[257]。此外，Scialom 等人通过在各种任务上对语言模型进行微调，并引入通过反复练习实现的持续学习方法，扩展了 LLM 的知识和能力，同时避免了灾难性遗忘问题[258-259]。

2. 部分知识更新

除了利用任务特定的指令微调 LLM，还可以通过更新或编辑与特定知识相关的 LLM 的部分参数进行微调，而不依赖外部指导。假设 $f_\Theta(\cdot)$ 表示以参数集合 Θ 参数化的 LLM 的函数，

$\theta \in \Theta$。基于训练数据集合 D 更新 $f_\Theta(\cdot)$ 的内部知识表示为

$$\tilde{\Theta} = \Theta + \nabla f_\Theta(D) \odot \boldsymbol{T}, \quad T^{(i)} = \begin{cases} 1, & \text{如果 } \theta_{(i)} \in \Theta_T; \\ 0, & \text{如果 } \theta_{(i)} \notin \Theta_T. \end{cases} \quad (2.20)$$

其中，$\boldsymbol{T}$ 表示掩码向量，$T^{(i)} \in \boldsymbol{T}$ 表示 $\boldsymbol{T}$ 的第 i 个元素。掩码控制在每次微调迭代中要更新的 LLM 内部知识的量，笔者用 $\Theta_T \subseteq \Theta$ 表示 Θ 中要更新的参数。在传统的预训练语言模型微调设置中[260-262]，$|\Theta| = |\Theta_T|$。然而，更新所有参数在计算上是不可行且资源消耗巨大的。根据实证，$|\Theta| \gg |\Theta_T|$，这指的是仅修改少量参数。现有的参数效率化知识更新可以分为三类：知识编辑旨在直接定位并更新 LLM 中的一小部分参数；梯度掩码在微调过程中屏蔽非相关参数的梯度；知识蒸馏着重于从 LLM 中获得具有特定领域知识的子模型。

（1）**知识编辑**。一些研究在更新 LLM 的新记忆方面取得了成功，以替换过时的信息或添加专门的领域知识。例如，改进、更新过时预测（例如 "鲍里斯·约翰逊是英国的首相"）的能力可以增强 LLM 的可靠性和泛化性。目前，已经提出了多种方法来定位和编辑 LLM 的参数化知识[263-267]。De Cao 等人提出了一个超网络，用于更新 LLM 参数，需要修改一个单一事实，避免微调，从而防止性能退化[264]。后来的研究发现，随着 LLM 规模的扩大，基于超网络的编辑存在问题，于是提出了基于检索的方法[268-269]。其他方法则专注于定位和理解 LLM 的内部机制。通过注意力机制和因果干预识别预测 LLM 的神经元是否被激活，成功更新领域事实[263, 266-267]。文献 [265] 中提出了一种从文本查询到 LLM 内部表示中的事实编码的映射，将这些编码用作知识编辑器和探针。

（2）**梯度掩码**。梯度掩码是一种在微调过程中选择性地更新 LLM 特定部分的技术。主要目标是减少计算开销，缓解灾难性遗忘或过拟合等问题，特别是在将预训练语言模型适配到较小或专用的数据集时。梯度掩码涉及通过应用掩码函数来修改反向传播过程中的梯度。该函数确定模型的哪些部分将被更新，有效地掩码了某些参数的梯度，并保持它们不变。选择要掩码的参数可以基于各种标准，例如它们与任务的相关性、在模型中的重要性或对总体损失的贡献。

早期的尝试[248, 270] 使用了各种正则化技术来微调相对较小的语言模型，但这些方法不适用于微调 LLM。这主要是因为有效训练 LLM 所需的数据量和计算资源远远大于较小语言模型的，可能高出数个数量级。为了将梯度掩码应用于 LLM，CHILD-TUNING[271] 利用下游任务数据来检测与任务相关性最高的参数作为子网络，并将非子网络中的参数冻结为它们的预训练权重。此外，Zhang 等人[272] 提出了一种动态参数选择算法，用于高效微调 LLM，该算法根据反向传播的梯度自适应地选择一个更有前景的子网络进行分阶段更新，在低资源情况下更出色地完成

领域特定的下游任务。

（3）**知识蒸馏**。大多数关于 LLM 自我知识更新的研究都集中在任务特定的指令和提升参数效率上一个有前途的研究领域探索了将 LLM 中的领域特定知识提取到较小的网络中，以减少推断延迟并增强领域特定任务的解决能力。Muhamed 等人将一个具有 15 亿个参数的 LLM 压缩为一个具有 7,000 万个参数的模型，用于点击率预测，引入孪生结构类 BERT 编码器和一个融合层，通过跨结构蒸馏从单个 LLM 中提取知识，从而在在线和离线环境下都实现了卓越的性能[273]。类似地，文献 [274-276] 在 LLM 微调中使用了知识蒸馏模块，实现了更快的收敛速度和更好的资源利用。该模块利用预训练参数实现快速收敛，并训练一小部分参数来解决模型过度参数化的问题。此外，文献 [277-278] 将更大模型的思维链推理能力提取到较小的模型中。

3. 现存挑战

使用最新数据对 LLM 进行微调，确保它们提供准确的信息，特别是在快速变化的领域，如技术、医药和时事。此外，笔者观察到不同的应用或用户可能有独特的需求或偏好。因此，对 LLM 进行微调的挑战如下。

（1）**遵守法规**：在大多数情况下，更新和微调 LLM 是必要的，以确保其符合特定的法规或指南。所谓的 LLM 对齐可以在微调阶段完成。

（2）**计算资源**：微调或更新 LLM 的内部知识需要高性能 GPU 或专门的硬件支持，这可能昂贵且难以获得，尤其是对个人研究者或较小的组织来说。追求微调的效率仍然是一个实际且至关重要的问题。

2.8　思维链

传统大模型无法基于"预训练＋微调"范式完成多步骤推理任务。而 2022 年 Jason Wei 提出的思维链提示（Chain-of-Thought Prompting，CoT Prompting）[38, 83] 可以显著提升 LLM 的性能，特别是在涉及数学或推理等复杂任务时。具体来说，有以下三个显著提升。

（1）**常识推理能力赶超人类**。以前的语言模型在很多挑战性任务上都达不到人类水平，而采用思维链提示的 LLM，在 Bench Hard（BBH）评测基准的 17 个任务中（共 23 个任务）的表现都优于人类基线。例如，常识推理包括对身体和运动的理解，而在运动理解（Sports Understanding）中，采用思维链提示的 LLM 在常识推理方面的性能优于运动爱好者（95% vs 84%）。

（2）**数学逻辑推理能力大幅提升**。语言模型在算术推理任务上的表现不太好，而应用了思维链之后，LLM 的逻辑推理能力突飞猛进。MultiArith 和 GSM8K 这两个数据集测试的是语言模型解决数学问题的能力，而通过思维链提示，PaLM 比传统提示学习模型的性能提高了 300%。在 MultiArith 和 GSM8K 上的表现提升巨大，甚至超过了有监督学习的最优表现。这意味着，LLM 也可以解决那些需要精确的、分步骤计算的复杂数学问题。

（3）**LLM 更具可解释性，更加可信**。超大规模的无监督深度学习打造出来的 LLM 是一个黑盒，推理决策链不可知，这会让模型结果变得不可信。思维链将一个逻辑推理问题分解成多个步骤，这样生成的结果有更清晰的逻辑链路，有一定的可解释性，让人知道答案是怎么来的。Jason Wei 提出的思维链，是 LLM 惊艳世界的必要条件。

尽管在实证上取得了巨大的成功，但思维链背后的机制及它如何释放 LLM 的潜力仍然不为人知。本节将介绍思维链的主要技术细节和有思维链的 LLM 在解决基本数学和决策问题方面的能力。

2.8.1　思维链的技术细节

首先，先前的研究不仅使模型能够从头开始生成自然语言的中间步骤[279]，还可以通过微调预训练模型[44] 实现这一目标。此外，有神经符号方法，它使用形式语言而不是自然语言[280-282]。其次，LLM 通过提示具备了在上下文中进行少量示范学习的能力。换句话说，与其为每个新任务微调一个单独的语言模型，不如通过一些输入-输出实例提示模型进行学习。令人惊讶的是，这种方式在一些简单的问答任务上取得了成功[14]。

然而，上述思想也存在限制。对于增加了自然语言解释的训练和微调方法来说，创建大量高质量的解释是一项复杂的任务，这远比普通机器学习中使用的简单输入-输出对要复杂得多。文献 [14] 使用的传统的少量示范提示方法，在需要推理能力的任务上表现不佳，并且不随语言模型规模的增加而改善[20]。思维链可以避免上述限制。具体来说，思维链探索了语言模型在推理任务上进行少量示范提示的能力，给定了一个由三元组组成的提示：h 输入，思维链，输出 i。思维链是一系列中间的自然语言推理步骤，笔者将这种方法称为思维链提示，示例如图 2.13 所示。单纯的提示方法很重要，因为它不需要大量的训练数据集，并且单一的模型检查点可以执行许多任务而不失去通用性。思维链关注 LLM 如何通过少量任务相关的自然语言数据示例进行学习（与通过大量训练数据集自动学习输入和输出底层模式相比）。

考虑解决复杂推理任务时的思维过程，例如多步骤的数学文字问题。通常，会将问题分解为多个中间步骤，在给出最终答案之前逐步解决每个中间步骤："珍妮把 2 朵花送给妈妈后，她还有 10 朵……她把 3 朵花送给爸爸后，她还有 7 朵……所以答案是 7。"思维链的目标是赋予语言模型生成思维链的能力———系列连贯的中间推理步骤，根据这些步骤可以推导问题的最终答案。如果在少量示例的提示中提供思维链推理的演示，则足够大的语言模型可以生成这些思维链。

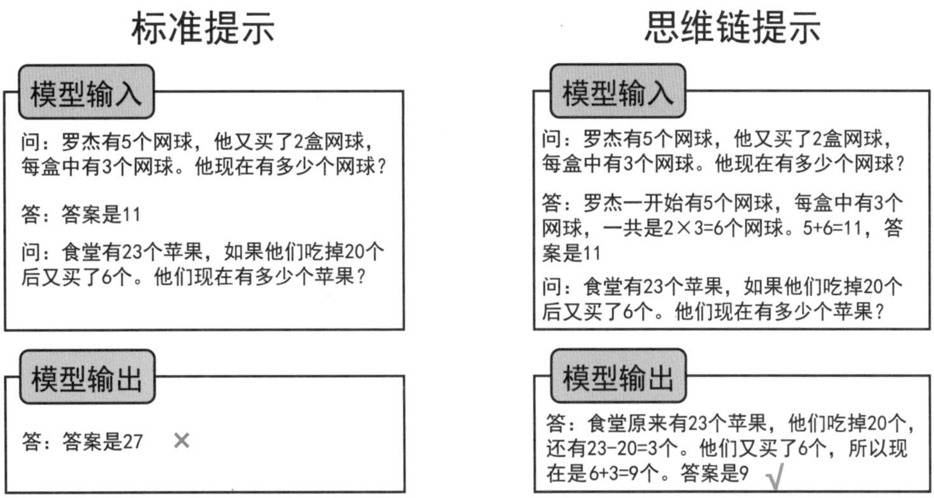

图 2.13　思维链提示使 LLM 能够处理复杂的算术、常识和符号推理任务

思维链提示在促进语言模型推理方面具有以下几个特点。

（1）思维链原则上允许模型将多步骤问题分解为中间步骤，这意味着可以将额外的计算分配给需要更多推理步骤的问题。

（2）思维链为模型的行为提供了可解释性窗口，提示它可能是如何得出特定答案的，并提供了调试推理路径的机会。

（3）思维链推理可以用于处理数学问题、完成常识推理和符号操作等任务，理论上，它适用于任何人类可以通过语言解决的任务。

（4）通过在少量示例的提示中包含思维链序列的示例，可以在足够大的 LLM 中轻松得到思维链。

2.8.2　基于自洽性的思维链

本节将介绍一种新的解码策略，即自洽性（Self-consistency），又称自我一致性，用来替代思维链提示[83] 中使用的贪婪解码策略。它先对不同的推理路径进行多样性抽样，而不仅仅采取贪婪路径，然后通过对抽样的推理路径进行边缘化，选择最一致的答案。自洽性利用了这样的直觉，即一个复杂的推理问题通常可以采用多种不同的思维方式得出唯一的正确答案。广泛的实证评估显示，自洽性在一系列流行的算术和常识推理基准测试上显著提升了链式思维提示的性能，包括 GSM8K（提升了 17.9%）、SVAMP（提升了 11.0%）、AQuA（提升了 12.2%）、StrategyQA（提升了 6.4%）和 ARC-challenge（提升了 3.9%）。

尽管语言模型在多种自然语言处理任务中展现出强大的能力，但它们尚不能充分展示推理能力[20]。为了解决这个问题，Wei 等人[83] 提出了思维链提示方法，其中，语言模型被要求生成一系列短句，模仿人在解决问题时可能使用的推理过程。例如，对于问题"停车场已经有 3 辆汽车，又有 2 辆汽车到达，现在停车场有多少辆汽车"，语言模型不会直接回答"5"，而是分析整个思维过程："停车场已经有 3 辆汽车，又有 2 辆汽车到达。现在停车场有 $3+2=5$ 辆汽车。答案是 5。"观察发现，思维链提示在各种多步骤推理任务中显著提升了模型的性能[83]。

自洽性利用复杂推理任务得到正确答案的多种推理路径，即回答问题需要深思熟虑和分析，才能基于多样性的推理路径得到答案。图 2.14 以一个示例说明了自洽性方法。首先，使用思维链提示来提示语言模型，然后通过抽样生成多样的推理路径，最后通过边缘化采样的推理路径，先从语言模型的解码器中进行采样，生成一组多样化的推理路径。每个推理路径可能产生不同的答案，因此最后通过边缘化采样的推理路径来确定最优答案。这种方法类似于人类的经验，如果有多种不同的思考方式都产生相同的答案，那么人们对最终答案的正确性更有信心。与其他解码方法相比，自洽性避免了贪婪解码所带来的重复性和局部最优性问题，同时缓解了单个采样带来的随机性。

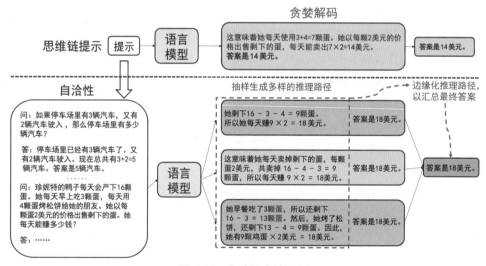

图 2.14　自洽性方法示例

之前的方法要么训练一个额外的验证器，要么根据额外的人工注释训练一个重新排序的模型以提高生成质量。相反，自洽性是无监督的，在预训练语言模型上即插即用，不需要额外的人工标注，也避免了额外的训练、辅助模型或微调过程。自洽性与典型的集成方法不同，后者需要训练多个模型并聚合每个模型的输出，自洽性更像是"自我集成"，在单个语言模型的基础上工作。

不同推理路径下的自洽性

人类的一个显著特点是思考方式各异。在需要深思熟虑的任务中，有几种不同的方法来解决问题是很自然的，在语言模型中可以通过从语言模型的解码器中进行采样来模拟这样的过程。语言模型并不是完美的推理者，可能会产生不正确的推理路径或在推理步骤中犯错，这些推理路径很少得出相同的答案。

以下自洽性方法得以被提出。首先，使用一组手动编写的连续思维示例[83] 来提示语言模型。接下来，从语言模型的解码器中采样一组候选输出，生成多样化的候选推理路径。自洽性与大多数现有的采样算法兼容，包括温度采样、前 k 个最高采样，以及核心采样。最后，通过对采样的推理路径进行边缘化，聚合答案，并选择生成的答案中最一致的答案。

更详细地说，假设生成的答案 a_i 属于固定的答案集，其中 $a_i \in \mathbb{A}$, $(i = 1, 2, \cdots, m)$ 表示从解码器中采样的 m 个候选输出的索引。在给定提示和问题的情况下，自洽性引入了一个额外的潜在变量 r_i，它是表示第 i 个输出中的推理路径的标记序列，然后将 (r_i, a_i) 的生成组合起来，其中 $r_i \to a_i$，即生成推理路径 r_i 是可选的，仅用于得到最终的答案 a_i。以图 2.14 中的一个示例为例，前几个句子"她早餐吃 3 颗……所以她有 9 颗鸡蛋 ×2 美元 = 18 美元。"构成了 r_i，最后一个句子中的答案是 18，"答案是 18 美元"被解析为 a_i。从模型的解码器中采样多个 (r_i, a_i)，先对 r_i 进行边缘化，然后对 a_i 进行多数投票，即 $\arg\max_a \sum_{i=1}^{m} \mathbb{I}(a_i = a)$，或者按最"一致"的答案准则从最终答案集中选择。

除了多数投票，还可以在聚合答案时按 $P(r_i, a_i|\text{prompt}, \text{question})$ 对每个 (r_i, a_i) 进行加权。注意，要计算 $P(r_i, a_i|\text{prompt}, \text{question})$，可以用模型生成的 (r_i, a_i) 给定 $(\text{prompt}, \text{question})$ 的未归一化概率，或者通过输出长度进行条件概率的归一化，即

$$P(r_i, a_i|\text{prompt}, \text{question}) = \exp^{\frac{1}{K}\sum_{k=1}^{K} \log P(t_k|\text{prompt}, \text{question}, t_1, \cdots, t_{k-1})} \tag{2.21}$$

其中，$\log P(t_k|\text{prompt}, \text{question}, t_1, \cdots, t_{k-1})$ 表示在已知前面的标记的条件下生成第 k 个标记 t_k 的对数概率，而 K 则是 (r_i, a_i) 中的总标记数。

自洽性在开放式文本生成和具有固定答案的最佳文本生成之间探索。推理任务通常具有固定的答案，这就是研究人员考虑使用贪婪解码方法[13, 21, 83] 的原因。然而，思维链的作者发现即使期望的答案是固定的，引入推理过程的多样性也可能会非常有益。因此，可以利用在开放式文本生成中常用的采样方法[13-14, 19] 实现这一目标。需要注意的是，自洽性仅适用于最终答案来自固定答案集的问题。原则上，如果可以在多个生成之间定义一种良好的一致性度量（例如两个答案是否一致或相互矛盾），这种方法就可以扩展到开放式文本生成问题。

2.8.3　思维树

即便有了思维链，LLM 也会在非常简单的问题上犯错。2023 年 5 月，来自普林斯顿大学和 Google DeepMind 的研究人员提出了一种全新的语言模型推理框架——思维树（Tree of Thoughts，ToT）[283]。思维树泛化了思维链方法，用于提示语言模型，并允许对一致的文本单位（思维）进行探索。这些单位将作为解决问题的中间步骤。思维树允许语言模型通过考虑多个不同的推理路径和自我评估选择进行有意识的决策，以决定下一步的行动，也可以在必要时进行回溯以进行全局选择。

为了设计这样的规划过程，思维树汲取了自 20 世纪 50 年代以来由纽厄尔、肖和西蒙探讨的规划过程的灵感[284-285]。纽厄尔和同事将解决问题[284] 描述为对组合问题空间的搜索，他们提出了思维树框架，用于解决语言模型的通用问题。如图 2.15 所示，每个矩形框代表一个思维，现有的方法为解决问题采样连续的语言序列，作为解决问题的中间步骤。这样的高级语义单元允许语言模型通过一种也在语言中实现的推理过程自我评估不同中间思维对解决问题的进展。通过语言模型的自我评来来实现搜索启发式是新颖的，先前的搜索启发式要么是用编程的方式，要么是用学习的方式。最后，思维树将这种基于语言的生成和评估多样性思维的能力与搜索算法结合，例如广度优先搜索（Breath First Search，BFS）算法或深度优先搜索（Depth First Search，DFS）算法，实现系统性地探索思维树并进行向前验证和回溯。

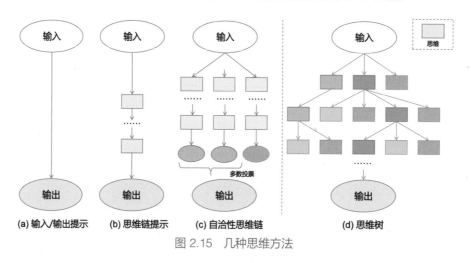

图 2.15　几种思维方法

从经验上看，24 点游戏、创意写作和填字游戏这些任务对最先进的语言模型 GPT-4[29] 构成了挑战。这些任务需要演绎、数学、常识、词汇推理能力。思维树具备足够的通用性和灵活性来支持不同层次的思维，也能够生成和评估思维的不同方式，并能适应包含不同问题性质的多种搜索算法。思维树在 24 点游戏、创意写作和填字游戏这三个任务上获得了不错的结果。

1. 思维树设计的背景

思维树使用符号 p_θ 表示具有参数 θ 的预训练语言模型，使用小写字母 $x, y, z, s, \cdots$ 表示语言序列，即 $x = (x[1]; x[2]; \cdots ; x[n])$，其中每个 $x[i]$ 是一个 Token，因此 $p_\theta(x) = \prod_{i=1}^{n} p_\theta(x[i]|x[1, 2, \cdots , i])$。使用大写字母 $S_1, S_2, \cdots , S_n$ 表示一组语言序列。

输入/输出（I/O）提示是将问题输入 x 转化为输出 y 的最常见方法，其中 $y \sim p_\theta(y|\text{prompt}_{\text{I/O}}(x))$，$\text{prompt}_{\text{I/O}}(x)$ 将输入 x 与任务说明和（或）少量输入/输出提示包装在一起。简单起见，用 $p_\theta^{\text{prompt}}(\text{output}|\text{input})$ 表示 $p_\theta(\text{output}|\text{prompt}(\text{input}))$，以便将输入/输出提示表示为 $y \sim p_\theta^{\text{I/O}}(y|x)$。

思维链提示[83] 旨在解决输入 x 到输出 y 的映射难以得到的问题（例如，当 x 是数学问题，而 y 是最终的数值答案时）。其关键思想是引入一系列思维 $z_1, z_2, \cdots , z_n$ 来连接 x 和 y，其中每个 z_i 都是一个连贯的语言序列，作为通向问题解决的有意义的中间步骤（例如，z_i 可以是数学问答中的中间方程）。为了使用思维链解决问题，首先依次对每个思维 z_i 进行采样，然后输出 $y \sim p_\theta^{\text{CoT}} \cdots \text{CoT}_\theta(y|x, z_1, z_2, \cdots , z_n)$。在实际操作中，$[z_1, z_2, \cdots , z_n, y] \sim p_\theta^{\text{CoT}}(z_1, z_2, \cdots , z_n, y|x)$ 被采样为连续的语言序列，思维的分解（例如，每个 z_i 是一个短语、一个句子还是一段落）是模糊的。

自洽性思维链（CoT-SC）[38] 是一种集成方法，它采样了 k 个独立同分布的思维链：$[z_{1\cdots n}^{(i)}; y(i)] \sim p_\theta^{\text{CoT}}(z_{1\cdots n}; y|x)(i = 1, 2, \cdots , k)$，然后返回最频繁的输出：$\arg\max_y \{i|y^{(i)} = y\}$。自恰性思维链改进了思维链。对于相同的问题通常存在不同的思维过程，通过探索更丰富的思维集合，输出决策可以更加可信。然而，自洽性思维链内部没有对不同的思维步骤进行局部探索，而且"最频繁"的启发式仅在输出空间受限（例如多项选择问答）时适用。

2. 思维树：用语言模型求解复杂问题

一个真正的问题解决过程涉及反复利用已有的信息启动探索，然后逐渐揭示更多信息，直到最终找到解决方法。人类解决问题的过程表明，人们在搜索组合性问题空间时，使用了一种树状结构，其中节点表示部分解决方案，树状结构的分支对应修改它们的操作符。应该选择哪个分支由启发式决定，这些启发式有助于问题解决者找到问题空间，并朝着解决方案前进。这一观点反映了现有方法使用语言模型解决一般问题存在的两个缺点。从局部看，它们不探索思维过程中的不同延伸——即树的分支。从全局看，它们不包括任何类型的规划或回溯。这种启发式引导的搜索似乎是人类解决问题的特点。

（1）**思维分解**。根据不同的问题，一个思维可以是几个单词（填字游戏），一个方程（24 点游戏），或是一整段写作计划（创意写作）。通常，一个思维应该足够"小"，以便语言模型可以生成丰富且多样化的样本，但也应该足够"大"，以便语言模型可以评估它解决问题的能力。

（2）**思维生成器** $G(p_\theta, s, k)$。当给定一个树状态 $s = [x; z_1 \cdots z_i]$ 时，可以考虑采用两种策略来生成下一个思维步骤的 k 个候选项。

（a）从思维链提示中独立同分布地采样思维：$z^{(j)} \sim p_\theta^{\text{CoT}}(z_{i+1}|s) = p_\theta^{\text{CoT}}(z_{i+1}|x, z_{1\cdots i})(j = 1, 2, \cdots, k)$。当思维空间丰富（例如，每个思维是一段话）且独立同分布的样本能够产生多样性时，这种策略效果更好。

（b）通过"提出提示"逐个产生思维：$[z^{(1)}, z^{(2)}, \cdots, z^{(k)}] \sim p_\theta^{\text{propose}}(z_{i+1}^{(1\cdots k)}|s)$。当思维空间更受限制（例如，每个思维只是一个词或一行文字）时，这种策略效果更好，原因在于在相同的上下文中提出不同的思维避免了重复。

（3）**状态评估器** $V(p_\theta, S)$。给定不同状态的边界，状态评估器评估它们在解决问题方面取得的进展。状态评估可以作为一种启发式，为搜索算法确定哪些状态继续探索及以何种顺序搜索而服务。虽然启发式是解决搜索问题的标准方法，但通常是用编程（例如 DeepBlue[286]）或学习方法（例如 AlphaGo[287]）实现的。思维树提出了第三种替代方法，通过使用语言模型有意识地推理状态。在可行的情况下，这种具备意识的启发式可能比编程规则更灵活，比学习模型更节省样本。与思维生成器类似，思维树考虑以独立或投票这两种策略来评估状态。

（a）独立地为每个状态赋值：S 的状态 $V(p_\theta, S)(s) \sim p_\theta^{\text{value}}(v|s)$，对于 S 中的每个 s，其中一个值提示（Value Prompt）可以根据状态 s 进行推理，生成一个标量值 v（例如，$1 \sim 10$）或一个分类结果（例如，确定、可能、不可能）。这种评估推理的基础可以因问题和思维步骤而有所不同。思维树通过少量前瞻式模拟（例如，可以通过在"hot_l"中填充"e"来表示"inn"）及常识（例如，没有单词以"tzxc"开头）来评测。尽管前者可能有利于模型达到"好"状态，但后者可以帮助模型消除"坏"状态。这种估值不需要完美，近似即可。

（b）跨状态进行投票：S 的状态函数 $V(p_\theta, S)(s) = \mathbb{I}[s = s^*]$，其中一个"好"状态 $s^* \sim p_\theta^{\text{vote}}(s^*|S)$ 是投票出来的，它是基于 S 中不同状态的投票提示。当问题的成功很难直接衡量（例如，段落的连贯性）时，很自然地要去比较不同的局部解决方案，并投票选出最好的方案。

（4）**搜索算法**。在思维树框架内，可以根据树的结构插入和使用不同的搜索算法。思维树探讨了两种相对简单的搜索算法，将更高级的算法（例如 A*[288]、MCTS[289]）留待未来研究。

（a）广度优先搜索算法，每步维护一组最优状态（b 个）。被用在 24 点游戏和创意写作中，其中树的深度有限（$T \leqslant 3$），初始思维步骤可以被评估和修剪到一个小集合（$b \leqslant 5$）。

（b）深度优先搜索算法，先探索最优状态，直到达到最终输出（$t > T$），或者状态评估器认为基于当前状态 s 不可能解决问题（$V(p_\theta, \{s\})(s) \leqslant v_{\text{th}}$，其中 v_{th} 是值阈值）。当基于状态 S 不能解决问题时，从 s 开始的子树将被剪枝，以权衡探索和利用。在上述两种情况下，深度优先搜索算法都回溯到 s 的父状态以继续探索。

从概念上讲，思维树作为一种用于语言模型的通用问题解决方法，具有以下几个优点。

（1）**通用性**。输入/输出提示、自恰性思维链都可以看作思维树的特殊情况。

（2）**模块化**。基本语言模型及思维分解、生成、评估和搜索过程都可以独立变化。

（3）**适应性**。可以适应不同的问题属性、语言模型能力和资源限制。

（4）**方便**。不需要额外的训练，只需一个预训练语言模型就足够了。

2.8.4　思维图

要让 LLM 充分发挥其能力，有效的提示设计方案必不可少，为此甚至出现了提示工程这一新兴领域。在各种提示设计方案中，思维链凭借其强大的推理能力吸引了许多研究者和用户的眼球，基于其改进的自恰性思维链及思维树也受到关注。2023 年 8 月，苏黎世联邦理工学院、Cledar 和华沙理工大学的一个研究团队提出了更进一步的想法：思维图（Graph of Thoughts，GoT）[290]。让思维从链到树到图，使 LLM 构建推理过程的能力不断提升，研究者也通过实验证明了这一点。思维图的关键思想和主要优势在于它能够将 LLM 生成的信息建模成一个任意的图形，其中信息单元（LLM 思维）是顶点，边表示这些顶点之间的依赖关系。

在思维图这项工作中，作者认为可以让 LLM 的思维形成任意的图结构来实现更强大的提示。这种想法受到许多现象的启发。当处理新的想法时，人类不仅按照一条思维链思考，还会形成更复杂的思维网络。类似地，大脑形成复杂的网络，具有类似图形的模式，如循环[291]。执行算法也会暴露出网络模式，通常由有向无环图表示。相应的图形启用变换在应用到 LLM 思维时可以提供更强大的提示，但它们不能用思维链或思维树来表达。图 2.16 为思维图与其他提示策略的比较。

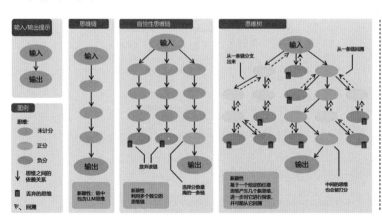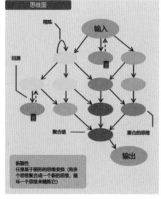

图 2.16　思维图与其他提示策略的比较

1. 思维图的推理过程

从形式上来说，思维图可以被建模为一个四元组 $(G, \mathcal{T}, \mathcal{E}, \mathcal{R})$，其中 G 代表"LLM 推理过程"（上下文中的所有 LLM 思维及它们之间的关系），$\mathcal{T}$ 代表潜在的思维转换，$\mathcal{E}$ 是用于获取思考得分的评估函数，$\mathcal{R}$ 是用于选择最相关思考的排名函数。

思维图将推理过程建模为一个有向图 $G = (V, E)$，其中 V 是一组顶点，$E \subseteq V \times V$ 是一组边。G 是有向的，因此边是有序顶点对的子集。每个顶点包含一个解决手头问题的解决方案（无论是初始、中间还是最终的解决方案）。这样的思维的具体形式取决于使用情况，它可以是一段文字（在写作任务中）或一个数字序列（在排序任务中）。有向边 (t_1, t_2) 表示思维 t_2 是使用 t_1 作为"直接输入"构建的，也就是显式地指导 LLM 使用 t_1 生成 t_2。

在某些使用情况下，图节点属于不同的类别。例如，在写作任务中，一些顶点模拟编写段落的计划，而其他顶点则模拟实际的文本段落。在这种情况下，思维图使用一个异构图 $G = (V, E, c)$ 来模拟 LLM 推理，其中 c 将顶点 V 映射到它们各自的类别 C（在上述情况中，可能 $C = \{$计划，段落$\}$）。因此，任何顶点 v 都可以模拟推理的不同方面。

思维图将 G 与 LLM 的推理过程相关联。要推进这个过程，需要对 G 应用思维变换。一个示例是将最高分数的思维合并成一个新的思维；另一个示例是循环思维，以增强它。请注意，这些变换严格扩展了思维链、自恰性思维链或思维树中可用的变换集合。

2. 思维变换

得益于基于图形的推理模型，思维图可以实现对思维的新型变换。因此，可以将思维图称为图驱动的变换。例如，在写作中，可以将多篇输入文章合并成一个连贯的摘要。在排序中，可以将多个已排序的数字子序列组合成一个最终的已排序数组。图 2.17 中列举了聚合和生成思维变换的示例。

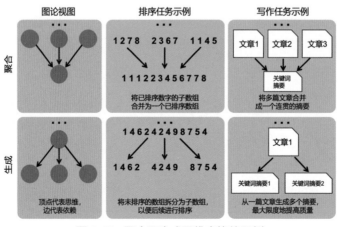

图 2.17　聚合和生成思维变换的示例

　　从形式上来说，每个这样的变换可以建模为 $\mathcal{T}(G, p_\theta)$，其中 $G = (V, E)$ 反映了当前推理状态，而 p_θ 是所使用的 LLM。通常，$\mathcal{T}$ 通过添加新的顶点和它们的入边来修改 G。假设思维图的表达形式是 $G' = T(G, p_\theta) = (V', E')$，其中 $V' = (V \cup V^+) \backslash V^-$ 和 $E' = (E \cup E^+) \backslash E^-$。$V^+$ 和 E^+ 是插入 G 中以模拟新思维及其依赖关系的新顶点和边。为了最大限度地增强表达能力，思维图通过指定要移除的顶点和边（分别为 V^- 和 E^-）显式地移除思维。在这里，思维图的使用者要确保集合 V^+、E^+、V^- 和 E^- 具有一致的变换（例如，用户不会尝试移除不存在的顶点）。这使得能够无缝地将方案整合到其中，以便节省上下文空间，可以删除不具有改进潜力的推理部分。

　　$\mathcal{T}$ 的具体形式及它对 G 的影响取决于具体的变换。笔者先详细介绍主要的图驱动的思维变换，然后继续描述思维图如何采纳早期的变换方案。除非另有说明，$V^- = E^- = \phi$（表示没有要移除的顶点和边）。

　　聚合变换。通过思维图，可以将任意思维聚合成新的思维，以结合和加强这些思维的优势，同时消除它们的劣势。在基本形式中，只创建一个新的顶点时，$V^+ = \{v^+\}$，$E^+ = \{(v_1, v^+), \cdots, (v_k, v^+)\}$，其中 $v_1, v_2, \cdots, v_k$ 是合并的 k 个思维。通常，聚合变换可以聚合推理路径，使思维链的序列更长。有了图形模型，可以从多个模拟链的最终思维顶点 $v_1, \cdots, v_k$ 添加输出的边，将这些链合并成一个思维 v^+ 来实现。

　　精炼变换。通过修改当前思维 v 的内容来精炼 v 本身：$V^+ = \{\}$，$E^+ = \{(v, v)\}$。这个循环表示具有与原始思维相同连接的迭代思维。

　　生成变换。可以基于现有的单个思维 v 生成一个或多个新的思维。这类方法包括早期方案中的模拟推理步骤，如思维树或自恰性思维链。从形式上来说，思维图有 $V^+ = \{v_1^+, v_2^+, \cdots, v_k^+\}$ 和 $E^+ = \{(v, v_1^+), (v, v_2^+), \cdots, (v, v_k^+)\}$。

3. 对思维打分并排序

　　为了了解当前的解决方案是否足够好，需要对思维进行评分。分数被建模为一个通用函数 $\mathcal{E}(v, G, p_\theta)$，其中 v 是要评估的思维。在 $\mathcal{E}$ 中使用整个推理过程的状态 (G) 以获得最大的通用性，在某些评估场景中，分数可能和其他思考相关。

　　思维图还可以对思维进行排名。思维图使用一个函数 $\mathcal{R}(G, p_\theta, h)$ 来建模这个过程，其中 h 指定要由 $\mathcal{R}$ 返回的 G 中排名最高的思维的数量。虽然 $\mathcal{R}$ 的具体形式取决于使用情况，但思维图通常使用一个简单且有效的策略，返回具有最高分数的 h 个思维，即 $v_1, v_2, \cdots, v_h = \mathcal{R}(G, p_\theta, h)$。

4. 详细结构

思维图的详细结构如图 2.18 所示，其包括一组交互模块。这些模块包括提示器（为 LLM 准备消息）、解析器（从 LLM 的回复中提取信息）、评分和验证（验证并对 LLM 的回复进行评分），以及控制器（协调整个推理过程，并决定如何推进它）。控制器包含两个重要的元素：操作图（Graph of Operations, GoO）和图推理状态（Graph Reasoning State, GRS）。操作图是一个静态结构，指定了给定任务的图分解，规定了应用于 LLM 思维的变换，以及它们的顺序和依赖关系。图推理状态是一个动态结构，用于维护正在进行的 LLM 推理过程的状态。

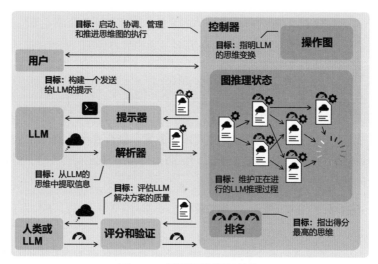

图 2.18　思维图的详细结构

提示器负责准备要发送给 LLM 的提示。该模块负责在提示中编码图结构的具体细节。思维图结构允许使用者通过提供对图结构的完全访问来实现特定的图编码。

解析器负责从 LLM 的思维中提取信息。对于每个思维，解析器构建思维状态，其中包含提取的信息。思维状态用于更新图推理状态。

评分和验证。思维图验证给定的 LLM 思维是否满足潜在的正确条件，然后为其分配一个分数。根据分数的派生方式，该模块可能会向 LLM 寻求解释。此外，根据使用情况，分数也可以由人类分配。最后，使用简单的局部评分函数进行排序。

控制器实现了从图推理状态结构中选择思维的特定策略。它选择应该对哪些思维应用变换，然后将这些信息传递给提示器。它决定整个过程是否完成，或者是否应该启动与 LLM 的下一轮交互。

操作图和图推理状态。操作图的使用者构建一个操作图实例，它规定了思维操作的执行计划。操作图是一个静态结构，在执行开始之前构建一次。每个操作对象都知道其前驱操作和后继操作。在执行过程中，操作图的一个实例维护了不断更新的关于 LLM 推理过程的信息。这包括到目前为止已执行的操作、所有生成的 LLM 思维的状态、它们的有效性和分数，以及任何其他相关信息。上述元素提供了可扩展的 API，可以轻松实现不同的提示方案。

2.9 RLHF

OpenAI 推出的 ChatGPT 掀起了新的 AI 热潮，这一工作的背后是 LLM 生成领域的新训练范式 RLHF[15]，即以强化学习方式依据人类反馈优化语言模型。

编写一个损失函数来捕捉特征属性似乎比较难，大多数语言模型仍然使用简单的以下一个标记预测损失函数的方式进行训练。为了弥补损失函数本身的缺点，人们定义了一些能更好地捕捉人类偏好的指标，例如 BLEU 或 ROUGE。尽管这些指标比损失函数更适合衡量性能，但它们仅仅是将生成的文本与参考文本进行比较，并且遵循简单的规则，因此也有局限性。如果能够将生成文本的人类反馈作为性能的衡量标准，甚至进一步将该反馈作为损失函数来优化模型，岂不是更好？这就是 RLHF 的理念。使用强化学习的方法，通过人类反馈直接优化语言模型。

RLHF 的成功案例是其在 ChatGPT 中的应用。鉴于 ChatGPT 拥有令人印象深刻的能力，笔者要求它解释 RLHF，如图 2.19 所示。

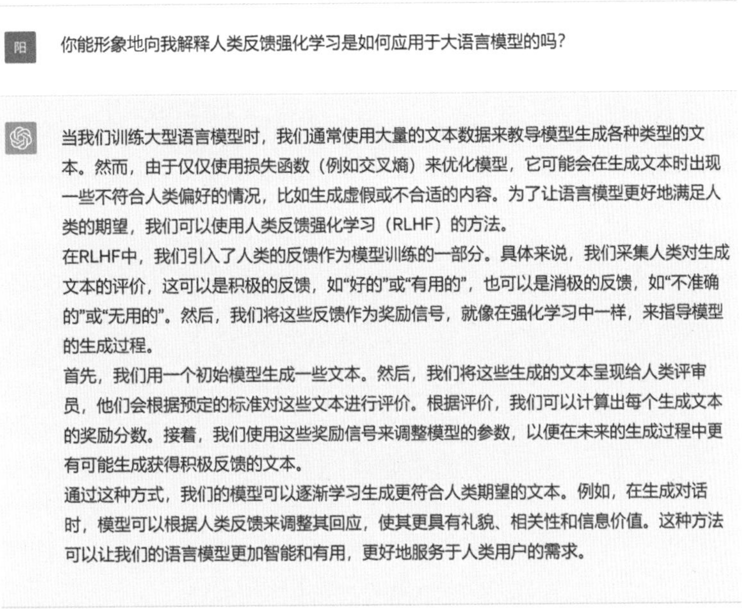
阳 你能形象地向我解释人类反馈强化学习是如何应用于大语言模型的吗？

当我们训练大型语言模型时，我们通常使用大量的文本数据来教导模型生成各种类型的文本。然而，由于仅仅使用损失函数（例如交叉熵）来优化模型，它可能会在生成文本时出现一些不符合人类偏好的情况，比如生成虚假或不合适的内容。为了让语言模型更好地满足人类的期望，我们可以使用人类反馈强化学习（RLHF）的方法。

在RLHF中，我们引入了人类的反馈作为模型训练的一部分。具体来说，我们采集人类对生成文本的评价，这可以是积极的反馈，如“好的”或“有用的”，也可以是消极的反馈，如“不准确的”或“无用的”。然后，我们将这些反馈作为奖励信号，就像在强化学习中一样，来指导模型的生成过程。

首先，我们用一个初始模型生成一些文本。然后，我们将这些生成的文本呈现给人类评审员，他们会根据预定的标准对这些文本进行评价。根据评价，我们可以计算出每个生成文本的奖励分数。接着，我们使用这些奖励信号来调整模型的参数，以便在未来的生成过程中更有可能生成获得积极反馈的文本。

通过这种方式，我们的模型可以逐渐学习生成更符合人类期望的文本。例如，在生成对话时，模型可以根据人类反馈来调整其回应，使其更具有礼貌、相关性和信息价值。这种方法可以让我们的语言模型更加智能和有用，更好地服务于人类用户的需求。

图 2.19 ChatGPT 对 RLHF 的解释

2.9.1 RLHF 技术分解

RLHF 是一个具有挑战性的概念，它涉及多个模型训练过程和不同的部署阶段，如图 1.9 所示。RLHF 把训练过程分解为三个核心步骤。

（1）预训练一个语言模型。

（2）收集数据并训练奖励模型。

（3）用强化学习的方式微调语言模型。

1. 预训练语言模型

作为人类反馈强化学习的起点，RLHF 使用传统的预训练目标函数进行语言模型的预训练，如图 2.20 所示。OpenAI 在其首个基于 RLHF 的模型 InstructGPT 中使用参数规模较小的 GPT-3。Anthropic 则使用有 1,000 万到 520 亿个参数的 Transformer 模型进行此任务的训练。DeepMind 则使用有 2,800 亿个参数的 Gopher 模型。这个初始模型也可以根据需要对额外的文本或条件进行微调。例如，OpenAI 对"更可取"的人工生成文本进行了微调，而 Anthropic 则通过从上下文线索中提取的"有帮助、诚实和无害的"原始语言模型生成他们初始的 RLHF。这些都被称为昂贵增强数据的来源，并不是理解 RLHF 所必需的技术。总的来说，关于"哪个模型"是 RLHF 起点的最佳选择，目前还没有明确的答案。接下来，用语言模型生成的数据来训练奖励模型（也叫偏好模型），并在这一步引入人类的偏好信息。

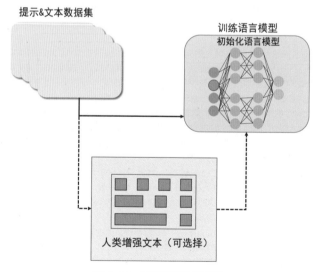

图 2.20 预训练语言模型

2. 训练奖励模型

生成与人类偏好校准的奖励模型是相对较新的 RLHF 研究的起点，其基本目标是得到一个模型或系统，它接收一个文本序列，并返回一个标量奖励，该奖励应在数值上代表人类的偏好。它可以是端到端的语言模型，也可以是一个输出奖励的模块化系统（例如，模型对输出进行排序，然后将排序转化为奖励）。用标量的形式作为输出奖励，对于将现有强化学习算法无缝集成到 RLHF 算法起到至关重要的作用，训练奖励模型的流程如图 2.21 所示。

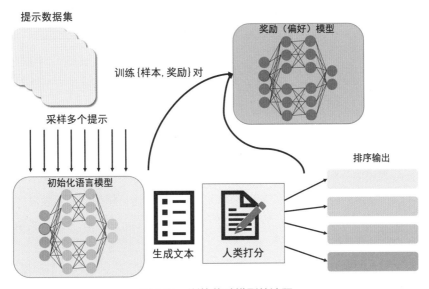

图 2.21　训练奖励模型的流程

用作奖励模型的这些语言模型可以是另一个经过微调的语言模型，也可以是从头开始根据偏好数据训练的语言模型。例如，Anthropic 使用一种专门的微调方法在预训练之后初始化这些模型（称为偏好模型预训练）。这种方法在样本效率方面比微调更好，但目前并没有一种奖励模型的变体被认为是明确的最佳选择。

用于奖励模型的提示-生成对的训练数据集是通过从预定义数据集中采样一组提示生成的（Anthropic 的数据主要是通过 Amazon Mechanical Turk 上的聊天工具生成的，可以在 Hub 上找到，OpenAI 的数据则是基于用户提交给 GPT API 的提示信息生成的）。这些提示被传递给初始语言模型，以生成新的文本。

人类标注者对语言模型输出的文本进行排名。初始的想法可能是人类应该直接对每段文本应用标量分数，以生成奖励模型，但在实践中这很难做到。由于不同人的价值观不同，这些分数会变得不校准且有噪声。相反，可以使用排名来比较多个模型的输出，并创建一个更好的正则化数据集。有多种方法可以对文本进行排名。一个典型的方法是让用户在相同提示下比较两个利用语言模型生成的文本。通过在模型输出之间进行端到端的比较，可以使用 Elo 系统生成模型和输出之间的排名。不同的排名方法被归一化为用于训练的标量奖励信号。

迄今为止，成功的 RLHF 系统使用的奖励模型与语言模型的大小不同（例如，OpenAI 使用的是 175B 的语言模型和 6B 的奖励模型，DeepMind 则使用 70B 的 Chinchilla 模型作为语言模型和奖励模型）。直观上，这些奖励模型需要具有理解其所处理的文本的能力，就像一个模型需要具备生成相应文本所需的能力一样。

3. 强化学习微调

多个组织似乎已经成功将语言模型的一些或所有参数与 PPO 算法进行微调。整体微调一个具有 10B 或 100B 以上参数量的模型成本过高，因此语言模型的参数被冻结。PPO 算法相对成熟，使它成为扩展到 RLHF 不错的选择。事实证明，实现 RLHF 的核心是如何使用熟悉的算法来更新这么大的模型。

将微调任务表述为一个强化学习问题。策略是让一个语言模型接收一个提示并返回一个文本序列（或者仅是文本的概率分布）。该策略的动作空间是与语言模型的词汇表对应的所有标记（通常在 50,000 个标记的数量级上），观察空间是可能的输入标记序列的分布。奖励函数是偏好模型和策略变化的约束组合。

奖励函数的目的是将所有模型集成到一个 RLHF 流程中。给定数据集中的提示 x 和基于当前微调策略生成的文本 y，将该文本与原始提示连接，将其传递给偏好模型，该模型返回一个"可取性"的标量 r_θ。此外，将来自强化学习策略的每个标记的概率分布与初始模型的概率分布进行比较，以计算它们之间差异的惩罚。在 OpenAI、Anthropic 和 DeepMind 的多篇论文中，这个惩罚被设计为这些标记分布之间的 KL 散度的缩放版本 r_{KL}。KL 散度项惩罚了强化学习策略在每个训练批次中远离初始预训练模型的偏移，这对于确保模型输出合理、连贯的文本片段比较有效。如果没有这个惩罚，则优化可能会生成荒谬的文本，并误导奖励模型获得高奖励。在实践中，KL 散度通过从两个分布中进行抽样实现近似。基于强化学习更新规则的最终奖励是 $r = r_\theta - \lambda r_{KL}$。强化学习微调流程如图 2.22 所示。

在奖励函数中添加了额外项。例如，OpenAI 成功地在 InstructGPT 上将附加的预训练梯度（来自人类注释集）混合到 PPO 的更新规则中。

更新策略使用的是基于 PPO 的参数更新，该更新最大化当前数据批次中的奖励指标（PPO 是在线策略，这意味着参数仅根据当前的提示-生成对进行更新）。PPO 是一种信任区域优化算法，它对梯度施加了约束，以确保更新步骤不会破坏学习过程。DeepMind 在 Gopher 中使用了类似的奖励设置，但使用 A2C 算法来优化梯度。作为一个可选项，RLHF 损失函数可以通过迭代奖励模型和策略来实现优化。随着策略模型的更新，RLHF 的使用者可以继续将输出和早期的输出进行合并排名。

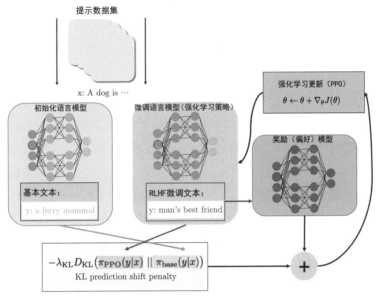

图 2.22 强化学习微调流程

2.9.2 RLHF 开源工具集

首次发布的用于在语言模型上执行 RLHF 的代码是 OpenAI 在 2019 年发布的 Tensor-Flow 版本。如今，已经有一些基于 PyTorch 的活跃的 RLHF 代码库。主要的代码库为 TRL（Transformers Reinforcement Learning）、TRLX（Transformer Reinforcement Learning X），以及 RL4LM（Reinforcement Learning for Language Model）。

TRL 旨在使用 PPO 对 HuggingFace 生态系统中的预训练语言模型进行微调。TRLX 是 TRL 的扩展版本，由 CarperAI 构建，用于处理在线和离线训练的更大模型。截至本书成稿时，TRLX 有一个 API，能够在一定规模的大语言模型（例如 330 亿个参数）上实现基于 PPO 和 ILQL 的 RLHF。未来，TRLX 将允许训练有 2,000 亿个参数的大语言模型。TRLX 的接口针对有经验的机器学习工程师进行了优化。

RL4LM 提供了能使用多种强化学习算法（PPO、NLPO、A2C 和 TRPO）、奖励函数和指标进行 LLM 微调和评估的模块。此外，该库易于自定义，允许在用户指定的奖励函数上对编码器-解码器或编码器 Transformer-based LM 进行训练。值得注意的是，它经过了广泛的测试和基准测试，涵盖关于专家演示、奖励建模、处理奖励欺骗和训练不稳定性等方面的多个实际测试，总共进行了多达 2,000 次实验。RL4LM 计划支持对更大规模模型的分布式训练及新的强化学习算法。

2.9.3　RLHF 的未来挑战

在部署使用 RLHF 的系统时，第一个数据挑战是收集人类偏好数据是非常昂贵的。RLHF 的性能仅取决于其人类标注的质量，人类标注有两种变体：人工生成的文本，例如在 InstructGPT 中微调初始语言模型，以及有关模型输出之间的人类偏好的标签。生成回答特定提示的优质人类文本是非常昂贵的，通常需要雇佣兼职人员。值得庆幸的是，用于训练大多数 RLHF 应用的奖励模型的数据并不那么昂贵。然而，这仍然比学术界能负担得起的费用要高。第二个数据挑战是人类标注者经常会存在分歧，这在没有基准真值的情况下会给训练数据带来潜在变化。

在这些局限性下，仍然有许多未经探索的设计思路可用来设计 RLHF。其中许多属于改进强化学习优化器的范畴。PPO 是一个相对旧的算法，其他算法无法在现有的 RLHF 工作流中提供优势和排列组合。语言模型策略微调中反馈部分的巨大成本是，策略生成的每个文本片段都需要在奖励模型上进行评估（它在标准强化学习框架中充当环境的一部分）。为了避免对大模型进行昂贵的前向传递，可以使用离线强化学习算法作为策略优化器。随后，出现了一些新的算法，例如 ILQL（Implicit Language Q-learning），特别适用于这种类型的优化。强化学习过程中的其他权衡，如探索与利用的平衡，也尚未被记录。

2.10　RLAIF

RLHF 在使 LLM 与人类偏好保持一致方面非常有效，但收集高质量的人类偏好标签是个难题。2023 年 9 月，谷歌团队提出了 RLAIF[292]，并进行了 RLHF 与 RLAIF 的比较，RLAIF 中的偏好标签由 LLM 代替人类进行标注。结果发现，RLAIF 可以在不依赖人类标注者的情况下，产生与 RLHF 相当的改进效果，胜率 50%。同时，谷歌的研究再次证明与有监督微调相比，RLAIF 和 RLHF 的胜率都超过 70%。RLAIF 和 RLHF 的比较如图 2.23 所示。

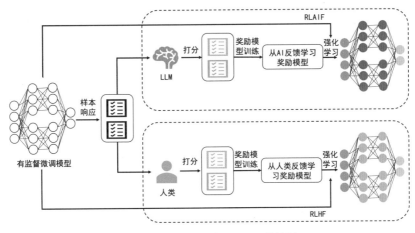

图 2.23　RLAIF 和 RLHF 的比较

有了 RLHF，LLM 可以针对复杂的序列级目标进行优化，而传统的有监督微调很难区分这些目标。然而，一个非常现实的问题是，RLHF 需要大量高质量的人类标注数据，利用这些数据能否取得一个不错的结果呢？在谷歌开展这项研究之前，Anthropic 的研究人员探索使用 AI 偏好来训练奖励模型微调的奖励模型。他们首次在 Constitutional AI[117] 中提出 RLAIF，发现 LLM 与人类判断表现出高度一致，甚至在某些任务上，表现优于人类。但是，这篇研究没有将人类反馈与 RLAIF 做对比，因此，RLAIF 是否可以替代 RLHF 尚未得到终极答案。谷歌的这项最新研究[292] 主要解决人类判断与 RLAIF 一致性的问题。接下来，笔者将详细介绍 RLAIF 的技术细节，包括使用 LLM 生成偏好标签的技术，以及如何进行强化学习和指标评估。

2.10.1　LLM 的偏好标签化

RLAIF 使用一个现成的 LLM 为候选对中的偏好进行注释，这是一个预先训练或针对通用用途进行指导，但没有为特定下游任务进行微调的模型。给定一段文本和两个候选总结，LLM 被要求评价哪个摘要更好。LLM 的输入结构示例如图 2.24 所示。

（1）**前导部分**：介绍和描述任务的说明。

（2）**少量示例**（1-shot 示例）（可选）：文本示例、一对总结、思维链的解释（如果适用）和偏好判断的示例。

（3）**样本标注**：要标记的文本和一对总结。

（4）**结束部分**：提示 LLM 的结束字符串（例如"首选总结 ="）。

前导部分	A good summary is a shorter piece of text that has the essence of the original. ... Given a piece of text and two of its possible summaries, output 1 or 2 to indicate which summary best adheres to coherence, accuracy, coverage, and overall quality as defined above.
1-shot示例	»»»»» Example »»»»» Text - We were best friends over 4 years ... Summary 1 - Broke up with best friend, should I wish her a happy birthday... And what do you think of no contact? Summary 2 - should I wish my ex happy birthday, I broke no contact, I'm trying to be more patient, I'm too needy, and I don't want her to think I'll keep being that guy. Preferred Summary=1 »»»»» Follow the instructions and the example(s) above »»»»»
样本标注	Text - {**text**} Summary 1 - {**summary1**} Summary 2 - {**summary2**}
结束部分	Preferred Summary=

图 2.24　LLM 的输入结构示例

在获得 LLM 的输入后，RLAIF 得到生成标记为"1"和"2"的对数概率，并计算 Softmax 来推导偏好分布。

有许多获取 LLM 偏好标签的替代方法，例如从模型中解码自由响应并启发性地提取偏好（例如输出"第一个摘要更好"），或将偏好分布表示为独热表示。RLAIF 使用的方法已经具有很高的准确性，因此没有尝试这些替代方法。

RLAIF 尝试了两种类型的前导部分：第一种是"基础"类型，它简要询问"哪个摘要更好"，第二种是 OpenAI 类型，它模仿生成偏好数据集的人类偏好标注器的评级指令，这些指令包含构成强大摘要的详细信息。RLAIF 还尝试通过在提示中添加少量示例进行上下文学习的实验，其中示例是手动选择的，以涵盖不同的主题。

1. 解决位置偏误

呈现给 LLM 的候选项顺序可能会影响 LLM 的选择。RLAIF 的研究人员发现有证据表明存在这种位置偏差，特别是对于较小尺寸的 LLM 标注器。为了减轻偏好标记中的位置偏差，对于每一对候选项，RLAIF 进行两次推断，其中将候选项呈现给 LLM 的顺序在第二次推断中颠倒。将两次推断的结果平均以获得最终的偏好分布。

2. 思维链推理

RLAIF 尝试从 AI 标注人员那里引导思维链推理，以改善与人类偏好的一致性。RLAIF 先将标准提示的结束部分（"Preferred Summary="）替换为"考虑摘要的连贯性、准确性、覆盖范围和整体质量，并解释哪个更好。理由：”，然后从 LLM 解码出一个响应。最后，将原始提示、响应和原始的结束字符串“Preferred Summary=”连接在一起，并按照评分程序获取一个偏好分布。在零样本提示中，LLM 没有得到推理看起来像什么的示例，而在少量示例提示中，RLAIF 为模型提供了思维链推理的示例，以供遵循。

3. 自洽性

对于思维链提示，RLAIF 尝试使用自洽性这种通过采样多个推理路径并汇总每个路径末端产生的最终答案来改进思维链推理的技术。使用非零解码温度对多个思维链推理进行采样，然后对每个推理进行 LLM 偏好分布的获取。将结果平均以获得最终的偏好分布。

2.10.2 关键技术路线

在 LLM 标记了偏好之后，RLAIF 训练一个奖励模型来预测偏好。RLAIF 方法生成的是软标签（例如，偏好 $i = [0.6, 0.4]$），其对奖励模型生成的奖励分数进行 Softmax 操作，并应用交叉熵损失函数来优化奖励模型。Softmax 将奖励模型生成的无界分数转换为概率分布。

在 AI 标签数据集上训练奖励模型可以被看作一种模型蒸馏的方法，RLAIF 的 AI 标记器通常比 RLAIF 的奖励模型更强大。另一种方法是绕过奖励模型，直接将 RLAIF 用作强化学习中的奖励信号，但这种方法的计算代价高。

利用训练好的奖励模型，RLAIF 使用适用于语言模型的 A2C（Advantage Actor Critic）算法进行强化学习[293]，该算法常用来进行语言建模。尽管许多工作使用 PPO[102] 算法，通过一些技巧，使训练更稳定（如裁剪目标函数），但 RLAIF 使用 A2C 算法，原因在于 A2C 算法更简单且对 RLAIF 问题有效。

2.10.3 评测

RLAIF 使用三个度量标准来评估结果：AI 标记器一致性、成对准确率和胜率。

AI 标记器一致性度量 AI 标记的偏好与人类偏好之间的准确性。对于单个示例，它是通过将软标记的偏好转换为二进制表示来计算的（例如，$\text{preferences}_i = [0.6, 0.4] \rightarrow [1, 0]$），如果标签与目标人类偏好一致，则分配 1，否则分配 0。

成对准确度度量训练好的奖励模型和保留的一组人类偏好的准确性。给定一个上下文和一对候选回应，如果奖励模型对人类标签按照偏好对候选回应进行评分，使得首选候选回应得分高于非首选候选回应，则成对准确率为 1，否则该值为 0。

胜率评估两个策略的端到端质量，通过测量人类标注者对一个策略的偏好，给定一个输入和两个生成的文本，人类标记者选择哪个生成文本更受欢迎。

2.11　本章小结

本章主要介绍了基于文本、图像、视频及其他数据模态的多模态大模型的核心技术。这些核心技术将为读者理解多模态基础模型的典型结构奠定扎实的理论基础。

3 | 多模态基础模型

　　"基础模型"一词最初由斯坦福以人为中心 AI 研究院（Standford Human-Centered AI Institute，HAI）的 Bommasani 等人[1] 引入。基础模型被定义为"在自监督或半监督方式下训练的基于大规模数据的基础模型，可以用于多个下游任务"。基于基础模型的这种范式转变具有重要意义，它允许用更广泛和更通用的基础模型取代多个狭窄的任务特定模型，这些基础模型只需训练一次即可快速适应多个应用。这不仅可以实现快速模型开发，为域内和域外情景提供更好的性能，还可以从大规模基础模型中产生具有新兴属性的智能。

　　用于观察和推理关于视觉场景组成性质的视觉系统对于理解世界至关重要。对象及其位置之间的复杂关系、现实世界环境中的歧义及变化可以更好地用人类语言描述，但由语法规则和其他深度模态主导。这些模型学习了如何缩小这些耦合的多模态数据与大规模训练数据之间的差距，提升了测试时的上下文推理、泛化和提示能力。这些模型被称为**多模态基础模型**（Multi-modal Foundation Model）。这些模型的输出可以通过人为提供的提示进行修改，无须重新训练，例如通过提供边界框来分割特定的对象，通过询问关于图像或视频场景的问题进行交互式对话，或者通过语言指令操纵机器人的行为。本章将介绍一些典型的多模态基础模型，并系统地回顾这一领域的最新进展。

　　与自然语言处理中的 LLM 类似，针对不同感知任务的大型基础模型也被不断提出。例如，预训练的视觉-语言（Vision-Language，VL）模型 CLIP[13] 在不同的下游视觉任务上展示了不错的零样本性能，包括图像分类和目标检测。这些大型基础模型通常使用从网络收集的数百万个图像-文本对进行训练，并提供具有泛化和迁移能力的特征。这些预训练的视觉-语言模型可以通过提供自然语言描述和提示来适应下游任务。例如，CLIP 模型利用精心设计的提示在不同的下游任务上运行，其中文本编码器通过类别名称或其他形式的文本动态构建分类器。在这里，文本提示是手工制作的模板，例如"{标签} 的照片"，有助于将文本指定为对应的视觉图像内容。许多研究还通过在特定指令集上进行微调，探索将会话功能添加到视觉-语言模型中的可能性[39, 294-296]。

　　除了大型视觉-语言模型，还有一些研究致力于开发能够通过视觉输入进行提示的大型基础模型。例如，SAM[139] 可以在给定图像和视觉提示（如框、点或掩码）的情况下执行无类别分割，这些提示指定了图像中要进行分割的内容。这样的模型是在模型在环（Model-in-the-loop）（半自动）的数据集标注环境中训练的，使用了数十亿个物体掩码。此外，这种基于通用视觉提示的分割模型可以适应特定的下游任务，如医学图像分割、视频对象分割、机器人技术和遥感。除了基于文本和视觉提示的基础模型，研究工作还探索了能够对齐多个成对模态（如图像-文本、视频-音频或图像-深度）的模型，以学习有助于不同下游任务的有意义的表示。

　　近年来，基础模型的发展取得了显著的成果。这些模型在大规模数据上进行训练，一旦训练完成，它们就作为基础进行运作，并且可以适应与原始训练模型相关的广泛下游任务[1]（例如微调）。尽管基础模型的基本要素（如深度神经网络和自监督学习）已经存在多年，但近年来 LLM 的流行，主要归因于大规模地扩大数据和模型规模[297]。例如，像 GPT-3 这样的具有数十亿个参数的模型已经被有效地用于零样本学习或少样本学习，在不需要大规模更新任务特定数据或模型参数的情况下展示了令人印象深刻的性能。同样，拥有 5,400 亿个参数的 PaLM 在许多挑战性问题上展示了其领先的能力，涵盖了语言理解和生成、推理、代码相关的任务。笔者将现有的多模态基础模型分为传统模型、文本提示模型、视觉提示模型和多模态模型，如图 3.1 所示（左图展示了多模态基础模型目前的研究进展；右图展示了这些模型的演进过程，其中主要里程碑用虚线表示），并基于此介绍一些典型的多模态基础模型。

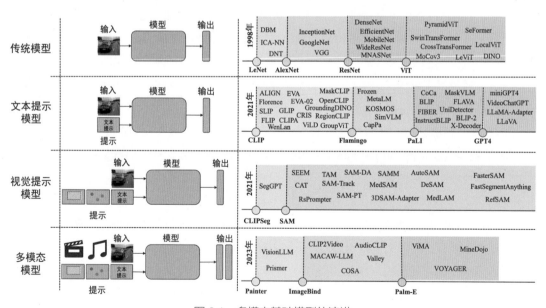

图 3.1　多模态基础模型的演进

3.1　CLIP

　　一般来说,视觉-语言模型主要用于需要同时理解视觉和文本模态的任务。Radford 等人[2] 提出,机器可以从自然语言中存在的视觉概念中学习感知,并提出了对比图像-语言预训练（Contrastive Language-Image Pre-training，CLIP）方法。CLIP 提出了在批处理中对图像和文本编码器进行对比预训练任务的联合训练,该任务涉及图像及其描述的正确配对。随着 CLIP 展现出的显著性能,基于语言监督的模型已经变得非常重要,并成为主流方法。

　　CLIP 是一种基于对比图像-语言对的预训练方法,本质上是一种基于对比学习的多模态模型。与计算机视觉中的一些对比学习方法（如 MoCo 和 SimCLR）不同,CLIP 的训练数据是图像-文本对:一张图像和它对应的文本描述。希望通过对比学习,模型能够学习图像-文本对的匹配关系。CLIP 模型包括一个图像编码器（ViT 或经过缩放的 CNN）和一个文本编码器（类似于 GPT 的 Transformer[14]）,如图 3.2 所示。CLIP 模型的主要设计动机是增大自然语言监督数据的规模。为了在大规模数据集上训练模型,研究者从互联网上整理了一个包含 4 亿个图像-文本对的数据集。CLIP 模型在这种大规模数据集上表现出良好的零样本泛化能力,对分布迁移和领域泛化具有较高的鲁棒性,并且在基于线性探测的微调方面也表现良好。许多基于对比方法的视觉-语言模型的发展都始于 CLIP,本节将详细介绍 CLIP 模型[2]。

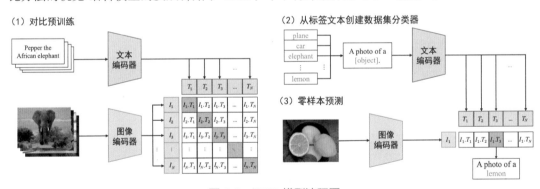

图 3.2　CLIP 模型流程图

　　传统的图像模型同时训练图像特征提取器和线性分类器以预测某个标签,而 CLIP 模型同时训练图像编码器和文本编码器,以预测一批图像-文本对训练示例的正确配对。在测试时,学习到的文本编码器通过嵌入目标数据集类别的名称或描述来合成一个零迁移的线性分类器

3.1.1　创建足够大的数据集

　　现有的研究主要使用了 3 个数据集,即 MS-COCO、Visual Genome 和 YFCC100M。尽管 MS-COCO 和 Visual Genome 是高质量的众包标注数据集,但按现代标准来看,它们的规模

较小，每个数据集大约有 10 万张训练图像。YFCC100M 数据集拥有 1 亿张图像，但每张图像的元数据稀疏且质量参差不齐。许多图像使用自动生成的文件名，如"20160716 113957.JPG"作为"标题"，或者包含相机曝光设置的"描述"。筛选后，仅保留具有英语自然语言标题和/或描述的图像，数据集的规模缩小为原来的 1/6，仅剩下 1,500 万张图像，与 ImageNet 的规模相当。

使用自然语言监督的一个主要出发点是在互联网上公开可用的大量此类数据。为了验证这一点，CLIP 的研究者构建了一个新的数据集，其中包含 4 亿个图像-文本对，这些数据可从互联网上公开获取。为了尽可能涵盖广泛的视觉概念，CLIP 的研究者将图像-语言对的搜索作为构建过程的一部分。CLIP 的研究者通过限定每个查询最多包含 2 万个图像-语言对的方式来近似类别平衡结果。最终，数据集的总词数与用于训练 GPT-2 的 WebText 数据集相似。这个数据集被称为 WIT（WebImageText）。

3.1.2　选择有效的预训练方法

CLIP 最初的训练方法类似于 VirTex，通过共同训练图像编码器和文本编码器来预测图像的描述。基于对比的表征学习研究发现，基于对比的目标函数的性能胜过等效的预测目标函数[298]。基于这一发现，CLIP 训练了一个系统来解决代理问题，即仅预测哪些文本与哪些图像配对，而不是预测准确的文本内容。在相同的词袋编码基线的基础上，CLIP 用对比目标替换了预测目标，将零样本迁移到 ImageNet 的速度提高了 4 倍。

给定 N 个图像-文本对的批次，CLIP 被训练去预测批次中实际发生的 N 个真实图像-文本对。为了实现这一目标，CLIP 通过共同训练图像编码器和文本编码器，将批次中 N 个实际配对的图像和文本嵌入的余弦相似性最大化，同时将 $N^2 - N$ 个错误配对的图像和文本嵌入的余弦相似性最小化，从而学习多模态嵌入空间。CLIP 在这些相似性分数上优化了对称交叉熵损失函数。

由于过拟合并不是主要问题，CLIP 的训练细节更加简化。CLIP 的研究者从零开始训练 CLIP，而不是使用预训练权重进行初始化。CLIP 移除了表征和对比嵌入空间之间的非线性投影。CLIP 仅使用线性投影将每个编码器的表征映射到多模态嵌入空间。CLIP 还移除了文本转换函数 t_u。CLIP 预训练数据集中的许多图像-文本对包含句子，因此文本转换函数只从文本中均匀采样一个句子。CLIP 还简化了图像转换函数 t_v。在训练期间，唯一的数据增强是从调整大小的图像中随机裁剪一个正方形。最后，控制 Softmax 中 logits 范围的温度参数 τ 在训练过程中被直接优化，作为对数参数化的乘法标量，以避免它成为超参数。

3.1.3 选择和扩展模型

CLIP 考虑了两种不同的图像编码器结构。对于第一种结构，CLIP 使用 ResNet50 作为图像编码器的基础结构，因为它被广泛采用，并且性能已被验证。CLIP 对原始版本进行了一些修改，使用 ResNetD 改进和抗锯齿 rect-2 模糊池化。CLIP 还将全局平均池化层替换为注意力池化机制。注意力池化的实现方式是单层 "Transformer-style" 的多头注意力，其中查询是以图像的全局平均池化表示作为条件约束的。对于第二种结构，CLIP 尝试了引入 ViT[299]。CLIP 遵循 ViT 模型的实现，只做了一个小修改，即在 Transformer 之前为合并的图像块和位置嵌入添加额外的层归一化，并使用不同的初始化方案。文本编码器是一个 Transformer 结构。CLIP 使用了一个有 12 层且隐含层为 512 的基准模型，其具有 8 个注意力头。Transformer 对文本的小写字节对编码表示进行操作。用 [SOS] 和 [EOS] 标记将文本序列括起来，Transformer 的最高层在 [EOS] 标记处的激励值被用作文本的特征表示，然后进行层归一化，并线性投影到多模态嵌入空间。文本编码器中使用掩码自注意力机制，以保留将语言建模作为辅助目标的能力。

虽然以前的计算机视觉研究通常通过单独增加宽度或深度来扩展模型，但对于 ResNet 图像编码器，CLIP 采用基于 EfficientNet 的方法[300]。该方法发现，在宽度、深度和分辨率所有维度上分配的额外计算资源优于只分配到一个维度的。CLIP 使用了一种变体，将额外的计算资源平均分配到模型的宽度、深度和分辨率上。对于文本编码器，CLIP 只将模型的宽度按比例扩展，使得宽度与 ResNet 的宽度增加幅度成正比，而不在深度上进行扩展，原因在于 CLIP 的性能对文本编码器不敏感。

3.1.4 预训练

CLIP 训练了 5 个 ResNet 和 3 个 ViT。对于 ResNet，CLIP 训练了一个 ResNet50、一个 ResNet101，还有 3 个遵循 EfficientNet 风格进行缩放的模型，它们的计算资源大约分别是 ResNet50 的 4 倍、16 倍和 64 倍。它们分别被标记为 RN50x4、RN50x16 和 RN50x64。对于 ViT，CLIP 训练了一个 ViT-B/32、一个 ViT-B/16，以及一个 ViT-L/14。最大的 ResNet 模型 RN50x64 在 592 块 V100 GPU 上训练了 18 天，而最大的 ViT 在 256 块 V100 GPU 上训练了 12 天。对于 ViT-L/14，CLIP 还在 336 像素分辨率下额外进行了一定时间的预训练以提高性能，类似于 FixRes[301]。CLIP 将这个模型标记为 ViT-L/14@336px。

3.2　BLIP

　　BLIP（Bootstrapping Language-Image Pretraining）[302] 是 Salesforce 在 2022 年提出的多模态框架，达成了理解和生成的统一，引入了跨模态的编码器和解码器，实现了跨模态信息流动，在多项视觉和语言任务上取得了 SOTA。BLIP 在 AIGC 中得到广泛应用，通常用 BLIP 给图像生成提示，好的提示对交叉注意力微调要求高，例如 ICCV2023 马尔奖[1] 工作 ControlNet[303] 中的 Automatic Prompt 就是由 BLIP 生成的。

　　视觉-语言预训练（Vision-Language Pre-training，VLP）提升了许多视觉-语言任务的性能。然而，大多数现有的预训练模型只在理解任务或生成任务中表现出色。此外，通过扩大从网络收集的带有噪声的图像-文本对数据集的规模来实现性能提升，是一种次优的监督数据来源。作为一个新的视觉-语言预训练框架，BLIP 适用于更广泛的下游任务。它从模型和数据角度分别提出了两个技术贡献。一是多模态编码器-解码器混合（Multimodal mixture of Encoder-Decoder，MED）：一种新的模型结构，用于有效的多任务预训练和灵活的迁移学习。MED 可以作为单模态编码器、图像引导文本编码器或图像引导文本解码器运行。该模型使用 3 个视觉-语言目标函数进行联合预训练：图像文本对比学习、图像文本匹配和以图像为条件的语言建模。二是字幕生成与过滤（Captioning and Filtering，CapFilt）：一种用于从带有噪声的图像-文本对中学习的新数据集引导方法。BLIP 将预训练的 MED 微调为两个模块：一个是字幕生成器，用于为网络图像生成合成字幕；另一个是过滤器，用于从原始网络文本和合成文本中删除噪声字幕。BLIP 通过引入引导式标题生成器和过滤器，有效地利用嘈杂的网络数据，在广泛的视觉-语言任务中取得了最新的成果，如图像文本检索（平均召回率提高了 2.7%）、图像字幕生成（CIDEr[2] 提高了 2.8%）和视觉问答（视觉问答分数提高了 1.6%）。BLIP 还在零样本的视觉-语言任务中展现了强大的泛化能力。

3.2.1　模型结构

　　BLIP 使用了一种视觉 Transformer[299] 作为图像编码器，它将输入图像分成多个图像块，并将其编码为一系列嵌入，同时添加一个额外的 [CLS] 标记来表示全局图像特征。与使用预训练

---

　　1. 马尔奖（Marr Prize），是每两年举办一届的计算机领域世界顶级学术会议之一。国际计算机视觉大会（ICCV）上评选出的最佳论文奖，被看作计算机视觉研究方面的最高荣誉之一。该奖因计算机视觉之父、计算机视觉先驱、计算神经科学的创始人大卫·马尔而得名。

　　2. CIDEr 是一种用于评价图像描述任务的评价指标，是 BLEU 和向量空间模型的结合。它的主要思想是，将每个句子都看成一个文档，然后计算其 n-gram 的 TF-IDF 向量，再用余弦相似度来衡量候选句子和参考句子的语义一致性。

的目标检测器来提取视觉特征[304] 相比，使用 ViT 更加友好，而且已被较新的方法采用[305-306]。

为了预训练一个具备理解和生成能力的统一模型，BLIP 提出将多模态编码器-解码器混合，它是一个多任务模型，如图 3.3 所示，可以在以下 3 个功能模块中进行操作。

（1）单模态编码器，分别对图像和文本进行编码。文本编码器与 BERT[10] 相同，在文本输入的开头添加一个 [CLS] 标记，以总结整个句子。

（2）图像引导文本编码器，在文本编码器的每个 Transformer 块的双向自注意力层和前馈网络之间都插入一个附加的交叉注意力（Cross-Attention，CA）层，以注入视觉信息。任务特定的 [Encode] 标记被附加到文本上，并且 [Encode] 的输出嵌入被用作图像-文本对的多模态表示。

（3）图像引导文本解码器，将图像引导文本编码器中的双向自注意力层替换为因果自注意力层。使用 [Decode] 标记来标记序列的开始，使用序列的结束标记来标记其结束。

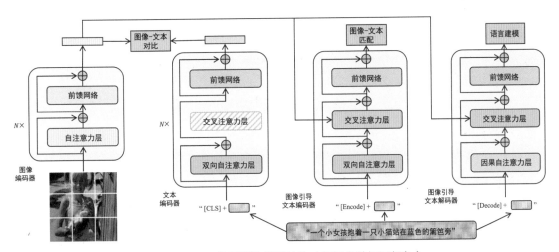

图 3.3　BLIP 的预训练模型结构（相同参数相同颜色）

3.2.2　预训练目标函数

在预训练期间，BLIP 优化了 3 个目标，其中两个是基于理解的目标，一个是基于生成的目标。每个图像-文本对仅需要在运算复杂度高的视觉 Transformer 中进行一次前向传播，在文本 Transformer 中进行三次前向传播，其中不同的功能被激活以计算下面 3 种损失。

（1）图像-文本对比损失（Image-Text Contrastive Loss，ITCL）激活了单模态编码器。与负向图像-文本对相比，它旨在通过鼓励正向的图像-文本对在特征空间中具有类似的表示，对齐视觉 Transformer 和文本 Transformer 的特征空间。研究表明，这是一种有效的目标，可改善视觉和语言理解[2, 305]。BLIP 遵循文献 [305] 中提出的图像-文本对比损失，引入动量编码器来生成特征，并从动量编码器生成软标签作为训练目标，以考虑负向对中的潜在正向对。

（2）图像-文本匹配损失（Image-Text Matching Loss，ITML）激活了图像-文本编码器。它旨在学习捕捉视觉和语言之间细粒度对齐的图像-文本多模态表示。图像-文本匹配是一个二元分类任务，模型使用图像-文本匹配头（线性层）来预测给定多模态特征的图像-文本对是正向对（匹配）还是负向对（不匹配）。为了找到有更多信息的负向对，BLIP 采用硬负向挖掘策略[305]，在一个批次中，对比相似度较高的负向对更有可能被选择用来计算损失。

（3）语言建模损失（Language Modeling Loss，LML）激活了图像-文本解码器，旨在在给定图像的情况下生成文本描述。它优化了交叉熵损失，以自回归的方式将模型生成文本的似然性最大化。在计算损失时，BLIP 应用了 0.1 的标签平滑。与用于视觉-语言预训练的掩码语言模型损失相比，语言建模使模型具有将视觉信息转化为连贯描述的泛化能力。

为了在利用多任务学习的同时执行高效的预训练，文本编码器和文本解码器除自注意力层外，共享所有参数，原因在于编码和解码任务之间的差异最好由自注意力层捕获。特别是，编码器使用双向自注意力层来构建当前输入标记的表示，而解码器使用因果自注意力层来预测下一个标记。另外，嵌入层、交叉注意力层和前馈网络在编码和解码任务之间的功能类似，因此共享这些层可以提高训练效率，同时从多任务学习中受益。

3.2.3　标注过滤

由于注释成本过高，因此存在有限数量的高质量人工标注的图像-文本对 $\{(I_h, T_h)\}$（例如 COCO）。近期的研究[305, 307]利用从网络自动收集的图像和替代文本对 $\{(I_w, T_w)\}$。然而，这些替代文本不能准确地描述图像的视觉内容，使其成为一个噪声信号，对于学习视觉-语言对齐是次优的。

BLIP 提出了 CapFilt——一种用于改进文本数据库质量的新方法。图 3.4 为 BLIP 的 Cap-Filt 学习框架。它引入了两个模块：一个字幕生成器，用于为网络图像生成合成字幕；一个过滤器，用于删除噪声图像-文本对。字幕生成器和过滤器从同一个预训练的多模态编码器-解码器混合模型初始化，然后在 COCO 数据集上分别进行微调，而微调是一个轻量级的过程。

具体而言，字幕生成器是一个图像-文本解码器。它通过语言模型对目标进行微调，以便在给定图像的情况下解码文本。给定网络图像 I_w，字幕生成器生成与每张图像对应的合成字幕文本 T_s。过滤器是一个图像-文本编码器。它通过图像-文本对比和图像-文本匹配对目标进行微调，以学习文本是否与图像匹配。过滤器会从原始的网络文本 T_w 和合成的文本 T_s 中删除噪声文本，其中，如果图像-文本匹配头预测文本与图像不匹配，则将其视为噪声。最后，BLIP 将经过过滤的图像-文本对与人工标注的图像-文本对结合，形成一个新的数据集，用于预训练新模型。

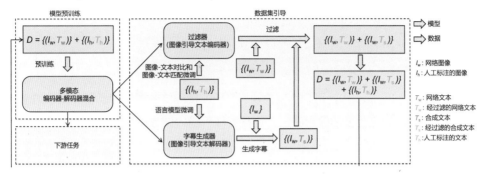

图 3.4 BLIP 的 CapFilt 学习框架

3.3 BLIP–2

视觉-语言预训练的成本由于大模型的端到端训练而变得越来越高，于是 Salesforce 在 2023 年提出了 BLIP-2[308]———一种通用且高效的预训练策略，从现成的冻结预训练图像编码器和冻结 LLM 中引导视觉与语言的预训练。BLIP-2 通过轻量级的查询 Transformer 填补了模态差距，这个 Transformer 分两阶段进行预训练：第一阶段使用冻结的图像编码器进行视觉与语言表示学习，第二阶段使用冻结的 LLM 进行从视觉到语言的生成学习。尽管可训练参数比现有方法少得多，但 BLIP-2 在各种视觉-语言任务上展现了最先进的性能。

为了在冻结的单模型下实现有效的视觉-语言对齐，BLIP-2 提出了一种使用两阶段预训练策略的查询 Transformer（Querying Transformer，Q-Former）。如图 3.5 所示，Q-Former 是一个轻量级的 Transformer，它利用一组可学习的查询向量从冻结的图像编码器中提取视觉特征。Q-Former 充当了冻结的图像编码器和冻结的 LLM 之间的信息瓶颈，将最有用的视觉特征传递给 LLM 以输出所需的文本。在第一阶段，BLIP-2 进行了视觉与语言表示学习，强制 Q-Former 学习与文本最相关的视觉表示。在第二阶段，BLIP-2 将 Q-Former 的输出连接到冻结的 LLM，并训练 Q-Former，使其输出的视觉表示可以被 LLM 解释，从而进行从视觉到语言的生成学习。

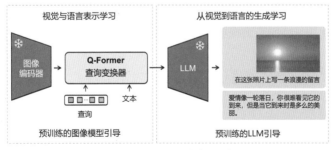

图 3.5 BLIP-2 框架概述

本节首先介绍 Q-Former 的模型结构，然后阐述这两个阶段的预训练过程。

3.3.1　模型结构

BLIP-2 使用 Q-Former 作为可训练的模块，用于连接冻结的图像编码器和冻结的 LLM。它从图像编码器中提取固定数量的输出特征，这些特征与输入图像的分辨率无关。如图 3.6 所示，Q-Former 由两个 Transformer 子模块组成，它们共享相同的自注意力层。

（1）图像 Transformer 与冻结的图像编码器进行交互，进行视觉特征提取。

（2）文本 Transformer 既可以作为文本编码器，也可以作为文本解码器。

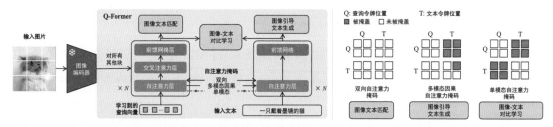

图 3.6　（左图）Q-Former 和 BLIP-2 第一阶段的模型结构；（右图）每个目标都使用自注意力掩码策略，以控制查询和文本之间的交互

BLIP-2 创建了一组可学习的输入到图像 Transformer 的查询嵌入。查询通过自注意力层交互，并通过交叉注意力层（每隔一个 Transformer 块插入一个）与冻结的图像特征进行交互，还可以通过相同的自注意力层与文本进行交互。根据不同的预训练任务，BLIP-2 应用不同的自注意力掩码控制查询-文本交互。BLIP-2 使用 BERT$_{base}$[71] 的预训练权重初始化 Q-Former，而交叉注意力层则随机初始化。Q-Former 共包含 188M 个参数，查询向量被视为模型参数。

在实验中，BLIP-2 使用了 32 个查询，其中每个查询的维度都为 768（与 Q-Former 的隐藏维度相同）。BLIP-2 用 Z 表示输出查询表示。Z 的大小（32 像素 × 768 像素）远小于冻结的图像特征的大小（例如 ViT-L/14 的大小为 257 像素 × 1,024 像素）。将这种瓶颈结构与 BLIP-2 的预训练目标组合使用，强制查询提取与文本最相关的视觉特征。

3.3.2　使用冻结的图像编码器进行视觉与语言表示学习

在表示学习阶段，BLIP-2 将 Q-Former 连接到一个冻结的图像编码器，并使用图像-文本对进行预训练。BLIP-2 的目标是训练 Q-Former，使查询能够学习提取最能表达文本信息的视觉特征。受 BLIP[302] 的启发，BLIP-2 同时优化了 3 个共享相同输入格式和模型参数的预训练目标。每个目标都使用不同的自注意力掩码策略控制查询与文本之间的交互。

（1）**图像-文本对比学习**：使图像表示和文本表示对齐，以最大化它们的交互信息。它通过对比正向对的图像-文本相似性与负向对的相似性来实现。BLIP-2 将来自图像 Transformer 的输出查询表示 Z 与文本 Transformer 的表示 t 进行对齐，其中 t 是 [CLS] 标记的输出嵌入。由于 Z 包含多个输出嵌入，BLIP-2 先计算每个输出查询表示 Z 与 t 之间的成对相似度，然后选择最高的相似度作为图像-文本对相似度。为了避免信息泄露，BLIP-2 使用单模态自注意力掩码，其中不允许查询和文本交互。由于使用了冻结的图像编码器，相对于端到端的方法，BLIP-2 可以在每块 GPU 上都装载更多的样本。BLIP-2 使用批内负向对，而不是 BLIP 中的动量队列。

（2）**图像引导文本生成**：训练 Q-Former 生成文本，以输入图像作为条件。由于 Q-Former 的结构不允许冻结的图像编码器与文本 Token 之间的直接交互，生成文本所需的信息必须先由查询提取，然后通过自注意力层传递给文本 Token。查询被迫提取能够捕获有关文本的所有信息的视觉特征。BLIP-2 使用多模态因果自注意力掩码来控制查询-文本交互，类似于 UniLM[26] 中使用的掩码。查询可以相互关注，但不能关注文本 Token。每个文本 Token 都可以关注所有查询和其之前的文本 Token。BLIP-2 还将 [CLS] 标记替换为新的 [DEC] 标记，作为表示解码任务的第一个文本 Token。

（3）**图像-文本匹配**：旨在学习图像和文本表示之间的精细对齐关系。这是一个二元分类任务，模型被要求预测图像-文本对是正向对（匹配）还是负向对（不匹配）。BLIP-2 使用双向自注意力掩码，其中所有查询和文本都可以相互关注，因此输出查询表示 Z 可以捕获多模态信息。BLIP-2 将每个输出查询表示都馈送到双分类线性分类器中，以获得一个对数，然后将所有查询的对数平均，得到输出的匹配分数。BLIP-2 采用了文献 [302, 305] 的硬负向挖掘策略，以创建信息丰富的负向对。

3.3.3 使用冻结的 LLM 进行从视觉到语言的生成学习

在生成学习阶段，BLIP-2 将带有冻结的图像编码器的 Q-Former 连接到冻结的 LLM，以利用 LLM 的生成能力。如图 3.7 所示，BLIP-2 先使用全连接层将输出查询表示 Z 线性投影到与 LLM 的文本表示相同的维度。然后，在输入文本表示之前添加投影的查询表示。它们作为软性的视觉提示，将 LLM 置于由 Q-Former 提取的视觉特征上。由于 Q-Former 已经被预训练以提取语言信息的视觉特征，有效地充当了信息瓶颈，馈送最有用的信息给 LLM，同时删除不相关的视觉信息。这减轻了 LLM 学习视觉-语言对齐的负担，缓解了灾难性遗忘问题。

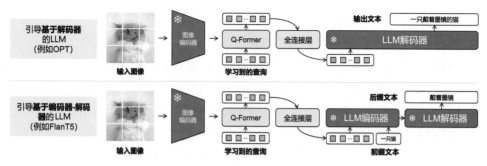

图 3.7　BLIP-2 的第二阶段

对于基于解码器的 LLM，BLIP-2 使用语言建模损失进行预训练，冻结 LLM 的任务是在 Q-Former 提取的视觉特征的条件下生成文本。对于基于编码器-解码器的 LLM，BLIP-2 使用前缀语言建模损失进行预训练，将文本分为两部分：前缀文本与视觉特征连接在一起，作为 LLM 编码器的输入；后缀文本作为 LLM 解码器的生成目标。

3.3.4　模型预训练

（1）**预训练数据**。BLIP-2 使用与 BLIP 相同的预训练数据集，共计 129M 张图像，包括 COCO、Visual Genome、CC3M、CC12M、SBU，以及来自 LAION400M 数据集的 115M 张图像。BLIP-2 采用 CapFilt 方法为网络图像创建合成标题。具体而言，BLIP-2 使用 BLIPlarge 标题模型生成了 10 个标题，并根据由 CLIP ViT-L/14 模型产生的图像-文本相似性对合成标题及原始网络标题进行排名。BLIP-2 保留每张图像的前两个标题作为训练数据，并在每个预训练步骤中随机采样一个图像标题。

（2）**预训练冻结的图像编码器**。对于冻结的图像编码器，BLIP-2 探索了两种最先进的预训练视觉变换模型：来自 CLIP 的 ViT-L/14[2] 和来自 EVA-CLIP 的 ViT-g/14[309]。BLIP-2 移除了 ViT 的最后一层，使用倒数第二层的输出特征，这可以使模型的性能更好。

（3）**预训练设置**。BLIP-2 在第一阶段的预训练轮次为 250K，在第二阶段的预训练轮次为 80K。BLIP-2 在第一阶段使用的 ViT-L 和 ViT-g 的批量大小为 2,320 和 1,680，在第二阶段使用的 OPT 和 FlanT5 的批量大小为 1,920 和 1,520。在预训练过程中，BLIP-2 将冻结的 ViT 和 LLM 参数转换为 FP16。除了 FlanT5，BLIP-2 还使用了 BFloat16。与使用 32 位模型相比，BLIP-2 的性能没有下降。由于使用了冻结模型，BLIP-2 的预训练比现有的大规模视觉-语言预训练方法对计算更友好。

（4）**所有模型都使用相同的预训练超参数**。BLIP-2 使用 AdamW 优化器，其中 $\beta_1 = 0.9$，

$\beta_2 = 0.98$，权重衰减为 0.05。BLIP-2 使用余弦学习率衰减，峰值学习率为 1e-4，线性预热为 2K 步。第二阶段的最小学习率为 5e-5。BLIP-2 使用尺寸为 224 像素 × 224 像素的图像，进行随机调整大小的裁剪和水平翻转增强。

3.4   LLaMA

LLaMA[31] 是一组参数从 7B 到 65B 不等的基础语言模型。LLaMA 在数万亿个标记上对模型进行训练，并且仅使用公开可获得的数据集就能够训练出最先进的模型。

在训练中，LLaMA 使用更多的标签，以在各种推理预算下实现最佳性能。例如，LLaMA-13B 在大多数基准测试中的表现优于 GPT-3，尽管体积缩小为原来的 1/10。LLaMA 可以在单个 GPU 上运行，这有助于大多数人访问和研究。在更大的参数规模上，LLaMA-65B 也能与 Chinchilla 或 PaLM-540B 等 LLM 媲美。

与 Chinchilla、PaLM 或 GPT-3 不同，LLaMA 仅使用公开可获得的数据，使得 LLaMA 与开源兼容，而大多数现有模型则依赖于未公开的数据。本节将介绍 LLaMA 对 Transformer 结构所做的修改，以及 LLaMA 的训练方法。

3.4.1   预训练数据

LLaMA 的训练方法类似于先前研究中描述的方法[14, 21]，并受到了 Chinchilla 的扩展规律[27] 的启发。LLaMA 使用标准优化器在大量文本数据上训练 Transformer 模型。

LLaMA 的训练数据集由几个来源混合而成，涵盖了多个领域。LLaMA 使用了用于训练其他 LLM 的数据源。这使得以下数据集在 LLaMA 的训练数据集中所占的百分比有所不同。

（1）English CommonCrawl（占比 67%）。LLaMA 对 2017—2020 年的 5 个 CommonCrawl 数据集进行预处理，使用 CCNet 流程[310]。该流程在行级别上进行了数据去重，使用 FastText 线性分类器进行语言识别以删除非英语页面，并使用 n-gram 语言模型过滤低质量内容。此外，LLaMA 训练了一个线性模型来对 Wikipedia 中用作参考的页面与随机抽样的页面进行分类，并且丢弃未被分类为参考的页面。

（2）C4（占比 15%）。LLaMA 在数据中包含公开可获得的 C4 数据集[25]。对 C4 的预处理还包括去重和语言识别。

（3）GitHub（占比 4.5%）。LLaMA 使用 Google BigQuery 上可用的公共 GitHub 数据集。LLaMA 只保留了在 Apache、BSD 和 MIT 许可下分发的项目。此外，LLaMA 使用基于行长

度或字母数字字符比例的启发式方法过滤低质量文件，并使用正则表达式删除标题等样板文件。最后，LLaMA 在文件级别进行了数据去重，并进行了精确匹配。

（4）Wikipedia（占比 4.5%）。LLaMA 添加了涵盖 20 种语言（使用拉丁或西里尔脚本）的 2022 年 6—8 月的 Wikipedia 数据。LLaMA 对数据进行处理以删除超链接、评论和其他格式的样板。

（5）Gutenberg 和 Books3（占比 4.5%）。LLaMA 的训练数据集中包括两个图书数据库：Gutenberg 包含公共领域图书，以及 ThePile 的 Books3 部分[311]。这是一个用于训练 LLM 的公开可获得的数据集。LLaMA 在图书级别进行了数据去重，删除了重叠内容超过 90% 的图书数据。

（6）arXiv（占比 2.5%）。LLaMA 处理了 arXiv LaTeX 文件，将科学数据添加到 LLaMA 的数据集中。根据文献 [312]，LLaMA 删除了上一版本的所有内容及参考文献，还从 .tex 文件中删除了注释，并在用户编写的定义和宏之间进行了内联扩展，以提高 arXiv 论文的一致性。

（7）Stack Exchange（占比 2%）。Stack Exchange 是一个涵盖计算机科学、化学等多个领域的高质量问题和答案的网站。LLaMA 删除了该网站数据中的 HTML 标签，并按照分数对答案进行排序（从高到低）。

（8）分词器（Tokenizer）。LLaMA 使用基于 SentencePiece 实现的字节对编码算法[93] 对数据进行分词。值得注意的是，LLaMA 将所有数字拆分为单独的数字，并在遇到未知的 UTF-8 字符时，回退到字节级别进行分解。

总体而言，LLaMA 的整个训练数据集在分词后含有大约 1.4TB 个标记。对于 LLaMA 的大部分训练数据，每个标记在训练过程中仅被使用一次，Wikipedia 和图书数据除外，LLaMA 在这两个领域都进行了大约两轮次的训练。

3.4.2　网络结构

LLaMA 的网络基于 Transformer 结构。LLaMA 借鉴了随后提出的各种改进方法，这些方法在不同的模型中都得到了应用，如 PaLM。以下是与原始结构的主要不同之处，以及 LLaMA 在哪里找到了这些变化的灵感（方括号内）。

（1）预规范化 [GPT-3]。为了改善训练的稳定性，LLaMA 规范化了每个 Transformer 子层的输入，而不是规范化输出。LLaMA 使用 RMSNorm 规范化函数[61]。

（2）SwiGLU 激活函数 [PaLM]。LLaMA 将 ReLU 非线性激活函数替换为 SwiGLU 激活函数[56]，以提高性能。LLaMA 将维度从 4 维增加到 34 维。

（3）旋转嵌入 [GPTNeo]。LLaMA 删除了绝对位置嵌入，取而代之的是，在网络的每一层都添加旋转位置嵌入[52]。

3.4.3　优化器

LLaMA 使用 AdamW 优化器[62] 对模型进行训练，使用超参数 $\beta_1 = 0.9$ 和 $\beta_2 = 0.95$。LLaMA 采用余弦学习率调度，使最终学习率等于最大学习率的 10%。LLaMA 使用 0.1 的权重衰减和 1.0 的梯度剪裁。LLaMA 使用 2,000 个预热步骤，并根据模型的大小调整学习率和批量大小。

3.4.4　高效实现

为了提高模型的训练速度，LLaMA 进行了几项优化。LLaMA 通过高效的因果多头注意力减少内存占用和运行时间。这个优化方法可以在 XFormers 库中找到，该方法受到文献 [58] 的启发，并使用文献 [54] 中的反向传播方法。

为了进一步提高训练效率，LLaMA 通过检查点技术减少了反向传播过程中需要重新计算的激活数量。更具体地说，LLaMA 保存了计算成本高的激活，如线性层的输出。这是通过手动实现 Transformer 层的反向函数来实现的，而不依赖于 PyTorch 的自动求导。

为了从这种优化中充分受益，LLaMA 通过使用模型和序列并行性来减少模型的内存使用。此外，LLaMA 还尽可能将激活计算和 GPU 之间的通信（通过 all_reduce 操作）重叠，以减少网络通信的开销。

在训练一个有 65B 个参数的模型时，LLaMA 的代码在拥有 2,048 块 A100 GPU 和 80GB 内存的设备上，每秒大约处理 380 个标记。这意味着在包含 1.4TB 个标记的数据集上进行训练，大约需要 21 天。

3.5　LLaMA–Adapter

如何高效地将 LLM 转化为指令跟随器成为一个热门的研究方向，而训练 LLM 进行多模态推理则仍未被深入探索研究。本节将介绍 LLaMA-Adapter V2[313]。首先，LLaMA-Adapter V2 通过解锁更多可学习参数（例如归一化、偏置和比例因子）来扩展 LLaMA-Adapter，这些参数还将指令跟随能力分布到整个 LLaMA 中，除了适配器。其次，LLaMA-Adapter V2 提出了一种早期融合策略，仅将视觉标记提供给早期的 LLM 层，有助于更好地整合视觉知识。第三，通过优化可学习参数的不相交组，引入图像-文本对和指令跟随数据的联合训练范式。这种策略有效地减少了图像-文本对齐和指令跟随这两个任务之间的干扰，并且仅使用小规模的图像-文本对和指令数据集就实现了强大的多模态推理。在推理过程中，LLaMA-Adapter V2 将其他专家模型（例如字幕、OCR）整合到 LLaMA-Adapter 中，在不增加训练成本的情况下进一步提高了其图像理解能力。与原始的 LLaMA-Adapter 相比，LLaMA-Adapter V2 仅通过引入 1,400 万个参数就能执行开放式的多模态指令。这个新设计的框架还展示了更强的纯语言指令跟随能力，甚至在聊天交互方面也表现出色。

LLM[297] 因其出色的理解、推理和生成人类语言的能力，引起了人们的极大关注。为了使 LLM 的回应更加生动和令人信服，随后的研究已经开始探索将 LLM 转变为指令跟随模型。例如，斯坦福的 Alpaca[314] 使用由 OpenAI 的 InstructGPT 模型[15] 生成的指令示例对 LLaMA[31] 进行微调，将其转变为指令跟随模型。Alpaca 的后续工作通过使用更高质量的指令数据，如 ShareGPT 和由 GPT-4[255] 生成的数据，进一步扩展了 LLaMA。与 Alpaca 和 Vicuna[37] 采用的完全微调范式相比，LLaMA-Adapter[229] 在冻结的 LLaMA 中引入了具有零初始化注意力的轻量级适配器，用于高效微调，并且实现了多模态知识注入。尽管上述方法取得了显著进展，但仍然无法执行更高级的多模态指令，如类似 GPT-4[29] 的视觉理解任务。

MiniGPT-4[39] 和 LLaVA[294] 引发了一个新的研究热潮，将仅限于语言的指令模型扩展为多模态模型，以赋予 LLM 视觉推理能力，与 LLaMA-Adapter 类似。MiniGPT-4 通过在 1.34 亿个图像-文本对上进行预训练，连接了一个冻结的视觉编码器和一个 LLM，通过在一个对齐良好的图像-文本对数据集上进行进一步微调来提高模型的性能。LLaVA 也利用图像-文本对来对齐视觉模型和 LLM。与 MiniGPT-4 不同，LLaVA 在由 GPT-4 生成的 15 万个高质量多模态指令数据上对整个 LLM 进行微调。虽然这些方法展示了令人印象深刻的多模态理解能力，但它们需要更新数十亿个模型参数，并精心收集大量的多模态训练数据，这些数据要么由人类进行标注，要么从 OpenAI API 的响应中提取。

LLaMA-Adapter V2 是一个参数规模与性能都高效的视觉指令模型，基于 LLaMA-Adapter 构建。LLaMA-Adapter 最初是作为指令跟随模型开发的，通过将视觉特征融入适应提示（Adaptation Prompt）中，可以轻松地将其转化为视觉指令模型。然而，由于缺乏多模态指令微调数据，LLaMA-Adapter 的多模态版本受限于传统的视觉-语言模型。例如，在仅给定特定提示（如"为这张图片生成标题"）时，LLaMA-Adapter 在 COCO Caption[315] 上训练后只能生成短的图像标题。该模型无法适应开放式的多模态指令，如复杂的视觉推理和视觉问答任务。尽管 LLaMA-Adapter V2 目前没有利用多模态指令数据，但仍可以对 LLaMA-Adapter 进行多模态指令微调。LLaMA-Adapter V2 以冻结的指令跟随 LLaMA-Adapter 为起点，通过在图像-文本对上优化视觉投影层进行微调，以确保适当的视觉-语言对齐。然而，LLaMA-Adapter V2 的视觉特征往往会主导适应提示，导致指令跟随能力迅速下降。

为了解决这一问题，LLaMA-Adapter V2 提出了一个简单的视觉知识早期融合策略。在 LLaMA-Adapter 中，动态的视觉提示被融入最后的 L 层静态适应提示中。然而，在 LLaMA-Adapter V2 中，将动态的视觉提示仅分配给前 K 层，其中 $K < N-L$，N 表示 Transformer 层的总数。因此，图像-文本对齐不再影响模型的指令跟随能力。通过这个策略，即使在缺少高质量的多模态指令数据的情况下，LLaMA-Adapter V2 也可以通过与图像字幕数据和指令跟随数据进行不相交参数的联合训练来实现出色的视觉指令学习。通过增加模型的可调容量，LLaMA-Adapter V2 可以将指令跟随的知识分布到整个 LLM。值得注意的是，这些参数仅占整个模型参数的约 0.04%，确保 LLaMA-Adapter V2 仍然是一个参数规模与性能同时高效的模型。

因引入额外的专家模型，LLaMA-Adapter V2 增强了图像理解能力，使它与 MiniGPT-4 和 LLaVA 等依赖大量图像-文本对训练数据的其他模型有所不同。通过与这些专家模型合作，LLaMA-Adapter V2 获得了更高的灵活性，并允许在各种任务中插入各种专家模型，无须在大量视觉-语言数据上进行预训练。LLaMA-Adapter V2 的训练流程如图 3.8 所示。

图 3.8　LLaMA-Adapter V2 的训练流程
引入了几种策略来增强 LLaMA-Adapter 的能力，实现了一个参数规模与性能同时高效的视觉指令模型，具有强大的多模态推理能力

3.5.1　LLaMA-Adapter 的技术细节

（1）**零初始化注意力**。LLaMA-Adapter[229] 冻结了整个 LLaMA[31]，并引入一个额外的轻量级适配器模块，具有 120 万个参数。适配器层应用于 LLaMA 的较高 Transformer 层中，并将一组可学习的软提示作为前缀连接到词标记上。为了将新适应的知识融入冻结的 LLaMA 中，LLaMA-Adapter 提出了一个零初始化注意力，通过学习一个零初始化的门控因子，自适应地控制适应提示对词标记的贡献。门控幅度在训练过程中会逐渐增加，从而逐渐将指令跟随能力注入冻结的 LLaMA 中。这种策略不仅在早期训练阶段保留了 LLaMA 的语言生成能力，还持续

地融入新知识，实现了强大的指令跟随能力。

（2）**简单的多模态变体**。除了使用纯语言指令进行微调，LLaMA-Adapter 还可以结合图像和视频输入进行多模态推理。例如，在处理图像时，LLaMA-Adapter 使用预训练的视觉编码器（如 CLIP[2]）来提取多尺度的视觉特征。这些特征被聚合成一个全局视觉特征，并通过一个可学习的投影层传递，以将视觉语义与语言嵌入空间对齐。之后，将全局视觉特征逐元素添加到较高 Transformer 层的每个适应提示中。这使得 LLaMA-Adapter 能够基于文本和视觉输入生成响应，在 ScienceQA 基准测试中表现出有竞争力的性能。

（3）**开放式多模态推理**。虽然 LLaMA-Adapter 能够处理相对简单的任务，但尚不清楚它是否能够生成开放式的响应。为了调查这一点，首先，LLaMA-Adapter 从使用语言指令数据预训练的 LLaMA-Adapter 开始，利用其现有的指令跟随能力。然后，LLaMA-Adapter 通过在 COCO Caption[315] 数据集上微调其适配器模块和视觉投影层进行实验。LLaMA-Adapter 的研究者发现，新学习的视觉线索往往会主导适应提示，覆盖固有的指令跟随特性。因此，LLaMA-Adapter V2 被提出，以充分释放 LLaMA 的多模态潜力。

3.5.2　LLaMA-Adapter V2

下面笔者将介绍 LLaMA-Adapter V2 的技术细节，包括调整线性层的偏置、实现不相交参数的联合训练、平衡视觉知识的早期融合，以及与专家模型的集成。

1. 调整线性层的偏置

LLaMA-Adapter 在冻结的 LLaMA 上采用了可学习的适应提示与零初始化注意力，以实现新知识的高效融入。然而，参数更新仅限于适应提示和门控因子，不能修改 LLM 的内部参数，这限制了其深层微调的能力。鉴于此，LLaMA-Adapter V2 提出了一种偏置调整策略，除了适应提示和门控因子，还进一步将指令提示融入 LLaMA。具体而言，为了自适应处理指令跟随数据的任务，LLaMA-Adapter V2 先解冻了 LLaMA 中的所有规范化层。对于 Transformer 中的每个线性层，LLaMA-Adapter V2 都添加一个偏置和一个比例因子作为两个可学习的参数。LLaMA-Adapter V2 将某个线性层的输入和预训练权重分别表示为 x 和 W。在 LLaMA-Adapter V2 中，使用偏置 b 和比例因子 s 修改线性层，如下所示：

$$y = W \cdot x \rightarrow y = s \cdot (W \cdot x + b), \quad b = \text{Init}(0), \ s = \text{Init}(1) \tag{3.1}$$

与零初始化注意力类似，LLaMA-Adapter V2 将偏置和比例因子分别初始化为 0 和 1，以在早期阶段稳定训练过程。通过融合偏置调整策略和高质量的指令数据，LLaMA-Adapter V2

获得了出色的指令跟随能力。值得注意的是，新增参数的数量仅占整个 LLaMA 参数的 0.04%，这表明 LLaMA-Adapter V2 仍然是一种参数规模与性能都高效的方法。

LLaMA-Adapter V2 的偏置调整策略与一些方法类似，例如 BitFit[316] 用于 BERT 微调、SSF[317] 用于视觉提示微调[318]。虽然 BitFit 和 SSF 都被用于 8,000 万个参数级别的理解任务，但 LLaMA-Adapter V2 的偏置调整策略在 7 亿到 65 亿个参数的 LLM 上（如 LLaMA 和 GPT-3）展现出高效性。此外，LLaMA-Adapter V2 的偏置调整策略是输入不可知的，与 LoRA 不同，后者通过低秩转换添加了一个输入感知的偏置，进一步降低了微调成本。

2. 实现不相交参数的联合训练

LLaMA-Adapter V2 的目标是同时赋予 LLaMA-Adapter V2 生成长篇回应和多模态理解的能力。如图 3.9 所示，LLaMA-Adapter V2 提出了一种联合训练范式，以利用图像-文本字幕数据和纯语言指令示例。500K 个图像-文本对和 50K 个指令数据之间存在数据量差异，简单地将它们进行组合优化可能会严重损害 LLaMA-Adapter 的指令跟随能力，因此 LLaMA-Adapter V2 的联合训练策略分别优化了图像-文本对齐和指令跟随的不相交参数组。具体而言，只有用于图像-文本字幕数据的视觉投影层和早期的零初始化注意力与门控因子被训练，而对于指令跟随数据，使用了后期的适应提示、零门控、解冻的归一化、新添加的偏置和比例因子（或可选的低秩适应[241]）。这种不相交参数优化解决了图像-文本对齐和指令跟随之间的干扰问题，有助于 LLaMA-Adapter V2 发挥突出的视觉指令跟随能力。

在联合训练策略的辅助下，LLaMA-Adapter V2 不需要像 MiniGPT-4[39] 和 LLaVA[294] 那样的高质量多模态指令数据，只需要图像-文本对和指令跟随数据。图像字幕数据扩展了 LLM 的图像理解能力，而仅包含语言的指令数据则用于保留 LLaMA 生成长篇回应的能力。

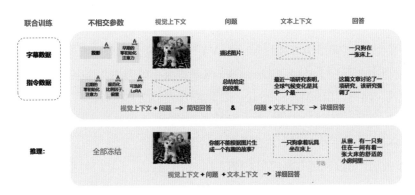

图 3.9 LLaMA-Adapter V2 中的联合训练范式
同时利用图像-文本标题和纯语言指令数据对 LLaMA-Adapter V2 进行联合训练，优化不相交的可学习参数组

3. 平衡视觉知识的早期融合

为了避免图像和语言微调之间的干扰，LLaMA-Adapter V2 提出了一种简单的早期融合策略，以防止输入的图像提示与适应提示之间的直接交互。在 LLaMA-Adapter 中，输入的图像提示通过一个冻结的、可学习的图像投影层被顺序地编码，并在每个插入的层中都将其添加到适应提示中。在 LLaMA-Adapter V2 中，改为将编码的图像标记和适应提示分别注入不同的 Transformer 层，而不是将它们融合在一起，如图 3.10 所示。对于数据集共享的适应提示，LLaMA-Adapter V2 按照 LLaMA-Adapter 的方式，在最后的 L 层（例如 $L = 30$）插入它们。对于输入的图像提示，LLaMA-Adapter V2 直接将它们与第一个带有零初始化注意力的 Transformer 层中的单词标记连接起来，而不是将它们添加到适应提示中。结合提出的联合训练，这种图像标记的早期融合策略可以有效地解决两种微调目标之间的冲突，有助于实现具有强大多模态推理能力的高效 LLaMA-Adapter V2。

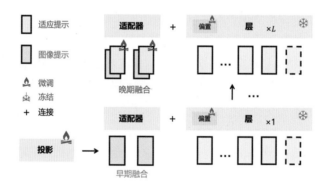

图 3.10　视觉知识的早期融合

4. 与专家模型的集成

视觉指令模型，如 MiniGPT-4[39] 和 LLaVA[294]，需要大规模的图像-文本训练来连接视觉模型和 LLM。相比之下，LLaMA-Adapter V2 在规模较小的通用图像字幕数据上进行微调，使其数据效率更高。然而，LLaMA-Adapter V2 的图像理解能力相对较弱，导致偶尔出现不准确或不相关的回应。与收集更多的图像-文本数据或采用更强大的多模态模型不同，将专家模型集成到 LLaMA-Adapter V2 中，可以增强其附加的图像推理能力。

如图 3.11 所示，可以利用专家模型来增强 LLaMA-Adapter V2 的图像指令跟随能力。给定一个输入图像，LLaMA-Adapter V2 使用预训练的视觉编码器对其进行视觉内容编码，并要求用专家模型生成一个字幕作为文本内容。在 LLaMA-Adapter V2 的默认实现中，采用在 COCO Caption[315] 上预训练的 LLaMA-Adapter 作为专家模型，它能够生成简短且准确的图像描述。

值得注意的是，任何图像到文本模型，甚至搜索引擎，都可以作为专家模型。LLaMA-Adapter V2 使用的方法允许笔者根据手头的具体下游任务轻松地在不同的专家模型之间切换。

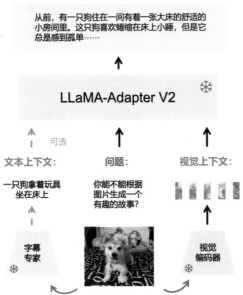

图 3.11　LLaMA-Adapter V2 的图像指令跟随能力示例

3.6　VideoChat

　　视频提供了一个非常接近人类持续感知视觉世界的表达方式。智能视频理解对于各种实际应用都至关重要，例如人机交互、自动驾驶和智能监控等。然而，当前的视频理解范式受到对预训练视频基础模型进行特定任务调整的限制，限制了客户级需求的通用时空理解能力。

　　以视觉为中心的多模态对话系统已成为一个重要的研究领域[253]。通过利用预训练的 LLM、图像编码器和附加的可学习模块，这些系统可以深入理解图像（如识别表情包或笑话），并通过与用户的多轮对话来执行图像相关的任务[39, 319]。这在许多应用中引起了革命性的变革，但现有系统尚未从数据中心的角度正式解决如何使用机器处理视频为中心的任务。

　　现有的以视频为中心的多模态对话系统通过使用开源视觉分类、检测、字幕模型将视频内容文本化，将视频理解转化为自然语言处理问答形式。尽管在具有明确对象和动作的情景中表现出不错的性能，但将视频转化为文本描述不可避免地会导致视觉信息的丢失和时空复杂性的过度简化。此外，几乎所有视觉模型在视频中都难以进行时空推理、事件定位和因果关系推断。

为了解决这些难题，VideoChat[320] 引入了一种以聊天为中心的视频理解系统，充分利用了来自视频和语言领域的最先进技术。VideoChat 从模型角度创建了一个完整的循环，以可学习的方式集成视频和语言基础模型，并提供从数据角度学习系统所需的所有技术。如图 3.12 所示，VideoChat 作为一个端到端的以聊天为中心的视频理解系统，通过可学习的神经接口将视频基础模型与 LLM 集成在一起，在时空推理、事件定位和因果关系推断方面表现出色。

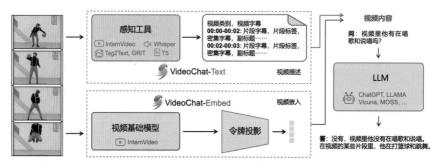

图 3.12　VideoChat 的框架

VideoChat-Text 将视频文本化为流，VideoChat-Embed 将视频编码为嵌入，两种视频内容都将输入 LLM 中进行多模态理解

VideoChat 提出了一种新的系统结构，通过可学习的神经接口将视频基础模型和 LLM 结合起来。通过在大规模视频文本数据集和自建视频指令数据集上进行两阶段轻量级训练（仅使用时空和视频语言对齐模块），VideoChat 引入了一种新颖的以视频为中心的多模态指令微调数据集，其中包括数千个视频，配以详细的文本描述和通过将密集字幕按时间顺序输入 ChatGPT 生成的对话。该数据集强调了时空对象、动作、事件和因果关系，为训练以视频为中心的多模态对话系统提供了宝贵的资源。

VideoChat 将与视频相关的任务统一形式化为多轮视频问答，其中任务由实时推理中的单词定义，在学习过程中不给出实例或仅给出少数实例。在这种形式化过程中，VideoChat 将 LLM 视为通用的视频任务解码器，将与视频相关的描述或嵌入转化为人类可理解的文本。这一过程在使用基础模型解决各种应用方面非常友好。

具体而言，VideoChat 使用视觉模型从视频中提取概念，如下式所示：

$$[\boldsymbol{E}]_i^j = f_{\text{img}}^j(\boldsymbol{I}_i) \quad \text{或} \quad \boldsymbol{E}^j = f_{\text{vid}}^j(\boldsymbol{V}) \quad \text{当} \quad \boldsymbol{V} = [\boldsymbol{I}_i]_{i=1,2,\cdots,T} \text{ 时} \tag{3.2}$$

其中，$\boldsymbol{E}$ 表示上下文的文本描述或嵌入；f_{img}^j 表示第 j 个图像模型，用于预测可读注释或视觉特征；$\boldsymbol{I}$ 和 $\boldsymbol{V}$ 分别表示图像和视频。VideoChat 根据用户的问题从 LLM 中解码预测任务，如下式所示：

$$\boldsymbol{W}_t^{\text{a}} = f_{\text{llm}}(\boldsymbol{E}|\boldsymbol{W}_{\leqslant t}^{\text{q}}, \boldsymbol{W}_{<t}^{\text{a}}) \tag{3.3}$$

其中，$\boldsymbol{W}_t^{\mathrm{a}}$ 和 $\boldsymbol{W}_{\leqslant t}^{\mathrm{q}}$ 分别表示在第 t 轮由 LLM 给出的答案和在第 t 轮之前用户提出的所有问题，f_{llm} 表示 LLM 模型。

在技术层面，一个理想的、端到端的、以聊天为中心的视频理解系统应该利用视频或视觉基础模型（编码器）将视觉序列转化为 LLM 的潜在特征，从而确保系统的整体可微分性。VideoChat 通过 VideoChat-Text 验证了 LLM 作为通用视频任务解释器的有效性。该方法通过整合各种开源视觉模型，将视频转化为文本流，以便后续的区分或推理任务使用 LLM 进行处理。虽然 VideoChat-Text 可以处理典型的时空任务，如空间和时间感知，但在理解复杂的时间推理和因果推断方面表现不足。因此，VideoChat 引入了 VideoChat-Embed，这是一个将视频和语言基础模型结合起来的多模态系统。它通过使用视频指令数据进行微调，显著提升了其在更高级的时间任务分配中的性能。

3.6.1　VideoChat-Text

VideoChat 先利用几种视觉模型，将视频中的视觉数据转化为文本格式。随后，VideoChat 创建特定的提示，在时间上将预测的文本结构化。最后，VideoChat 依靠预训练的 LLM（通过回答基于视频文本描述的问题）来处理用户指定的任务。

特别地，在给定的视频中，VideoChat 先使用 FFmpeg 从视频中以低 FPS 提取关键帧，得到 T 个视频帧和相关的音频。通过将提取的视频帧和音频输入各种模型中，VideoChat 获得动作标签、帧摘要、视频标签、综合描述、物体位置坐标、视频叙事、时间戳，以及其他与片段相关的细节。然后，VideoChat 结合时序信息将相关内容整合到字幕中，并生成带时间戳的视频文本描述。VideoChat 先将使用的视觉模型和提示框架进行概述，然后对 VideoChat-Text 进行分析。

1. 感知模型

利用视频和图像模型的组合，VideoChat 从各个方面分析视频，如动作、带有位置注释的物体等。这些模型的大部分输出都相对独立，VideoChat 利用预训练的 T5 模型[25] 来优化其描述，以提高清晰度。此外，VideoChat 将 Whisper[321] 语音识别模型整合到 VideoChat-Text 中，以充分利用视频中的音频数据，进一步增强了视频描述的丰富性。

2. 提示系统

VideoChat 的作者先使用感知模型获取视频片段的动作类别、片段/视频字幕及密集字幕和副标题，然后将它们按照模板进行组织，生成文本化的视频描述（如图 3.13 所示），作为 LLM 的输入。VideoChat 为 LLM 提供一个上下文，告诉它先通过 VideoChat 提供的格式化文本观看给定的视频，再通过结构化的视频知识与 VideoChat 进行交流。该上下文由图 3.14 所示的提示实现。

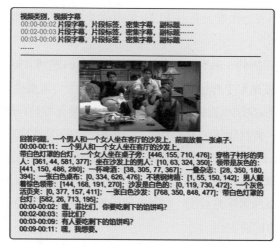

视频类别，视频字幕
00:00-00:02 片段字幕，片段标签，密集字幕，副标题……
00:02-00:03 片段字幕，片段标签，密集字幕，副标题……
00:03-00:06 片段字幕，片段标签，密集字幕，副标题……
……

回答问题，一个男人和一个女人坐在客厅的沙发上，前面放着一张桌子。
00:00-00:11：一个男人和一个女人坐在客厅的沙发上。
带白色灯罩的台灯，一个女人坐在桌子旁：[446, 155, 710, 476]；穿格子衬衫的男人：[361, 44, 581, 377]；坐在沙发上的男人：[10, 63, 324, 350]；领带是灰色的：[441, 150, 486, 280]；一杯啤酒：[38, 305, 77, 367]；一叠杂志：[28, 350, 180, 394]；一张白色桌布：[0, 334, 626, 476]；不锈钢烤箱：[1, 55, 150, 142]；男人戴着棕色领带：[144, 168, 191, 270]；沙发是白色的：[0, 119, 730, 472]；一个灰色活页夹：[0, 377, 157, 411]；一张白色沙发：[768, 350, 848, 477]；带白色灯罩的台灯：[582, 26, 713, 195]；
00:00-00:02：嘿，菲比们，你要吃剩下的馅饼吗?
00:02-00:03：菲比们?
00:03-00:09：有人要吃剩下的馅饼吗?
00:09-00:11：嘿，我想要。

图 3.13　使用感知模型的视频描述

你是一个可以根据视频上下文进行对话的聊天机器人。你主要根据给定的上下文进行回答，也可以根据标签信息修改内容，还可以根据视频中包含的人或物的相关知识进行回答。时间描述是每 1/FPS 秒一次。描述的时候，请主要参考视频文本。密集字幕每隔五秒给出一次内容，可以在时间上消除它们的歧义。你不会凭空创造一个视频情节。
开始吧!
按时间顺序排列的视频上下文：textualizing_video
问题：问题

图 3.14　系统提示

这段描述让 LLM 能够理解视频文本，并根据文档中相关的内容进行回答，避免回答与视频无关的问题

轻量级的感知模型使得 VideoChat-Text 能够以 1 FPS 的速度将视频转化为带有时间戳的文本，在使用 NVIDIA-A10 GPU 的情况下，大约 2s 就可以处理一个 10s 的视频片段。VideoChat-Text 通过 LLM 与用户进行交流。然而，用文本作为交流媒介限制了感知模型的表示能力，因为它限制了感知模型的解码器。为了向 LLM 提供更丰富的视频视觉信息，VideoChat 必须使用更先进的感知模型，这可能与 VideoChat-Text 的效率存在冲突。此外，VideoChat-Text 从主流的视觉指令微调方法[294] 中获取的潜力有限。

3.6.2　VideoChat-Embed

VideoChat-Embed 是一个端到端模型，旨在处理基于视频的对话。它采用了图 3.15（a）所示的结构，将视频和语言基础模型与附加的可学习的 Video-Language Token Interface（VLTI）相结合。该结构基于 BLIP-2[308] 和 StableVicuna，训练包括两个阶段：对齐阶段和指令调优阶段。受文献 [322-325] 的启发，为了实现更好的跨模态优化，该模型结合了语言友好的视频基础模型。考虑到视频的冗余性，VideoChat 引入了 VLTI，使用交叉注意力来压缩视频 Token。它

通过视频文本数据进行微调，以实现从视频到语言表示的对齐。最后，视频 Token、用户查询和对话上下文被输入 LLM 中进行交流。

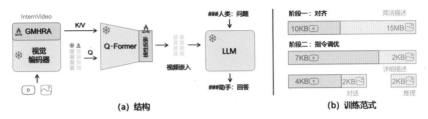

图 3.15 VideoChat-Embed 的结构和训练范式

1. 结构

VideoChat 基于 BLIP-2 和 StableVicuna 实现了 VideoChat-Embed。具体来说，VideoChat 将预训练的 ViT-G[326] 与全局多头关系聚合器（Global Multi-Head Relation Aggregator，GMHRA）相结合。GMHRA 是 InternVideo[324] 和 UniFormerV2[327] 中使用的一个时间建模模块。对于 Token 接口，VideoChat 采用预训练的 Q-Former，并通过额外的线性投影进行补充，同时添加了额外的查询 Token 来考虑视频上下文建模。这使 VideoChat 能够获得紧凑的适用于 LLM 的视频嵌入，来进行未来的对话。

在训练时，除新引入的 GMHRA、查询和线性投影外，VideoChat 冻结了大部分参数。受文献 [325] 的启发，VideoChat 引入了图像数据进行联合训练。在阶段一，VideoChat 通过大规模的视频文本微调将视频编码器与 LLM 进行对齐。在阶段二，VideoChat 使用两种类型的视频指令数据来调整系统：深入的视频描述和视频问答对。下面将描述生成指令数据的过程，并介绍两阶段训练范式的细节。

2. 指令数据

VideoChat 基于 WebVid-10M[328] 构建了一个以视频为中心的多模态指令数据集。相应的详细描述和问题回答是由 ChatGPT 基于视频文本（辅助 VideoChat-Text）生成的，其中使用了几个关于时空特征的提示。与详细的视频描述相比，VideoChat 引入了视频对话，以进一步提高视频指令数据的多样性、时态特征和因果特征。

对于详细的视频描述，VideoChat 使用 GPT-4 将提供的视频描述浓缩为一个视频叙事，通过展示视频随时间的进展突出其时序方面的特性。相关的提示可以从图 3.16 和图 3.17 中找到。第一个提示将各种预测的文本标签转化为一个连贯的、演进的故事，而第二个提示则对叙事进行精练，以提高清晰度和连贯性，并减少虚构成分。VideoChat 总共生成了来自随机选择的视频的 7,000 个描述。使用详细的视频描述的示例如图 3.18 所示。

给你一个生成 origin_caption 的视频。按时间顺序排列的视频内容是 textualizing_video 。请用顺序副词“首先”、“接下来”、“然后”和“最后”来详细描述这段视频，但不要提及具体时间。尽可能多地给出细节。把你看到的都说出来。描述应该在150字以上，200字以内。

图 3.16 详细的视频描述的提示

origin_caption 是由 VideoChat-Text 生成的

修正给定段落中的错误。删除任何重复的句子、无意义的字符、非英文句子等。删除不必要的重复。重写不完整的句子。直接返回结果，不做任何解释。如果输入的段落正确，则直接返回，不做任何解释。

图 3.17 后处理的提示，从 MiniGPT-4[39] 复制而来

###人类：<视频>video_embed</视频> 视频包含在 $t_0, t_1, \ldots, t_T$ 秒处采样的 T 帧图像。
###人类：用丰富的描述性叙事来描绘视频，捕捉它的氛围和事件。
###助手：首先，我们看到一个留着棕色长发的年轻女子背着背包站在悬崖边上看着美丽的山景。她感到敬畏，站了几秒钟。接下来，我们看到她慢慢转过身来，双臂张开着。然后，我们看到她后退了几步，仍然张开双臂面向峡谷。她似乎沉浸在这壮丽的景色中。最后，她自信地站在悬崖边上，背包还在背上，仿佛她征服了这座山。在整个视频中，我们看到了以山脉为背景的峡谷广阔无垠。有一部分天空是阴暗的，有一部分是清澈的蓝色，形成了美丽的对比。总的来说，这位年轻女子似乎对眼前的景色感到兴奋，张开双臂享受着全部美景。

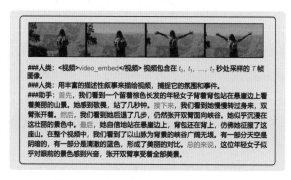

图 3.18 使用详细的视频描述的示例

3. 两阶段训练

受 MiniGPT-4[39] 和 LLaVA[294] 的启发，VideoChat 设计了一个两阶段的联合训练范式。这种方法使 VideoChat 能够从现有的图像指令数据中获益，并创建一个能够处理图像和视频的系统，同时具备空间感知和推理能力。

第一阶段：对齐。为了在收敛性和效率之间取得平衡，VideoChat 引入了 2,500 万个视觉-文本对进行微调训练。这些数据包括 1,000 万个来自 WebVid-10M 的视频-文本对，以及来自 COCO Caption[315]、Visual Genome[329]、SBU Captions[330]、CC3M[331] 和 CC12M[332] 的 1,500 万个图像-文本对。LLM 的输入提示如下所示：

“###Human: <Video>video_embed</Video> video_instruction ###Assistant:”

“###Human: <Image>image_embed</Image> image_instruction ###Assistant:”

其中，video_embed 和 image_embed 是 Token 接口的输出。同时，video_instruction 和 image_instruction 提供了从预定义指令表中随机抽样得到的简洁视频和图像描述。语言模型接收相应的视觉描述作为回答。

第二阶段：指令调优。VideoChat 自建的视频指令数据包括 7,000 个详细的视频描述和 4,000 个视频对话。为了提高空间感知和推理能力，VideoChat 还从 MiniGPT-4[39] 收集了 3,000 个详细的图像描述、2,000 个图像对话，以及来自 LLaVA[294] 的 2,000 个图像推理任务。通过收集这 18,000 个数据，VideoChat 对系统进行了 3 轮训练。需要注意的是，VideoChat 的视频数据中包含了时序推理的抽样信息："该视频包含在 $t_0, t_1, \cdots, t_T$ 秒处抽样的 T 帧图像。"

3.7　SAM

基于大规模网络数据集的预训练 LLM 正在通过强大的 Zero-shot 和 Few-shot 泛化能力彻底改变自然语言处理领域[14]。在训练过程中，这些"基础模型"[1] 可以在未见过的任务和数据分布条件下进行泛化。通常，这种能力通过提示工程来实现，其中手工制作的文本被用来提示语言模型生成针对当前任务的有效文本回复。当通过网络上丰富的文本数据库进行规模化和训练时，这些模型的 Zero-shot 和 Few-shot 性能与微调模型的性能相当出人意料[14, 21]。实证显示，这种现象随着模型规模、数据集大小和总体训练计算的增加得到改善[14, 21, 27, 333]。

基础模型在计算机视觉领域得到了一定程度的探索，最突出的例子就是基于网络的文本-图像对进行对齐操作。例如，CLIP[2] 和 ALIGN[334] 使用对比学习训练文本和图像编码器，使这两种模态相互对齐。一旦训练完成，经过精心设计的文本提示可以实现对新的视觉概念和数据分布的 Zero-shot 泛化。这种编码器还可以与其他模块有效地组合，以支持下游任务，如图像生成（例如 DALL·E[3]）。虽然在视觉和语言编码器方面取得了很大进展，但计算机视觉研究的问题远远不止这些。

SAM[139] 的目标是为图像分割构建一个基础模型。换句话说，SAM 试图开发一个可提示的模型，并在广泛的数据集上进行预训练，使之能够实现强大的泛化能力。通过这个提示模型，SAM 可以使用提示工程解决一系列新数据分布上的分割问题。这个模型的成功取决于 3 部分：任务、模型和数据。为了实现 SAM，需要回答关于图像分割的以下问题。

（1）哪个任务能够实现 Zero-shot 泛化？

（2）对应的模型结构是什么？

（3）哪些数据可以为这个任务和模型提供动力？

这些问题交织在一起，需要一个全面的解决方案。SAM 通过定义一个可提示的分割任务来解决这些问题，这个任务要足够通用，能够提供强大的预训练目标函数，并支持广泛的下游应用。这个任务还需要一个支持灵活提示的模型，在被提示时能够实时输出分割掩码，以便进行交互使用。为了训练模型，SAM 需要一个多样化的、大规模的数据集。不幸的是，目前还没有用于分割掩码的大规模网络数据集；为了解决这个问题，SAM 构建了一个数据引擎，即在数据收集过程中，反复使用高效的模型来辅助数据收集，并利用新收集的数据改进模型。

（1）**任务**。在自然语言处理和计算机视觉领域，基础模型是一个很有前途的发展方向，可以通过使用提示技术在新的数据集和任务上执行 Zero-shot 和 Few-shot 学习任务。受自然语言处理和计算机视觉领域的工作启发，SAM 提出可提示的分割任务，其目标是在给定分割提示的情况下返回一个有效的分割掩码（如图 3.19（a）所示）。SAM 将可提示的分割任务既用作预训练目标，又通过提示工程来完成通用的下游分割任务。

（2）**模型**。可提示的分割任务及实际应用目标对模型结构施加了限制。特别是，模型必须支持灵活提示，需要在成本分摊的实时情况下计算掩码，以实现交互使用，并且必须具有歧义感知能力。令人惊讶的是，SAM 的研究者发现 SAM 这样一个简单的设计能够满足所有三个限制：一个强大的图像编码器计算图像嵌入，一个提示编码器嵌入提示，然后将这两个信息源在一个轻量级的掩码解码器中进行组合，用于预测分割掩码。这个模型被称为 Segment Anything Model（SAM）（图 3.19（b））。通过将 SAM 分为图像编码器、快速提示编码器和掩码解码器，相同的图像嵌入可以在不同的提示下被重复使用（其成本分摊）。在给定图像嵌入的情况下，提示编码器和掩码解码器在 Web 浏览器中能够在 50ms 内从提示中预测出一个掩码。SAM 关注点、框和掩码提示，还展示了使用自由文本提示的初步结果。为了使 SAM 具有歧义感知能力，可以针对单个提示预测多个掩码，使 SAM 能够自然地处理歧义。

（3）**数据引擎**。为了在新的数据分布上实现强大的泛化能力，有必要在大而多样的掩码集上对 SAM 进行训练，超越任何已经存在的分割数据集。基础模型的典型方法是在线获取数据[2]，其掩码数量并不丰富，因此 SAM 需要另一种替代策略。SAM 的解决方案是构建数据引擎，即通过模型参与的数据集注释共同开发 SAM 模型（如图 3.19（c）所示）。SAM 的数据引擎有三个阶段：辅助手动、半自动和全自动。在第一阶段，SAM 辅助标注者进行掩码注释，类似于经典的交互式分割设置。在第二阶段，SAM 通过提示可能的对象位置，自动为一部分对象生成掩码，标注者则专注于注释剩余的对象，以增加掩码的多样性。在第三阶段，用前景点的常规网格提示 SAM，平均每个图像产生约 100 个高质量的掩码。

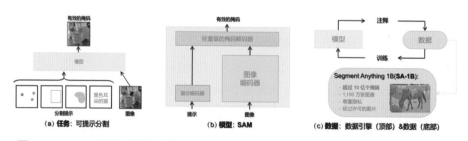

图 3.19　SAM 的目标是通过引入三个相互连接的组件来构建一个用于分割的基础模型

（4）**数据集**。SAM 的最终数据集 SA-1B 包括超过 10 亿个掩码，它们来自 1,100 万张经过隐私保护许可的图像（如图 3.20 所示）。这些掩码由 SAM 完全自动地进行注释，它们质量高且具有多样性。SAM 按照每张图像上的掩码数量对图像进行分组以进行可视化展示（平均每张图像有约 100 个掩码）。通过 SAM 的数据引擎的最后阶段完全自动地收集 SA-1B 数据集，其掩码数量比现有的分割数据集[315, 335-337] 多 400 倍。除用于训练 SAM 以增强其健壮性和泛化性外，SA-1B 有望成为一个有价值的资源库，供构建新的基础模型的研究使用。

图 3.20　SAM 新引入的数据集 SA-1B 中的示例图像

3.7.1 SAM 任务

SAM 的下一个 Token 预测任务被用于基础模型的预训练，并通过提示工程来完成不同的下游任务[14]。为了构建用于分割的基础模型，SAM 首先需要定义一个具有类似能力的任务。

（1）**任务**。SAM 先将提示的概念从自然语言处理迁移到分割领域，其中提示可以是前景/背景点集、粗略的框或掩码、自由文本，或者是提示在图像中进行分割的信息。因此，可提示的分割任务是在给定任何提示的情况下返回一个有效的分割掩码。所谓"有效"的掩码，要求即使提示模糊且可能涉及多个对象（例如，图 3.21 中衬衫与人的例子），输出也应该对其中至少一个对象生成一个合理的掩码。这个要求类似于期望语言模型对模糊的提示产生连贯的回应。SAM 选择这个任务是因为它能够得到一个自然的预训练算法，以及一个通过提示在 Zero-shot 下游分割任务中进行泛化的通用方法。

图 3.21　每一列都显示了由 SAM 从一个模糊的点提示（绿色圆圈）生成 3 个有效掩码

（2）**预训练**。可提示的分割任务提出了一个预训练算法，它模拟了每个训练样本的一系列提示（如点、框、掩码），并将模型的预测掩码与实际结果进行比较。SAM 从交互式分割中[338-339]改编了可提示的分割任务提出的预训练算法，因此与交互式分割不同。交互式分割的目标是在获得足够的用户输入后，最终预测一个有效的掩码；而 SAM 的目标是为任何提示都预测一个有效的掩码，即使提示是模糊的。这确保了预训练模型在涉及模糊性的用例中仍是有效的，包括 SAM 的数据引擎所需的自动注释。

（3）**Zero-shot 泛化**。SAM 的预训练任务赋予了模型在推断时对任何提示都做出适当响应的能力，因此下游任务可以通过适当的提示来完成。

（4）**相关任务**。分割是一个广泛的领域，包括交互式分割[339-340]、边缘检测[341]、超像素化[342]、目标候选区域生成[343]、前景分割[344]、语义分割[345]、实例分割[315]、全景分割[346] 等。这种能力是任务泛化的一种形式[347]。值得注意的是，这与之前多任务分割系统不同。在多任务分割系统中，一个单一模型执行一组固定的任务，例如联合语义分割、实例分割和全景分割，但训练和测试任务是相同的。多任务分割模型与 SAM 的重要区别在于，一个经过提示分割训练的模型可以在推断时通过作为更大系统中的一个组件来执行新的任务。

3.7.2　SAM 的视觉模型结构

SAM 有 3 个组件，如图 3.22 所示。一个重量级的图像编码器输出一个图像嵌入，可以通过各种输入提示高效地查询；对于与多个对象相对应的模糊提示，SAM 可以输出多个有效的掩码和相关的置信度分数。SAM 基于 Transformer 视觉模型，在（成本分摊的）实时性能方面进行了权衡。笔者将从宏观的角度描述这些组件。

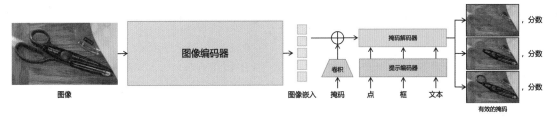

图 3.22　SAM 的 3 个组件

（1）**图像编码器**。受可扩展性和强大的预训练方法的启发，SAM 使用经过掩码自编码器[7]预训练的 ViT[11]，并进行了最小程度的适应以处理高分辨率的输入[348]。图像编码器在每张图像上都运行一次，可以在提示模型之前使用。

（2）**提示编码器**。SAM 有两组提示：稀疏提示（点、框、文本）和密集提示（掩码）。SAM提示编码包含位置编码和自由文本编码。用位置编码[349] 表示点和框，与每种提示类型的学习嵌入相加；而对于自由形式的文本，则使用 CLIP[2] 中的现成文本编码器。密集提示使用卷积进行嵌入，并与图像嵌入逐元素相加。

（3）**掩码解码器**。掩码解码器将图像嵌入、提示嵌入和输出 Token 高效地映射到一个掩码上。这个设计受文献 [350-351] 的启发，修改了 Transformer 解码器模块[48]，后跟一个动态掩码预测头。SAM 修改过的解码块在两个方向上（从提示嵌入到图像嵌入，反之亦然）分别使用提示自注意力和交叉自注意力来更新所有嵌入。经过两个 Transformer 解码器模块之后，SAM

对图像嵌入进行上采样，并使用多层感知器将输出 Token 映射到动态线性分类器，然后在每个图像位置都计算掩码前景概率。

（4）**解决模糊**。当使用一个输出时，如果给定一个模糊的提示，模型将对多个有效掩码进行平均。为了解决这个问题，SAM 修改了模型，使其可以对单个提示预测多个掩码输出（如图 3.21 所示）。SAM 发现 3 个掩码输出就可以解决大多数常见情况（嵌套掩码最多有三层：整体、部分和子部分）。在训练过程中，SAM 只在掩码上反向传播最小损失。为了对掩码进行排序，模型为每个掩码都预测了一个置信度分数。

（5）**效率**。在给定预计算的图像嵌入的情况下，提示编码器和掩码解码器在 Web 浏览器中以 CPU 方式运行，耗时约为 50ms。这种运行时性能使 SAM 可以在无缝的实时交互式提示中使用。

（6）**损失和训练**。SAM 通过在文献 [350] 中使用 Focal 损失[352] 和 Dice 损失[353] 的线性组合来监督掩码预测。SAM 通过混合几何提示来训练可提示的分割任务。根据文献 [354-355]，SAM 通过在每个掩码中随机采样 11 轮提示来模拟交互设置，这使 SAM 可以无缝地集成到数据引擎中。

3.7.3　SAM 的数据引擎

分割掩码在互联网上的数量并不丰富，因此 SAM 构建了一个数据引擎，以便收集拥有 11 亿个掩码的数据集 SA-1B。数据引擎分为模型辅助手动标注阶段、半自动阶段（混合了自动预测的掩码和模型辅助标注）、完全自动阶段（SAM 在无须标注者输入的情况下生成掩码）。笔者将逐一介绍每个阶段。

（1）**模型辅助手动标注阶段**。在这一阶段，一个专业标注团队通过使用由 SAM 支持的基于浏览器的交互式分割工具，通过单击前景/背景物体点来标注掩码。标注者可以使用像素精确的"画笔"和"橡皮擦"工具来细化掩码。SAM 辅助手动标注直接在浏览器内实时运行（使用预计算的图像嵌入），真正实现交互。SAM 没有对标注对象施加语义约束，标注者可以自由地标注"物质"和"事物"。SAM 的研究者建议标注者标注他们可以命名或描述的对象，但没有收集这些名称或描述。SAM 的研究者要求标注者按照突出性顺序标注对象。

在这个阶段，SAM 使用常见的公共分割数据集进行训练。在标注足够的数据后，SAM 仅使用新标注的掩码重新训练。随着收集的掩码增多，图像编码器从 ViT-B 扩展到 ViT-H，并且其他结构细节也得以演化；SAM 对模型进行了 6 次重新训练。随着模型的改进，每个掩码的平均标注时间从 34s 减少到 14s。SAM 的研究者注意到，这一速度比 COCO[315] 的掩码标注快 6.5 倍。随着 SAM 的改进，每张图像的平均掩码数量从 20 个增加到 44 个。总体而言，在这个阶段，SAM 从 120 万张图像中收集了 430 万个掩码。

（2）**半自动阶段**。在这个阶段，SAM 的目标是增加掩码的多样性，以提高 SAM 分割任何物体的能力。为了让标注者的注意力集中在不那么突出的对象上，SAM 先自动检测到了高置信度的掩码。然后，SAM 向标注者展示了预填充了这些掩码的图像，并要求他们标注其他未被标注的对象。为了检测高置信度的掩码，SAM 通过一个泛用的"对象"类别在第一阶段所有的掩码上训练一个边界框检测器[356]。在这个阶段，SAM 在 18 万张图像中额外收集了 590 万个掩码（总共 1,020 万个掩码）。与模型辅助手动标注阶段一样，SAM 定期对新收集的数据进行重新训练（5 次）。每个掩码的平均标注时间从 14s 回升到了 34s（不包括自动掩码），原因在于这些对象更具有挑战性。每个图像的平均掩码数量从 44 个增加到了 72 个（包括自动掩码）。

（3）**完全自动阶段**。本阶段的标注是完全自动进行的。这是由于 SAM 经历了两个重大的改进。首先，SAM 已经收集了足够多的掩码，极大地改进了模型的性能。其次，SAM 已经开发了能够处理歧义的模型，这使得在模糊情况下也能预测有效的掩码。具体来说，SAM 使用了一个 32 像素 × 32 像素的正则点网格提示模型，并为每个点预测了一组可能对应有效对象的掩码。在具备歧义感知模型的情况下，如果一个点位于部分或子部分上，则 SAM 将返回子部分、部分或整个对象。此外，SAM 只选择稳定的掩码（SAM 的开发者认为，如果将概率图阈值设置在 $0.5 - \tau$ 或 $0.5 + \tau$，则会得到相似的掩码）。最后，选择高置信度和稳定的掩码后，SAM 运用非极大值抑制来过滤重复的掩码。为了进一步提高较小掩码的质量，SAM 还裁剪了多个重叠的放大图像。SAM 将完全自动的掩码生成运用到 1,100 万张图像上，共产生了 11 亿个高质量的掩码。

3.7.4　SAM 的数据集

SAM 的数据集 SA-1B 由 1,100 万张多样、高分辨率、经过许可且保护隐私的图像及通过 SAM 数据引擎收集的 11 亿个高质量的掩码组成。SAM 将 SA-1B 与现有数据集进行比较，并分析掩码的质量和特性。

（1）**图像**。SAM 的开发者从一家与摄影师直接合作的供应商处获得了一套新的 1,100 万张图像的使用许可。这些图像都具有高分辨率，由此产生的数据规模可能会带来可访问性和存储方面的挑战。因此，SAM 的开发者发布了图像的降采样版本，将最短边设置为 1,500 像素。即使在降采样后，与许多现有的视觉数据集相比，SAM 的图像具有更高的分辨率（例如 COCO[315] 的图像分辨率约为 480 像素 × 640 像素）。

（2）**掩码**。SAM 的数据引擎生成了 11 亿个掩码，其中 99.1% 是完全自动生成的。因此，SAM 自动掩码的质量非常重要。SAM 的自动掩码都具有高质量，对于训练模型是有效的，SA-1B 仅包含自动生成的掩码。

（3）**掩码质量**。为了评估掩码质量，SAM 的开发者随机抽样了 500 张图像（约 50,000 个掩码），并要求 SAM 的标注者改善这些图像的所有掩码的质量。标注者使用"画笔"和"橡皮擦"进行操作。

（4）**掩码属性**。在图 3.23 中，SAM 的开发者绘制了 SA-1B 中物体中心的空间分布，并与最大的现有分割数据集进行了比较。所有数据集都存在摄影师偏见。与 LVIS v1[335] 和 ADE20K[337] 这两个与其分布最相似的数据集相比，SA-1B 在图像角落的覆盖范围更广，而 COCO[315] 和 Open Images V5[336] 则具有更明显的中心偏见。SA-1B 比第二大的数据集 Open Images 多了 11 倍的图像数量和 400 倍的掩码数量。SAM 掩码的凹凸性分布与其他数据集类似。

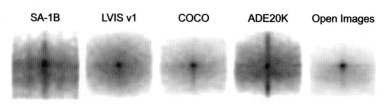

图 3.23　图像大小标准化的掩码中心分布

3.8　PaLM–E

LLM 在各个领域都展示出强大的推理能力，包括对话[19, 116]、逐步推理[83, 119]、数学问题求解[312, 357] 和代码编写[45]。然而，这类模型在现实世界中的推理存在一个限制，即 grounding[1] 问题：尽管在大规模文本数据上训练 LLM 可能会产生与现实世界相关的表示，但将这些表示与现实世界的视觉和物理传感器模态相连接是解决计算机视觉和机器人学中更广泛的基于现实世界的问题所必需的[358]。先前的工作[359] 将 LLM 的输出与学到的机器人策略和适应性函数相结合，以做出决策，但局限在 LLM 本身只提供文本输入的情况下；在许多重要的任务中，场景的几何配置是很重要的。此外，当前最先进的视觉-语言模型在典型的视觉-语言任务（如视觉问答）上进行训练，不能直接完成机器人推理任务。

LLM 已被证明可以执行复杂任务。谷歌提出了具身语言模型 PaLM-E[360]，将连续传感器模态直接融入语言模型中，从而建立单词和感知之间的联系。PaLM-E 的具身语言模型的输入是交织了视觉、连续状态估计和文本输入编码的多模态句子。PaLM-E 通过与预训练的 LLM 组合，为多个具身任务训练这些编码，包括机器人任务规划、视觉问答和字幕生成。PaLM-E 这样一个大型的具身多模态模型，可以处理各种具身推理任务，如来自多种观察模态、涵盖多个实体，而且能够展现积极的迁移效果：模型受益于跨互联网规模的语言、视觉和视觉-语言领域

---

1. grounding 试图把语言中的符号和外界的事物建立联系。

的多样化联合训练。PaLM-E-562B 是 PaLM-E 系列中最大的模型，拥有 562B 个参数，除了在机器人任务上进行训练，它还是一个视觉-语言模型，在 OK-VQA 上展现出最先进的性能，并且随着模型参数规模的增大，仍保持"通才"的语言能力。

　　PaLM-E 作为具身语言模型，直接将具身 Agent 的传感器模态的连续输入融入其中，从而使语言模型本身能够在现实世界中进行更强的推理，进行序列决策制定。诸如图像和状态估计之类的输入被嵌入与语言标记相同的潜在表示中，并采用与文本相同的方式输入 LLM 的自注意力层，如图 3.24 所示。PaLM-E 在多模态句子上运行，即将任意模态（如图像、神经网络 3D 表示或状态，用绿色和蓝色表示）的输入与文本标记（用橙色表示）一起输入端到端训练的 LLM 中。这些编码器通过端到端的训练输出自然文本形式的序列决策，这些决策可以由具身 Agent 进行解释，通过调节低级策略做出决策或者回答具体问题。PaLM-E 在各种设置下评估了 PaLM-E 的多任务训练方法，比较了不同的输入表示（如用于视觉输入的标准 ViT 编码与面向对象的 ViT 编码），在训练编码器时，冻结与微调语言模型，并探讨在多个任务上共同训练能否实现迁移学习。

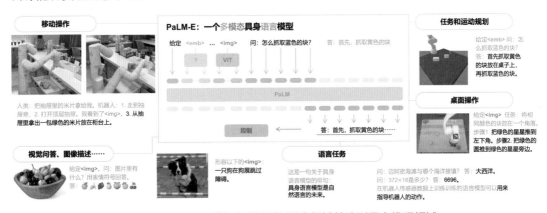

图 3.24　PaLM-E 将知识从视觉-语言领域转移到具身推理领域

　　谷歌将 PaLM-E 的参数量扩展到 562B，将拥有 540B 参数量的 PaLM 语言模型和拥有 22B 参数量的 ViT 视觉模型整合。PaLM-E-562B 在 OK-VQA 基准测试中取得了领先的性能，无须依赖任务特定的微调。尽管 PaLM-E-562B 只在单一图像示例上进行训练，但它表现出了强大的能力（如图 3.25 所示）。PaLM-E-562B 能够进行零样本多模态思维链推理，可以在给定图像的情况下讲述基于视觉的笑话，并展示了一系列与机器人相关的多模态信息能力[361]，包括感知、基于视觉的对话和规划。PaLM-E 还能够在只接收单幅图像提示的情况下，对多幅图像提示进行零样本泛化。此外，该模型还能够在图像中嵌入手写数字的文本并进行数学计算，还能够在时间标注的主体视角图像上进行零样本问答，但这些全部在一个模型中以端到端的方式实现。

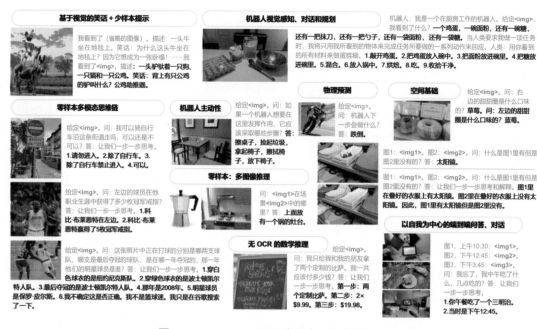

图 3.25　PaLM-E-562B 表现出了强大的能力

3.8.1　模型结构

PaLM-E 的主要设计思想是将连续的、具身的观察（如图像、状态估计或其他传感器模态）注入预训练语言模型的语言嵌入空间中。这通过将连续的观察信息编码为一个与语言 Token 的嵌入空间维度相同的向量序列来实现。因此，连续信息以类似于语言 Token 的方式注入语言模型中。PaLM-E 是一个仅包含解码器的 LLM，根据前缀或提示自回归地生成文本。之所以被称为 PaLM-E，是因为它使用 PaLM[21] 作为预训练语言模型，并使其具有具身特性。

PaLM-E 的输入由文本和（多个）连续观察组成。这些观察对应的多模态标记与文本交错排列，形成多模态句子。PaLM-E 的输出是由模型自回归生成的文本，可以是对问题的回答，也可以是由 PaLM-E 产生的一系列决策的文本形式，由机器人执行。当 PaLM-E 被赋予需要生成决策或计划的任务时，PaLM-E 的研究者假设存在一个基本策略或计划器，可以将这些决策转化为低级动作。先前的研究已经讨论了训练此类基本策略的各种方法[362-363]，PaLM-E 可以直接使用这些方法。

（1）仅包含解码器的 LLM（Decoder-only LLM）。仅包含解码器的 LLM 是生成模型，训练用于预测文本片段 $w_{1:L}$ 的概率 $p(w_{1:L})$，其中 $w_{1:L} = (w_1, w_2, \cdots, w_L)$ 表示一系列标记 $w_i \in \mathcal{W}$。典型的神经结构通过进行因式分解来实现这一点：

$$p(w_{1:L}) = \prod_{l=1}^{L} p_{\text{LM}}(w_l | w_{1:l-1}) \tag{3.4}$$

其中，p_{LM} 表示大型 Transformer 网络。

（2）**仅包含前缀解码器的 LLM（Prefix-decoder-only LLM）**。由于 LLM 是自回归的，预训练语言模型可以在不必更改结构的情况下以前缀 $w_{1:n}$ 为条件进行操作。

$$p(w_{n+1:L} | w_{1:n}) = \prod_{l=n+1}^{L} p_{\text{LM}}(w_l | w_{1:l-1}) \tag{3.5}$$

其中，前缀或提示 $w_{1:n}$ 提供了上下文。基于这个上下文，LLM 继续预测后续的标记 $w_{n+1:L}$。该标记通常用于推断以引导模型的预测。

（3）**标记嵌入空间**。标记 w_i 是固定词汇表 $\mathcal{W}$ 的元素。该词汇表是一个离散的有限集，对应自然语言中的（子）词。具体来说，LLM 通过 $\gamma: \mathcal{W} \rightarrow \mathcal{X}$ 将 w_i 嵌入一个词标记嵌入空间 $\mathcal{X} \subset \mathbb{R}^k$ 中，即 $p_{\text{LM}}(w_l | \boldsymbol{x}_{1:l-1})$，其中 $\boldsymbol{x}_i = \gamma(w_i) \in \mathbb{R}^k$。映射 γ 通常表示大小为 $k \times |\mathcal{W}|$ 的大型嵌入矩阵，并进行端到端的训练。PaLM-E 设置 $|\mathcal{W}| = 256,000$[21]。

（4）**多模态句子：注入连续观测**。图像观测这样的多模态信息可以跳过离散的标记级别，直接将连续观测映射到语言嵌入空间 $\mathcal{X}$ 中，从而注入 LLM。可以训练一个编码器 $\phi: \mathcal{O} \rightarrow \mathcal{X}^q$，将连续观测空间 $\mathcal{O}$ 映射到 $\mathcal{X}$ 中的 q 个向量中。再将这些向量与正常的嵌入文本标记交错，形成 LLM 的前缀。这意味着前缀中的每个向量 $\boldsymbol{x}_i$ 都由词标记嵌入器 γ 或编码器 ϕ_i 形成：

$$\boldsymbol{x}_i = \begin{cases} \gamma(w_i), & i \text{ 是文本 Token} \\ \phi_j(O_j)_i, & i \text{ 对应观测 } O_j \end{cases} \tag{3.6}$$

通常，将单个观测值 O_j 编码为多个嵌入向量。可以在前缀的不同位置交错使用不同的编码器 ϕ_i，以结合来自不同观测空间的信息。以这种方式将连续信息注入 LLM，会重用其现有的位置编码。与其他视觉语言模型方法（如文献 [364]）不同，观测嵌入不是在固定位置插入，而是动态地放置在周围文本中。

（5）**输出具身化：PaLM-E 在机器人控制循环中的应用**。为了将模型的输出与具身相连接，PaLM-E 可以分为以下两种情况。如果任务仅通过输出文本就可以完成，那么模型的输出直接被视为任务的解决方案。

另一种情况是，如果 PaLM-E 用于完成具身规划或控制任务，那么它会生成条件化基本命令的文本。特别地，假设可以从某个（小型）词汇表中执行基本技能的策略，并且 PaLM-E 计划的成功必须包括这些技能的序列。需要注意的是，PaLM-E 必须根据训练数据和提示自行确定可用的技能，没有其他机制用于限制或过滤其输出。尽管这些策略是以语言为条件的，但它们不能解决长期任务或接受复杂指令。因此，PaLM-E 被集成到控制循环中，其预测的决策通过机器人的基本策略执行，基于这些执行产生的新观测结果，PaLM-E 可以根据需要重新规划。从这个意义上说，PaLM-E 可以被理解为一个高级策略，用于对基本策略进行排序和控制。

3.8.2 不同传感器模态的输入与场景表示

在本节中，笔者将描述纳入 PaLM-E 中的各个模态，以及设置它们的编码器。笔者为每个编码器 $\phi: \mathcal{O} \to \mathcal{X}$ 都提出了不同的结构选择，将相应的模态映射到语言嵌入空间。PaLM-E 的研究者研究了状态估计向量、二维图像特征的视觉 Transformer（ViT）[299, 364-365]，以及三维感知的目标场景表示 Transformer（Object Scene Representation Transformer，OSRT）[366]。除了表示整个输入场景的编码器，PaLM-E 的研究者还考虑了以对象为中心的表示，把观察结果分解成代表场景中个别对象的标记。

（1）**状态估计向量**。状态估计向量，例如来自机器人或对象状态估计的向量，可能是最简单的输入 PaLM-E 的方式。设 $s \in \mathbb{R}^S$ 是描述场景中对象状态的向量。s 可以包含这些对象的姿态、大小、颜色等。$\mathrm{MLP}\phi_{\mathrm{state}}$ 将 s 映射到语言嵌入空间。

（2）**视觉 Transformer（ViT）**。ViT ϕ_{ViT}[299] 是一种将图像 I 映射为一系列标记嵌入 $\boldsymbol{x}_{1:m} = \phi_{\mathrm{ViT}}(I) \in \mathbb{R}^{m \times k}$ 的 Transformer 结构。PaLM-E 的研究者考虑了几种变体，包括文献 [364] 中提到的拥有 40 亿个参数的模型 ViT-4B，以及拥有 220 亿个参数的模型 ViT-22B[84]，它们都经过图像分类的预训练。PaLM-E 进一步研究了 ViTToken 学习器结构（ViT + TL）[365]，该结构从头开始进行训练。需要注意的是，ViT 嵌入的维度 k 不一定与语言模型的维度相同。因此，笔者将每个嵌入都投影为 $\boldsymbol{x}_i = \phi_{\mathrm{ViT}}(I)_i = \psi(\phi_{\mathrm{ViT}}(I)_i)$。其中 ψ 是一个通过学习得到的仿射变换。

（3）**以对象为中心的表示**。与语言不同，视觉输入并没有被预先结构化为有意义的实体和关系；尽管 ViT 可以捕捉语义，但表示的结构更像静态网格，而不是对象实例的集合。因此，PaLM-E 的研究者探索了结构化编码器，旨在将其注入 LLM 之前把视觉输入分成不同的对象。

（4）**对象场景表示 Transformer（OSRT）**。另一种不需要地面真值分割的替代方法是 OSRT[366]：它不依赖于对象的外部知识，而是通过体系结构中的归纳偏差在无监督方式下发现对象[367]。基于 SRT[368]，OSRT 通过一项新的视图合成任务，在领域内的数据上学习三维神经场景表示。该场景表示包括对象槽 $\boldsymbol{o}_j = \phi_{\mathrm{OSRT}}(I_{1:v})_j \in \mathbb{R}^k$，其中 v 是视图数量。将每一个槽都投影为 $\boldsymbol{x}_{1:m}^j = \psi(\phi_{\mathrm{OSRT}}(I_{1:v})_j)$，其中 ψ 是一个多层感知器。需要注意的是，单个对象始终被分解成多个表示，即 $\psi: \mathbb{R}^k \to \mathbb{R}^{m \times k}$。

（5）**实体引用**。对于具身规划任务，PaLM-E 必须能够在生成的计划中引用对象。在大多数实验条件下，场景中的对象可以通过它们的某些独特属性用自然语言进行识别。然而，也存在对象不容易用包含简短词语的语言来识别的情况，例如，如果桌子上有多个位置不同但相同颜色的方块，那么对于以对象为中心的表示，PaLM-E 将输入提示中的对象对应的多模态标记标记为：对象 1 为 <obj_1>，⋯，对象 j 为 <obj_j>。这使 PaLM-E 能够通过生成的句子中的特殊标记 obj_j 来引用对象。在这种情况下，PaLM-E 假设基本策略也对这些标记进行操作。

3.8.3 训练策略

PaLM-E 在一个数据集 $D = \{(I_{1:u_i}^i, w_{1:L_i}^i, n_i)\}_{i=1}^N$ 上进行训练，其中每个示例 i 都由 u_i 个连续观测值 I_j^i、文本 $w_{1:L_i}^i$ 和索引 n_i 组成。为了在模型内部形成多模态句子，PaLM-E 在文本中有特殊的标记，这些标记在文本中的位置会被编码器的嵌入向量替换。PaLM-E 以预训练的 8B、62B 和 540B 个参数变体的 PaLM 作为解码器模型，通过输入编码器注入连续观测。这些编码器要么是预训练的，要么是从头开始训练的。PaLM-E 将 8B LLM 与 4B ViT 的组合称为 PaLM-E-12B；类似地，将 62B LLM 与 22B ViT 的组合称为 PaLM-E-84B，将 540B LLM 与 22B ViT 的组合称为 PaLM-E-562B。

（1）**模型冻结的变体**。PaLM-E 的大多数结构包括 3 部分：编码器 ϕ、投影器 ψ 及 LLM p_{PLM}。在训练 PaLM-E 时，一种方式是更新所有这些组件的参数。LLM 在提供合适的提示时显示出令人印象深刻的推理能力，因此 PaLM-E 的研究者探究了是否可以冻结 LLM 仅训练输入编码器，以及该如何比较不同的模态编码器。在这种情况下，编码器必须产生嵌入向量，以便冻结 LLM 基于观测结果向 LLM 传播关于具身能力的信息。这样的编码训练可以理解为输入条件的软提示的一种形式[169]，与普通的软提示[80] 相关。

（2）**跨任务的共同训练**。PaLM-E 的实验研究了在各种多样化的数据上对模型进行联合训练的效果，主要包括各种大规模的视觉-语言数据。具身数据的采样频率仅占全混数据的 8.9%，并且每个具身形体有多个任务。

3.9 本章小结

本章主要介绍了几个典型的多模态基础模型，包括 CLIP、BLIP、BLIP-2、LLaMA、LLaMA-Adapter、VideoChat、SAM 和 PaLM-E。这些典型的基础模型将为接下来的多模态应用提供强大的模型支撑。

多模态大模型的应用

随着多模态大模型技术的不断发展，其在各个领域得到了广泛应用，在特定任务中表现出良好的性能，如视觉问答、AIGC 和具身智能。随着多模态大模型性能的提升，其规模也在增大，因此需要更强大的计算能力和更复杂的设计。这种需求增加了每个模型的复杂性，并且需要更多的配对数据，使模型的整合变得困难。本章将对多模态大模型的典型应用进行介绍，回顾多模态典型应用的最新趋势。另外，讨论多模态大模型应用的通用技术范式。更具体地说，笔者将介绍三个典型的多模态大模型应用：视觉问答、AIGC 和具身智能。最后，讨论一些当前存在的未解决问题和挑战，并提供未来可能的研究方向。

4.1 视觉问答

视觉问答（Visual Question Answering，VQA）[369-370] 是视觉与语言研究中的一个基础任务。视觉问答连接了计算机视觉和自然语言处理，拓展了这两个领域的边界。在最常见的视觉问答形式中，先给定一张图像和一个关于该图像的文本问题。随后，计算机必须给出正确答案并用几个词或短语呈现。问答的形式包括二元（是/否）和多项选择设置，其中会提出候选答案。视觉问答与计算机视觉中的其他任务之间的关键区别在于，在运行时并未确定要回答的问题。在传统的问题中，如分割或物体检测，算法要回答的问题是预先确定的，只有输入图像会发生变化。相比之下，在视觉问答中，问题的形式和回答所需的操作集是未知的，视觉问答任务涉及通用图像理解的挑战。特别是，视觉问答与文本问答任务相关，其中的答案必须在特定的文本叙述（阅读理解）或大型知识库（信息检索）中寻找。文本问答已经被自然语言处理领域的专家研究了很长时间，而视觉问答将其扩展到计算机视觉领域。值得注意的是，这种扩展伴随着一个重要的挑战——图像具有比纯文本更多的维度和更多的噪声。此外，图像缺乏语言结构和语法规则，并且没有像语法解析器和正则表达式匹配等自然语言处理工具那样的直接等价物。另外，图像捕捉到了现实世界更多的丰富性，而自然语言则代表了更高层次的抽象。语言包含多种形象化的表达方式，在这些表达方式中，许多样式无法用简短的句子来描述。视觉问答领域的飞速发展得益于计算机视觉和自然语言处理领域都已经成熟的技术及相关大规模数据集的可用性。因此，出现了大量关于视觉问答的文献和开创性模型。视觉问答比图像字幕生成问题复杂得多，原因在于它通常需要图像中没有的信息。这些信息可能涉及从常识到图像中特定元素的百科知识。在这个背景下，视觉问答构成了一个真正完备的 AI 任务，因为它需要跨越单一子领域的多模态知识。此外，在收集相关信息之后，视觉问答必须对信息进行推理，并进行整合得出答案。

4.1.1 视觉问答的类型

为了实现视觉问答，需要在视觉和语言之间构建强大的知识表示和推理。视觉问答已经扩展到医疗、机器人等领域。医疗视觉问答需要视觉问答模型回答与医学图像相关的问题，例如 CT 扫描结果。与机器人相关的视觉问答需要 Agent 回答当前视图中看不见的物体的问题，即 Agent 必须在回答问题之前导航到目标位置，这被称为具身视觉问答框架。

从数据角度看，可以将视觉问答问题分为基于图像的问答和基于视频的问答。

（1）**基于图像的问答**模型仅输入静态图像，尽管这些图像可能有不同的来源。广泛使用的 VQA[369] 和 VQA 2.0[371] 数据集使用来自 MS COCO[315] 的图像，这些图像涵盖丰富的上下文信息。COCO-QA[372] 和 Visual7W[373] 的图像都来自 MS COCO 数据集。GQA 数据集[374] 使用从 Visual Genome 数据集[329] 中选择的有上下文信息的图像。

其他基于图像的视觉问答数据集[375] 基于合成图像。例如，视觉问答抽象数据集基于卡通图像，CLEVR 数据集[376] 则基于不同大小、颜色和材料的三维合成图像。此外，某些基于图像的视觉问答数据集使用特定的图像来源。例如，医疗视觉问答任务[377] 的图像与医学领域有关，CT、X 射线和超声图像都是医学领域的图像。Text-VQA 数据集[378] 使用通用的自然图像，所有图像都包含丰富的文本（OCR 标记），因此模型必须识别出图像中出现的文本。具身视觉问答的输入也是图像，但这些图像是从三维合成模型中得到的。

（2）**基于视频的问答**[379-381] 旨在回答关于视频的问题，因此比图像问答更具挑战性。首先，基于视频的问答必须处理具有丰富视觉和运动上下文信息的长序列图像，而不仅仅是单个静态图像。其次，由于视频展现出时间线索，基于视频的问答需要额外的时间推理能力来回答问题。

视觉问答问题还可以根据任务设置进行分类。最常见的设置是回答一般性的视觉问题，不提供候选答案，这些问题主要涉及视觉外观，如"什么颜色""有多少""是什么"。许多数据集属于这一类，例如使用最广泛的 VQA[369] 和 VQA 2.0[371]。

此外，某些视觉问答问题只能通过常识来回答，KBVQA[382]、FVQA[383] 和 OKVQA[384] 就属于这一类。在这些任务中，尽管在测试过程中只呈现图像和问题，但视觉问答模型必须从知识库中查询相关知识来回答问题。例如，对于问题"图像中有多少只哺乳动物？"，模型必须知道哪些是哺乳动物。这种信息只能从常识知识库中获取，而不是从图像中获取。除了知识推理，还有一些视觉问答问题旨在测试视觉问答模型的组合推理能力。例如，CLEVR 数据集[376] 设计了复杂的链式和树状推理形式，并将它们转化为自然语言问题，如"有多少个圆柱体在小物体前面，并且在绿色物体的左边？"。只有具备来自空间和外观两个角度的强大视觉推理能力时模型才能回答这些问题。

具身问答[385] 代表了一个不同的任务：在三维环境中的随机位置生成一个 Agent，并被问一个问题。Agent 必须能智能地导航以探索环境，基于第一人称（自我中心）收集视觉信息，最终回答问题。

4.1.2　图像问答

基于图像的视觉问答任务仅接收图像作为输入。本节将分别描述经典的视觉问答方法、基于知识的视觉问答方法，以及视觉与语言预训练方法。在给定一张图像和相应的自然语言问题的情况下，视觉问答任务需要理解问题并在图像中找到关键的视觉元素，以预测正确的答案。本节先介绍主流的视觉问答任务数据集，如 COCO-QA、VQA-v1 和 VQA-v2。随后，详细介绍几种经典的视觉问答方法，包括联合嵌入方法、基于注意力机制的方法、记忆网络方法和组合推理方法。

1. 数据集

目前，已提出许多用于视觉问答研究的数据集。这些数据集至少包含图像、问题及其正确答案的三元组。在某些情况下，还提供额外的注释，如图像描述、支持答案的图像区域或多项选择的候选答案。数据集及其内部的问题在复杂性、推理量及推断正确答案所需的非视觉信息（如"常识"）方面差异很大。本节仅关注经典的视觉问答数据集。

不同数据集之间的第一个关键差异是其图像类型，可以大致将其分类为自然（真实）图像、卡通（剪贴画）图像和合成图像。在最初阶段广泛使用的数据集，如 DAQUAR[386]、COCO-QA[387] 和 VQA-v1-real[369]，使用自然图像。目前，使用最广泛的数据集，特别是 VQA-v2[371]，是原始 VQA-v1-real 的扩展版本，同样使用自然图像。VQA-v1-abstract[369] 及其平衡版本[375] 基于合成的卡通图像。

数据集之间的第二个关键差异是问题-答案对的格式：其中包括开放式问题与多项选择题。前者不包含任何预定义的答案集，通常适用于 DAQUAR、COCO-QA、FM-IQA[388] 和 Visual Genome[329] 等数据集。多项选择为每个问题提供了有限的一组可能答案，例如在 Visual Madlibs[389] 中使用。VQA-v1-real 和 Visual7W[373] 数据集允许在开放式或多项选择题下进行评估。这两种格式的结果不能进行比较，定量评估开放式问答格式更具挑战性。大多数研究者将 VQA-v1-real 数据集用于开放式问题答案格式，而 Visual7W 的作者则建议在多项选择格式下进行可解释的评估。

DAQUAR[386]，全称为真实世界图像问答数据集（Dataset for Question Answering on Real-World Images），是最早用于视觉问答任务的数据集。DAQUAR 基于 NYU-Depth v2 数据集构建，包含 1,449 张图像（795 张图像用于训练，654 张图像用于测试）。相应的问题-答案对是通过两种方式收集的：合成方式，根据 NYU 数据集中的注释自动按照预定义的模板生成问题-答案对；人工方式，标注者收集问题-答案对，侧重于基本颜色、数字、物体和集合。总共收集了 12,468 个问题-答案对，其中 6,794 个用于训练，5,674 个用于测试。DAQUAR 是第一个较大的视觉问答数据集，推动了早期视觉问答方法的发展。它的缺点在于答案的限制及对少数物体的强烈偏见。

COCO-QA[387] 是基于 Microsoft Common Objects in Context 数据集（COCO 数据集）构建的，包含 123,287 张图像（其中 72,783 张图像用于训练，38,948 张图像用于测试，剩余的图像用于验证）。相应的问题-答案对是以自动方式收集的，通过将图像描述转换为问题-答案的形式生成问题-答案对。COCO-QA 中的每张图像都有一个问题-答案对。COCO-QA 增加了用于视觉问答任务的训练数据量，但自动生成的问题存在较高的重复率。

FM-IQA 数据集[388]，全称为自由式多语言图像问答，也是基于 COCO 数据集构建的，包含 120,360 张图像。FM-IQA 与 COCO-QA 的最显著区别在于，FM-IQA 的问题-答案对是由标注者从 AMT 众包平台上收集的。这些标注者可以根据给定图像提出任何类型的问题，从而提高问题的多样性和质量。FM-IQA 共收集了 250,560 个问题-答案对。

VQA-v1 数据集[369] 是基于 COCO 数据集构建的使用最广泛的 VQA 数据集之一，由使用自然图像的 VQA-v1-real 和使用合成卡通图像的 VQA-v1-abstract 组成。VQA-v1-real 包含来自 COCO 数据集的 123,287 张用于训练和 81,434 张用于测试的图像。问题-答案对由标注者收集，具有高度的多样性，引入了二元（是/否）问题。VQA-v1 数据集总共收集了 614,163 个问题，每个问题由 10 名标注者回答。然而，该数据集存在较大的偏差，其中有些问题可以在没有视觉知识的情况下回答。例如，以"你是否看到……"开头的问题，如果在不看图像的情况下盲目回答"是"，则正确率为 87%。VQA-v1-abstract 数据集的目标是提高视觉问答模型的高级推理能力。VQA-v1-abstract 包含 50,000 个剪贴画图像和总共 150,000 个问题（每张图像 3 个问题），每个问题由 10 名标注者回答，收集方式与 VQA-v1-real 数据集类似。

VQA-v2 数据集是 VQA-v1-real 数据集的一个扩展版本，旨在解决原始数据集中的偏见问题。去偏的 VQA-v2 数据集是通过收集相似但答案不同的互补图像构建的。具体来说，对于每个问题，标注者收集两个相似的图像，但对应的答案不同。总的来说，VQA-v2 数据集有 204,721 张图像和 1,105,904 个问题，每个问题有 10 个答案。图像-问题对的数量是 VQA-v1-real 数据集的两倍。去偏的 VQA-v2 数据集减少了原始 VQA-v1-real 数据集中的偏见，防止视觉问答模型利用语言先验知识获得更高的评分，并有助于开发更加注重视觉内容的高度可解释的视觉问答模型。

Visual Genome QA 数据集[329] 是基于 Visual Genome 项目[329] 构建的，该项目包括以场景图的形式描述场景内容的独特结构化注释。这些场景图用属性描述了场景的视觉元素及它们之间的关系。Visual Genome 包含来自 COCO 数据集的 108,000 张图像。问题-答案对由标注者收集。该数据集包含两种类型的问题：自由格式和基于区域的格式，问题必须以 "who"、"what"、"where"、"when"、"why"、"how" 或 "which" 起始词开头。在自由格式设置中，标注者会展示一张图像，并被要求提供 8 个问题-答案对。为了鼓励多样性，标注者被要求使用三个不同的起始词。在基于区域的格式中，标注者必须提供与图像特定区域相关的问题或答案。Visual Genome 比 VQA-real[369] 的答案更具多样性。Visual Genome 数据集在视觉问答中的一个关键优势是可以利用结构化的场景注释。

Visual7W 数据集[373] 是 Visual Genome 的一个子集，包含 47,300 张图像和 327,939 个含注释的问题。这些问题在多项选择设置中进行评估，每个问题都提供 4 个候选答案，其中只有一个是正确的。此外，问题中提到的所有物体都与视觉图像中的边界框描述关联，即它们都有对应的图像区域。

2. 联合嵌入方法

多模态联合嵌入最初是为执行图像字幕生成任务提出的，并在视觉问答任务中得到广泛应用。将图像和问题投影到一个共同的空间中，使用常见的联合嵌入方法完成视觉问答任务。本节，笔者将介绍两种类型的联合嵌入模型：序列到序列编码器-解码器模型和多模态双线性池化模型。

1）序列到序列编码器-解码器模型

随着深度学习技术的发展，端到端方法已经成为解决计算机视觉和自然语言处理问题的工具。此外，多模态学习，如图像字幕生成，已经在多模态编码器-解码器结构的基础上取得了显著的效果。因此，在视觉问答方法中引入编码器-解码器结构是可行的。为了完成具有挑战性的视觉问答任务，提出了一些编码器-解码器视觉问答模型，例如神经图像问答（Neural Image QA）

模型和多模态问答（Multimodal QA，MQA）模型。

Malinowski 等人提出的神经图像问答[390] 模型基于端到端的深度学习结构，用于在一个完整的模型中回答关于现实世界图像的自然语言问题。如图 4.1 所示，在神经图像问答模型中，一个 CNN 用于提取图像特征，一个 LSTM 用于编码问题。然后，将这两个网络组合起来生成多个词的答案。在这个结构中，答案预测被形式化为生成多个词的序列生成过程：

$$\hat{a}_t = \underset{a \in \mathcal{V}}{\arg\max}\, p(a|x, q, \hat{A}_{t-1}; \theta) \tag{4.1}$$

其中，$\hat{A}_{t-1} = \{\hat{a}_1, \hat{a}_2, \cdots, \hat{a}_{t-1}\}$ 表示前一个答案单词，x 和 q 分别表示给定的图像和问题，V 表示答案词汇表，θ 表示模型中的可学习参数。给定被 GoogleNet 编码的图像 x，神经图像问答模型在 ImageNet 数据集上进行预训练，并且除最后一层外是固定的。此外，给定的问题 q 和答案单词 a 被编码为独热向量，并通过一个学习到的嵌入网络嵌入为低维向量。随后，问题 q 在答案单词 a 的基础上进行融合，即 $\hat{q} = [q, a]$。具体而言，在训练阶段，q 在已知答案单词 a 的基础上进行增强。在预测阶段，在每个时间步 t，q 会与预测的答案单词 $\hat{a}_1, \hat{a}_2, \cdots, \hat{a}_t$ 一起增强为 $\hat{q}_t$，即 $\hat{q}_t = [q, \hat{a}_1, \hat{a}_2, \cdots, \hat{a}_t]$。接下来，LSTM 单元以 v_t 作为输入，其中 v_t 是 $[x, \hat{q}_t]$ 的连接，并在每个时间步 t 预测答案单词 $\hat{a}_t$。在这个过程中，LSTM 网络将多个单词的序列预测为答案，直到预测出符号单词 <END>。

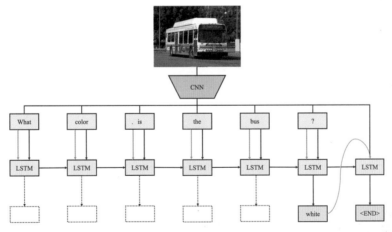

图 4.1　神经图像问答模型结构示意图

Gao 等人[388] 提出了多模态问答模型，其使用两个独立的 LSTM 网络分别处理问题和答案。神经图像问答模型的结构与多模态问答模型的不同，其先将问题串联，再与答案进行增强，并仅使用一个 LSTM。如图 4.2 所示，将图像和问题（例如，"消防栓是什么颜色的？"）输入模型。多模态问答模型经过训练，能够生成问题的答案（例如"黑黄色"）。两个 LSTM 的词嵌入层中的权重矩阵（一个用于问题，一个用于答案）是共享的。这个权重矩阵也以转置方式与 Softmax 层的权重矩阵共享。图中不同颜色代表模型的不同组成部分。多模态问答模型包括四个关键部分：一个名为 LSTM(Q) 的 LSTM 网络用于提取问题表示，一个 CNN 用于提取图像特征，一个名为 LSTM(A) 的 LSTM 网络用于提取答案单词的表示，以及一个生成答案的特征融合网络。具体而言，预训练于 ImageNet 数据集上的 GoogleNet 被用于提取图像特征，在问答训练过程中，这些特征保持不变。与神经图像问答模型的情况不同，LSTM(Q) 和 LSTM(A) 具有类似的网络结构，但它们不共享权重参数。前三个组件的特征通过最后一个特征融合组件进行融合，用于生成第 t 个单词，公式如下：

$$f(t) = g(V_{r_Q} r_Q + V_I I + V_{r_A} r_A(t) + V_\omega \omega(t)) \tag{4.2}$$

其中，"+"表示逐元素相加，r_Q 表示 LSTM(Q) 的最后一个单词的表示，I 表示图像特征，$r_A(t)$ 表示第 t 个单词的 LSTM(A) 的隐藏表示，$\omega(t)$ 表示答案中第 t 个单词的单词嵌入，V 表示可学习的权重矩阵，$g(\cdot)$ 是逐元素非线性函数。融合后，融合的多模态表示通过一个中间层映射回单词表示，接着，通过一个全连接的 Softmax 层生成答案。此外，问题和答案中相同的单词必须具有相同的含义，因此多模态问答模型采用权重共享策略，减少参数量并提高性能。特别地，LSTM(Q) 和 LSTM(A) 中的单词嵌入的权重矩阵是共享的，并且单词嵌入的权重矩阵以转置的方式与 Softmax 层共享。

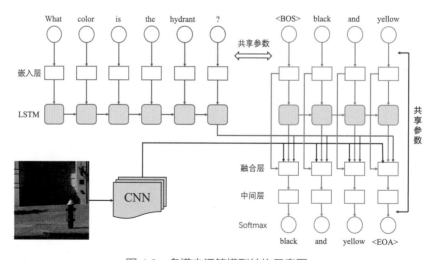

图 4.2　多模态问答模型结构示意图

最早的序列到序列编码器-解码器模型的联合嵌入视觉问答方法，可以被视为视觉问答任务的简单基准方法，但它们在一些视觉问答数据集上表现较差。实际上，这些方法过于简单，通过简单的逐元素操作来实现多模态信息的融合，无法捕捉图像和问题所蕴含的复杂信息。

2）多模态双线性池化模型

为视觉问答系统编码一个表达丰富的视觉和文本特征的联合表示是必要的，这使得学习分类器和有效实现推理变得更容易。多模态双线性池化模型被认为比简单的逐元素融合方法更具表达性。由于内存消耗大，计算成本高，原生的双线性池化模型不能直接用于视觉问答任务。例如，如果将图像和问题特征向量设置成维度为 2,048，并且包含 3,000 个答案类别，则可学习的双线性模型将具有 125 亿个参数。研究人员提出了一些多模态双线性池化模型来解决上述问题，在视觉问答任务中编码联合表示，如多模态紧凑双线性池化（Multimodal Compact Bilinear Pooling，MCB）模型和多模态低秩双线性池化（Multimodal Low-rank Bilinear Pooliing，MLB）模型。

原生的双线性池化模型以视觉特征向量 x 和文本特征向量 q 的外积作为输入，并在学习的线性模型 M 中生成一个具有大量参数的投影特征向量 z：

$$z = M[x \otimes q] \tag{4.3}$$

其中，$\otimes$ 表示外积的过程，而 $[\cdot]$ 表示将矩阵线性化为向量的过程。

为了将高维的外积投影到一个低维空间中，并间接计算外积，福井等人提出了 MCB[391]，它利用计数草图投影函数[392]，将一个向量 $v \in \mathbb{R}^n$ 投影到一个向量 $y \in \mathbb{R}^d$。这个计数草图投影的过程使用了两个向量 $s \in \{-1, 1\}^n$ 和 $h \in \{1, 2, \cdots, d\}^n$，它们从均匀分布中随机初始化，并在未来调用计数草图时固定。此外，y 被初始化为一个零向量。具体而言，s 用于将输入向量 v 的每个元素 v_i 的值映射为值 v_i 或 $-v_i$，而 h 则用于将输入向量 v 中的每个索引 i 映射为输出向量 y 中的索引 j。对于输入向量 v 中的每个元素 v_i，目标索引计算为 $j = h_i$，并且相应的值为 $y_j = s_i \cdot v_i$。通过这个过程，外积可以投影到一个更低维的空间中，从而减少了矩阵 W 中的大量参数。如图 4.3 所示，使用 Ψ，视觉向量 x 和文本向量 q 都被投影到计数草图向量 x' 和 q'。此外，为了间接且有效地计算 x 和 q 的外积，可以采用如下公式：

$$\Psi(x \otimes q, h, s) = \Psi(x, h, s) * \Psi(q, h, s) = x' * q' \tag{4.4}$$

其中，$*$ 表示卷积过程。根据卷积定理，时域中的 $x' * q'$ 的卷积可以在频域中重写为

$$x' * q' = \text{FFT}^{-1}(\text{FFT}(x') \odot \text{FFT}(q')) \tag{4.5}$$

其中，⊙ 表示逐元素乘积，FFT(·) 表示快速傅里叶变换，FFT^{-1}(·) 表示逆快速傅里叶变换。

尽管 MCB 模型的参数要比本地双线性池化模型少得多，但它仍然会生成高维特征，并且计算过程复杂。为了进一步减少参数数量，Kim 等人[393] 提出了 MLB 模型。通过双线性池化模型生成投影向量 z 的过程可以重写为 $z = x^\top W_q$，其中 W 是一个高秩权重矩阵。MLB 模型的核心思想是将大型权重矩阵 W 分解为两个小的低秩权重矩阵，即 $W = UV^\top$。在这种情况下，投影向量 z 可以表示为

$$z = P^\top(U^\top x \odot V^\top q) \tag{4.6}$$

其中，P 表示一个由 1 组成的矩阵，而 ⊙ 表示 Hadamard 乘积。

诸如 MCB 和 MLB 之类的多模态双线性池化模型在视觉问答任务中取得了显著的效果。特别是，MCB 模型在 VQA-v1-real 测试集的开放式问题上表现优异，总体得分达到 66.5%。MLB 模型取得了不错的性能（达到 66.89%），且计算参数量明显减少。多模态双线性池化模型最显著的缺点是计算成本较高。

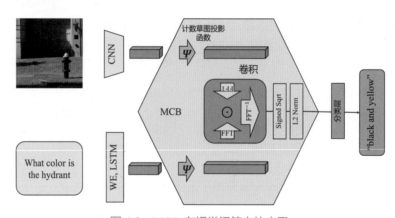

图 4.3　MCB 在视觉问答中的应用

3. 基于注意力机制的方法

注意力机制在计算机视觉和自然语言处理任务中得到了广泛且有效的应用，其是视觉问答任务中的第一选择，而且注意力机制的性能表现也很好。本节将描述两种经典的基于注意力机制的方法，如堆叠注意力网络和分层问答-图像协同注意力机制。

1）堆叠注意力网络

在视觉问答任务中，一个常见的做法是使用 CNN 提取全局图像特征，使用 RNN 提取整体性的问题特征。然而，这种简单的过程无法应对复杂的视觉问答任务，原因在于这些任务通常

需要多步细粒度的推理。全局图像特征往往会引入视觉问答模型中与问题无关的图像区域的噪声。此外，对于复杂问题，单步注意力机制不足以有效地确定正确的图像区域。因此，Yang 等人[394] 提出了堆叠注意力网络（Stacked Attention Network，SAN），基于多层注意力机制，实现视觉问答任务的多步细粒度推理，如图 4.4 所示。

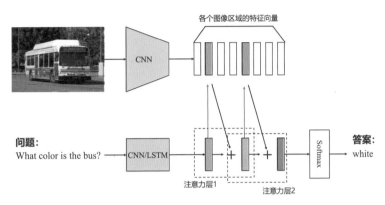

图 4.4　SAN 基于多层注意力机制，实现视觉问答任务的多步细粒度推理

SAN 包含三个主要部分：图像特征提取、问题特征提取和堆叠注意力。对于图像特征提取，SAN 使用 VGGNet 的最后一个池化层提取图像特征 f_I，该特征可以保留输入图像 I 的空间信息：

$$f_I = \text{CNN}_{\text{VGG}}(I) \tag{4.7}$$

图像特征 f_I 的维度为 $512 \times 14 \times 14$，其中 14×14 表示输入图像 I 中的区域数量。随后，所有 196 个区域中的每个特征向量 $\boldsymbol{f}_i$ 被转化为最终的图像特征 $\boldsymbol{V}_I$，其维度与问题向量 $\boldsymbol{V}_Q$ 相同：

$$\boldsymbol{V}_I = \tanh(\boldsymbol{W}_I \boldsymbol{f}_I + \boldsymbol{b}_I) \tag{4.8}$$

在给定问题词汇的 One-hot 表示 $q = [q_1, q_2, \cdots, q_T]$ 的情况下，SAN 使用两种方法提取问题特征：基于 LSTM 的方法和基于 CNN 的方法。在基于 LSTM 的方法中，问题 q 被嵌入向量中，并输入一个 LSTM 网络，其中最后一层的隐藏状态 h_T 被视为问题特征 v_Q。在基于 CNN 的方法中，SAN 先将一个 One-hot 词汇表示嵌入向量 $\boldsymbol{x} = [x_1, x_2, \cdots, x_T]$。随后，SAN 使用多个卷积核和最大池化生成基于一元语法（unigram）、二元语法（bigram）和三元语法（trigram）的文本特征 $\tilde{h}_1, \tilde{h}_2, \tilde{h}_3$，公式如下：

$$
\begin{aligned}
h_{c,t} &= \tanh(W_c x_{t:t+c-1} + b_c) \\
\tilde{h}_{c,t} &= \max_t [h_{c,1}, h_{c,2}, \cdots, h_{c,T-c+1}]
\end{aligned}
\tag{4.9}
$$

其中，$c = 1, 2, 3$ 表示不同的卷积核尺寸。接下来，这些特征被连接在一起，作为最终的问题特征 v_Q：

$$v_Q = [\tilde{h}_1, \tilde{h}_2, \tilde{h}_3] \tag{4.10}$$

利用图像特征 v_I 和问题特征 v_Q，通过使用一个 Softmax 单层网络来计算每个图像区域 v_i 的问题特征 v_Q 的注意力权重 $\boldsymbol{p}_I$，并获得关注图像特征 $\tilde{\boldsymbol{v}}_I$：

$$
\begin{aligned}
\boldsymbol{h}_A &= \tanh(\boldsymbol{W}_{I,A} v_I \oplus (\boldsymbol{W}_{Q,A} v_Q + \boldsymbol{b}_A)) \\
\boldsymbol{p}_I &= \mathrm{Softmax}(\boldsymbol{W}_P h_A + \boldsymbol{b}_P) \\
\tilde{\boldsymbol{v}}_I &= \sum_i p_i v_i
\end{aligned}
\tag{4.11}
$$

其中，$\boldsymbol{W}$ 表示可学习的权重，$\boldsymbol{b}$ 表示偏差，$\oplus$ 表示矩阵和向量相加。

然后，将 $\tilde{v}_I$ 与 v_Q 结合，作为用于多次注意力计算的查询向量 $\boldsymbol{u}$：

$$\boldsymbol{u} = \tilde{\boldsymbol{v}}_I + \boldsymbol{v}_Q \tag{4.12}$$

具体来说，SAN 使用多个注意力层，对于第 k 个注意力层，查询向量 $\boldsymbol{u}^{k-1}$ 被用来生成经过注意力机制得到的图像特征 $\tilde{\boldsymbol{v}}_I^k$。接下来，通过将 $\boldsymbol{u}^{k-1}$ 和 $\tilde{\boldsymbol{v}}_I^k$ 相加，得到一个新的查询向量 $\boldsymbol{u}^k$，这个过程会重复 K 次，直到产生最终的查询向量 $\boldsymbol{u}^K$：

$$
\begin{aligned}
\boldsymbol{h}_A^k &= \tanh(\boldsymbol{W}_{I,A}^k \boldsymbol{v}_I \oplus (\boldsymbol{W}_{Q,A}^k \boldsymbol{u}^{k-1} + \boldsymbol{b}_A^k)) \\
\boldsymbol{p}_I^k &= \mathrm{Softmax}(\boldsymbol{W}_P^k \boldsymbol{h}_A^k + \boldsymbol{b}_P^k) \\
\tilde{\boldsymbol{v}}_I^k &= \sum_i p_i^k \boldsymbol{v}_i^k \\
\boldsymbol{u}^k &= \tilde{\boldsymbol{v}}_I^k + \boldsymbol{u}^{k-1}
\end{aligned}
\tag{4.13}
$$

其中 $\boldsymbol{u}^0$ 被设置为 $\boldsymbol{v}_Q$。

最后，$\boldsymbol{u}^K$ 被用来预测答案：

$$p_{\mathrm{ans}} = \mathrm{Softmax}(\boldsymbol{W}_u \boldsymbol{u}^K + \boldsymbol{b}_u) \tag{4.14}$$

SAN 在 VQA-v1 标准测试集的总体得分为 58.9%，比最佳视觉问答基准线高出 4.8%，并在 DAQUAR 和 COCO-QA 两个视觉问答数据集上明显超越现有的最先进方法。消融研究表明，两层 SAN 的表现优于一层 SAN，这证明了使用多个注意力层的积极影响。

2）分层问答-图像协同注意力机制

现有的面向视觉问答任务的注意力方法，仅实现了以问题为导向的视觉注意力，只关注观察的位置。然而，知道在何处聆听同样重要。此外，基于图像的问题注意力可以减轻视觉问答任务中不同问题的语言噪声。考虑到这一点，Lu 等人[395] 提出了分层问答-图像协同注意力机制（HieCoAtt）来完成视觉问答任务，它可以同时实现问题引导的图像注意力机制和图像引导的问题注意力机制。

为了实现 HieCoAtt，提出了两个新的组件：问题分层和协同注意力机制。给定 T 个问题词的 One-hot 表示，$\boldsymbol{Q} = \{q_1, q_2, \cdots, q_T\}$，问题分层模块为每个位置 t 生成三层表示：单词级嵌入 q_t^w、短语级嵌入 q_t^p 和问题级嵌入 q_t^s。具体而言，将 One-hot 问题词在单词级表示中进行嵌入，得到 $\boldsymbol{Q}^{\mathrm{w}} = \{q_1^{\mathrm{w}}, q_2^{\mathrm{w}}, \cdots, q_T^{\mathrm{w}}\}$。短语级表示通过多个卷积核和最大池化来生成，类似于 SAN 中的基于 CNN 的问题特征提取。短语级表示的生成可以表示为

$$
\begin{aligned}
\hat{q}_{s,t}^{\mathrm{p}} &= \tanh(W_c^s q_{t:t+s-1}^{\mathrm{w}}), \quad s \in \{1,2,3\} \\
q_t^{\mathrm{p}} &= \max(\hat{q}_{1,t}^{\mathrm{p}}, \hat{q}_{2,t}^{\mathrm{p}}, \hat{q}_{3,t}^{\mathrm{p}}), \quad t \in \{1,2,\cdots,T\}
\end{aligned}
\tag{4.15}
$$

其中，s 表示不同的窗口大小。问题级表示 q_t^s 是时间 t 处 LSTM 网络的隐藏状态，其中将短语级表示 q_t^{p} 编码。HieCoAtt 提出了两种协同注意力机制，分别是平行协同注意力机制和交替协同注意力机制。接下来，笔者将详细介绍更具代表性的平行协同注意力机制。如图 4.5 所示，在平行协同注意力机制中，协同注意力机制同时在图像和问题之间进行。首先，给定特征映射 $\boldsymbol{V}$ 和对应的问题 $\boldsymbol{Q}$，计算相似矩阵 $\boldsymbol{C}$：

$$
\boldsymbol{C} = \tanh(\boldsymbol{Q}^\top \boldsymbol{W}_b \boldsymbol{V})
\tag{4.16}
$$

利用矩阵 $\boldsymbol{C}$，同时计算图像每个位置的注意力得分 $\boldsymbol{a}^v$ 和问题每个位置的注意力得分 $\boldsymbol{a}^q$：

$$
\begin{aligned}
\boldsymbol{H}^v &= \tanh(\boldsymbol{W}_v \boldsymbol{V} + (\boldsymbol{W}_q \boldsymbol{Q})\boldsymbol{C}), \quad \boldsymbol{H}^q = \tanh(\boldsymbol{W}_q \boldsymbol{Q} + (\boldsymbol{W}_v \boldsymbol{V})\boldsymbol{C}^\top) \\
\boldsymbol{a}^v &= \mathrm{Softmax}(\boldsymbol{w}_{hv}^\top \boldsymbol{H}^v), \quad \boldsymbol{a}^q = \mathrm{Softmax}(\boldsymbol{w}_{hq}^\top \boldsymbol{H}^q)
\end{aligned}
\tag{4.17}
$$

其中，$\boldsymbol{W}$ 和 $\boldsymbol{w}$ 表示可学习的权重矩阵和向量。经过注意力机制操作的图像特征 $\hat{v}$ 和问题特征 $\hat{q}$ 可以由下式得到

$$
\hat{v} = \sum_{n=1}^{N} a_n^v v_n, \quad \hat{q} = \sum_{t=1}^{\top} a_t^q q_t
\tag{4.18}
$$

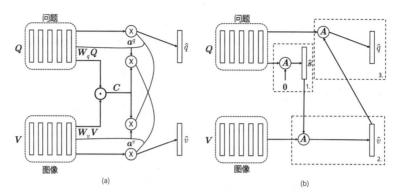

图 4.5　HieCoAtt 中平行协同注意力机制的示意图

在交替协同注意力机制中，协同注意力机制按顺序操作。具体而言，模型先在问题特征的引导下生成注意到的图像特征，然后基于注意力图像特征关注问题特征。这两种注意力机制都以一种层次化的形式实现，生成分层的注意力特征 $\hat{v}^r$ 和 $\hat{q}^r$，其中 $r \in \{w, p, s\}$。

HieCoAtt 方法在 VQA-v1 标准测试集上取得了开放性问题和多选问题分别为 62.1% 和 66.1% 的综合分数，以至少 1.7% 的优势超越了其他最先进的方法。定性结果显示，HieCoAtt 提出的协同注意力机制中的分层结构可以很好地从每个层次捕获互补信息，这有助于理解问题和图像。然而，平行协同注意力机制更难训练，而交替协同注意力机制可能会受到累积误差的影响。

4. 记忆网络方法

记忆网络在自然语言处理中已被认为是有效的问答任务工具，可以通过先前的交互来探索细粒度特征。因此，在视觉问答任务中使用这些记忆网络是自然而然的选择。本节将介绍两种经典的视觉问答记忆网络：改进的动态记忆网络和增强记忆网络。

1）改进的动态记忆网络

现有的关于动态记忆网络（Dynamic Memory Network，DMN）的研究已经展示了它们在完成自然语言处理任务，特别是问答任务方面的巨大潜力。然而，这种方法需要额外的标记来反映事实，并且很难应用于其他模态。因此，Xiong 等人[396] 提出了改进的动态记忆网络（Dynamic Memory Network+，DMN+）用于视觉问答任务，它可以直接处理图像数据。

用于问答的 DMN 包括四个主要模块：一个输入模块，用于将输入的文本数据处理为事实 F；一个问题模块，用于将问题嵌入为特征向量 q；一个情节记忆模块，用于从事实 F 中检索所需信息；一个答案模块，用于预测答案。为了适应视觉问答任务，DMN+ 对输入模块和情节记忆模块进行了修改。

在输入模块中，DMN+ 使用 VGG 网络提取 196 个局部区域特征，维度为 512，并使用线性网络将这些特征向量投影到与问题特征向量 q 相同的空间。随后，这些局部特征向量通过一个双向循环神经网络传递，生成全局感知的特征向量，称为 "facts" $\overleftrightarrow{F} = [\overleftrightarrow{f_1}, \overleftrightarrow{f_2}, \cdots, \overleftrightarrow{f_N}]$，作为情节记忆模块的输入。DMN+ 在视觉问答中的示意图如图 4.6 所示。

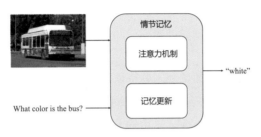

图 4.6 DMN+ 在视觉问答中的示意图

情节记忆模块从需要回答问题的事实中检索信息。具体来说，该模块包括一个用于选择相关事实的注意力机制，该注意力机制允许事实、问题和先前记忆状态之间的交互，以及一个记忆更新机制，该机制通过当前状态与检索到的事实交互生成新的记忆表示。注意力机制采用基于注意力的 GRU 网络生成上下文向量 c_t，用于更新情节记忆状态 m_t。

$$
\begin{aligned}
z_i^t &= [\overleftrightarrow{f_i} \circ q; \overleftrightarrow{f_i} \circ m^{t-1}; |\overleftrightarrow{f_i} - q|; |\overleftrightarrow{f_i} - m^{t-1}|] \\
Z_i^t &= W^{(2)}\tanh(W^{(1)}z_i^t + b^{(1)}) + b^{(2)} \\
g_i^t &= \frac{\exp(Z_i^t)}{\sum_{k=1}^{M_i} \exp(Z_k^t)} \\
h_i &= g_i^t \circ \tilde{h}_i + (1 - g_i^t) \circ h_{i-1}
\end{aligned}
\tag{4.19}
$$

其中，$\overleftrightarrow{f_i}$ 是第 i 个事实，q 是问题向量，m^{t-1} 是上一个情节记忆的状态，h 是 GRU 网络的隐藏状态，$\circ$ 表示逐元素乘积，$|\cdot|$ 表示逐元素绝对值函数，$[;]$ 表示连接。上下文向量 c_t 是 GRU 网络的最后一个隐藏状态，记忆更新由 ReLU 层实现：

$$
m^t = \text{ReLU}(W^t[m^{t-1}; c^t; q] + b)
\tag{4.20}
$$

最后，答案模块使用记忆网络的最终状态和问题向量来预测单个词或多个词的句子的输出。DMN+ 方法在 VQA-v1 标准测试集上取得了 60.4% 的综合得分，优于其他先进的方法，差距至少为 1.5%。对于所有类型的问题，DMN+ 都达到了最佳性能。

2）增强记忆网络

在视觉问答数据集中，自然语言问题-答案对的分布通常是重尾的，而视觉问答模型往往倾向于响应大部分的训练数据，忽视特定的稀有但重要的实例。一种常见的做法是将问题中的稀有词标记为未知，并在训练数据中直接排除稀有答案。此外，视觉问答模型还倾向于仅从问题-答案对中学习，而不理解视觉内容，这被称为语言偏差问题。为了解决重尾问题和语言偏差问题，Ma 等人[397] 提出了受到增强记忆神经网络和协同注意力机制启发的增强记忆网络（Memory-Augmented Network，MAN）。

MAN 利用协同注意力机制将图像和问题特征共同嵌入，然后通过后续的增强记忆网络记住训练数据中的稀有实例。MAN 包含 LSTM 内部的内部记忆和由 LSTM 控制的外部记忆，这个框架与 DMN 框架有很大的区别。MAN 由输入模块、序列协同注意力模块、记忆增强模块和答案推理模块四个部分组成。MAN 示意图如图 4.7 所示。

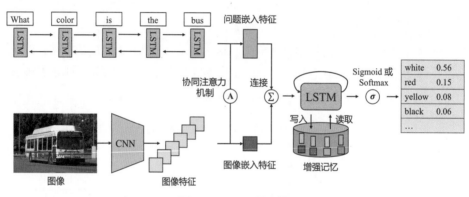

图 4.7 MAN 示意图

对于图像输入，MAN 利用预训练的 VGGNet-16 和 ResNet-101 提取图像特征 $\{v_n\}$，这些特征带有空间布局信息，它们是从最后一个池化层的输出中得到的，对应 14×14 空间分布的区域。对于问题输入，嵌入的词标记 w_t 被送入双向 LSTM 中，以生成固定长度的顺序单词向量，作为问题特征 $\{q_t\}$：

$$
\begin{aligned}
h_t^+ &= \text{LSTM}(\omega_t, h_{t-1}^+) \\
h_t^- &= \text{LSTM}(\omega_t, h_{t-1}^-) \\
q_t &= [h_t^+, h_t^-]
\end{aligned}
\tag{4.21}
$$

其中，h_t^+ 和 h_t^- 分别表示时间步 t 的前向和后向 LSTM 的隐藏状态，$[\cdot]$ 表示连接。

随后，给定图像和问题特征，采用顺序协同注意力机制，根据另一模态的特征来关注每个模态中最相关的部分。首先，将 $\boldsymbol{v}_n$ 和 $\boldsymbol{q}_t$ 相加并平均，得到特征向量 $\boldsymbol{v}_0$ 和 $\boldsymbol{q}_0$。然后，对 $\boldsymbol{v}_0$ 和 $\boldsymbol{q}_0$ 进行逐元素乘积，生成联合基准向量 $\boldsymbol{m}_0$。利用视觉特征向量 $\boldsymbol{v}_n$ 和 $\boldsymbol{m}_0$，计算软注意力权重 α_n，并使用带有 Softmax 层的两层神经网络生成受关注的视觉特征向量 $\boldsymbol{v}^*$。类似地，利用问题特征向量 $\boldsymbol{a}_t$ 和 $\boldsymbol{m}_0$，计算软注意力权重 α_t，并生成受关注的问题特征向量 $\boldsymbol{q}^*$。最后，将 $\boldsymbol{v}^*$ 和 $\boldsymbol{q}^*$ 连接，表示协同关注的图像和问题特征，即 $\boldsymbol{x}_t = [\boldsymbol{v}_t^*, \boldsymbol{q}_t^*]$。

考虑到连接后的关注视觉特征和问题特征 $\boldsymbol{x}_t$，MAN 采用增强记忆神经网络，在训练过程中增强稀有训练数据的效果。MAN 使用包括内部内存和外部内存 $\boldsymbol{M}_t$ 的 LSTM 控制器，外部内存用于读写外部信息。首先，将特征向量 $\boldsymbol{x}_t$ 传递给 LSTM 控制器，得到隐藏状态 $\boldsymbol{h}_t$，将其视为外部内存 $\boldsymbol{M}_t$ 的查询。随后，计算 $\boldsymbol{h}_t$ 与外部内存中的每个元素 $M_t(i)$ 之间的余弦距离 $D(\boldsymbol{h}_t, M_t(i))$，并将其标准化为用于读取过程的注意力权重 $w_t^r(i)$。利用这些读取权重，生成受关注的读取内存 $\boldsymbol{r}_t$：

$$\boldsymbol{h}_t = \text{LSTM}(\boldsymbol{x}_t, \boldsymbol{h}_{t-1})$$

$$D(h_t, M_t(i)) = \frac{\boldsymbol{h}_t \cdot M_t(i)}{\|\boldsymbol{h}_t\|\|M_t(i)\|}$$

$$w_t^r(i) = \text{Softmax}(D(\boldsymbol{h}_t, M_t(i)))$$

$$\boldsymbol{r}_t = \sum_i w_t^r(i)\boldsymbol{M}_t$$

(4.22)

最后，r_t 与 h_t 连接起来生成最终的特征向量 $\boldsymbol{o}_t$，作为答案分类器的输入。具体而言，答案分类器由一个带有 Softmax 函数的单层感知器组成：

$$\boldsymbol{h}_t = \tanh(b\boldsymbol{W}_o\boldsymbol{o}_t)$$

$$\boldsymbol{p}_t = \text{Softmax}(\boldsymbol{W}_h\boldsymbol{h}_t)$$

(4.23)

与主流方法 MCB 相比，MAN 方法在 VQA-v1 和 VQA-v2 测试集上表现出有竞争力的性能。在 VQA-v1 测试集上，MAN 在多项选择问题上性能略有提升，在开放式问题上性能略有下降。与仅利用 RNN 内部记忆而不是增强外部记忆的 DMN+ 相比，MAN 表现出更高的性能，差距达到 3.5%。在 VQA-v2 测试集上，MAN 的性能与 MCB 相比略微下降了约 0.2%。

5. 组合推理方法

视觉问答任务需要进行复杂的推理，而对于一个单一的整体模型来说，这是很难实现的。模块化方法是视觉问答任务中组合式推理的有效工具，它们将不同的模块连接起来，为不同的功能设计不同的网络。具体而言，模块化网络将一个问题分解为多个组件，并组装不同的网络来预测答案。在本节中，笔者主要讨论两种组合式推理模型，即神经模块网络（Neural Module Network，NMN）和动态神经模块网络（Dynamic-Neural Module Network，D-NMN）。

1）NMN

在视觉问答任务中，问题通常很复杂，需要多个处理步骤来确定正确的答案。例如，对于简单的问题"狗是什么颜色的"，视觉问答模型必须先定位狗，然后识别狗的颜色。然而，即使使用先进的深度学习方法，一个单一的最优网络也很难管理所有子任务。因此，Andreas 等人[398]提出了 NMN，通过使用复合模块化网络将问题分解为多步骤，以预测最终答案。

如图 4.8 所示，NMN 由一组模块化网络（模块）组成，这些网络由网络布局预测器组装而成。特别是对于视觉问答任务，NMN 添加了一个 LSTM 问题编码器，以提供基础的句法和语义知识。NMN 包括五个模块：查找模块（Find Module）、变换模块（Transform Module）、合并模块（Combine Module）、描述模块（Describe Module）和度量模块（Measure Module）。这五个模块用于处理三种类型的数据：图像、非归一化的注意力和标签。具体而言，如图 4.9 所示，查找模块通过卷积层（例如 find[green]）实现了对输入图像的所有区域的非归一化注意力计算。变换模块通过使用多层感知器将一个注意力细化为另一个注意力，将输入注意力移位到其他所需的区域（例如 transform[above]）。合并模块将两个注意力融合为一个注意力，例如通过 combine[and]，该模块使用带有 ReLU 的卷积层仅激活两个注意力的交叉区域。描述模块将给定的图像和注意力作为输入，并对问题（除了是/否问题）预测标签的分布，例如 describe[color]。度量模块类似于描述模块，但是它只预测是/否问题（例如 measure[is]）的标签分布。值得注意的是，这些模块是同时训练的，而不是单独训练的。

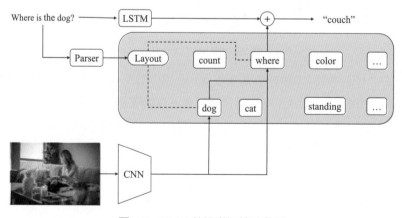

图 4.8　NMN 的视觉问答示意图

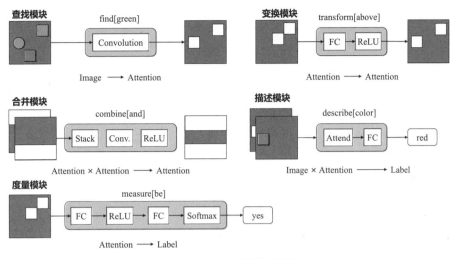

图 4.9 NMN 的模块结构

利用上述模块化网络，NMN 生成所需网络的布局，并根据给定的问题组装这些网络。具体而言，NMN 使用 Stanford 解析器 [399] 生成经过过滤的依赖表示。例如，问题 "猫是什么颜色的？" 被转换为 color(cat)。随后，使用依赖表示，按照以下规则生成布局结构（Layout）：通过查找模块实现以图像作为输入的叶节点；中间节点由变换模块或合并模块实现；根节点计算最终输出，并由描述模块或度量模块实现。生成布局结构后，问题 "猫是什么颜色的？" 被转换为 color(cat)。最后，组装的模块化网络的根表示与 LSTM 问题编码器的最后隐藏状态相加，使用全连接层和 Softmax 预测最终答案。

NMN 方法在 VQA-v1 测试集上的整体得分为 58.0%，表现优于其他最先进的方法。NMN 在涉及对象、属性或数字的问题上表现尤为出色。然而，使用更优的解析器或联合学习方法可以减少解析器错误，提升视觉问答任务的性能。

2）D-NMN

现有的 NMN 模型使用人工指定的模块结构，这些结构是通过问题的句法处理选择的。这些手写规则将依赖树转化为布局，限制了模型在每个问题中产生复杂结构的能力，不允许网络结构的大变化。为了解决更难的问题，需要增强结构化语义表示的泛化能力，Andreas 等人[400]提出了 D-NMN，它扩展了 NMN 将视觉问答任务分解为一系列模块子问题的机制。D-NMN 可以通过结构预测器从一组生成的候选项中自动学习模块布局。此外，D-NMN 还可以在处理非结构化信息（如图像）的同时，对结构化信息（如知识库）进行推理。

如图 4.10 所示，D-NMN 由两部分组成：布局模型自动根据给定的问题选择模块布局，执行模型根据布局和世界表示（图像或知识库）预测答案。给定问题 x、世界表示 w 和模型参数集合

θ，这两个模型分别计算两个分布 $p(z|x;\theta_1)$ 和 $p(y|\omega;\theta_e)$，其中 z 表示网络布局，y 表示答案。

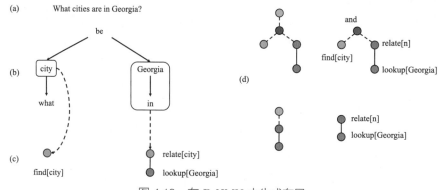

图 4.10　在 D-NMN 中生成布局

　　D-NMN 先使用固定的句法解析器（如 Stanford 解析器）生成一小组布局候选项，类似于在 NMN 中构建模块布局的过程。有了这些候选布局，D-NMN 使用带有多层感知器的神经网络对候选项进行排序。具体来说，问题 q 的 LSTM 编码表示 $h_q(x)$ 和布局 z_i 的特征向量表示 $f_z(i)$ 被传递给多层感知器的神经网络，生成布局 z_i 的分数 $s(z_i|x)$：

$$s(z_i|x) = \boldsymbol{a}^\top \sigma(Bh_q(x) + Cf(z_i) + d) \tag{4.24}$$

其中 $\boldsymbol{a}$、B、C 和 d 是可学习的参数。通过使用 Softmax 进行标准化，得到分布 $p(z_i|x,\theta_l)$，用于选择最佳的模块布局：

$$p(z_i|x,\theta_1) = \frac{\mathrm{e}^{s(z_i|x)}}{\sum_{j=1}^n \mathrm{e}^{s(z_j|x)}} \tag{4.25}$$

　　随后，根据组合模块之间的中间结果，获得答案分布 $p_z(y|\omega,\theta_e)$。D-NMN 模型主要包括查找模块、关系模块、与操作模块、描述模块和存在性预测模块。具体地，D-NMN 使用查找模块，管理专有名词并在输入特征图上产生独热注意力。查找模块的作用是管理普通名词和动词，并在输入特征图的每个位置产生一种注意力。关系模块的作用是处理介词短语，并基于一个区域到另一个区域的关系产生注意力；与操作模块的作用是产生注意力的交集并连接布局片段。描述模块的作用是根据输入的注意力预测答案。存在性预测模块的作用是根据输入的注意力预测存在性答案。此外，相同的模块共享相同的参数，并用于不同的实例。

　　此外，D-NMN 利用策略梯度方法将 z 的不可微选择转化为可微过程。因此，布局模型和执行模型可以共同训练，其中布局预测器和模块的参数同时学习。D-NMN 方法在 VQA-v1 测试集上取得了 58.0% 的总体分数，并具有很高的可解释性。然而，这些预定义模块无法扩展到不同的数据集，因此必须仔细设计 D-NMN 的子模块，并且神经模块网络的可行性仍然是一个挑战。

4.1.3　视频问答

2014 年首次提出的视频问答任务，比传统的静态图像问答任务更复杂。对于视频问答任务，数据集和模型都对研究至关重要。本节先介绍最流行的视频问答数据集，从包含物理对象的数据集到描述真实世界的数据集，然后介绍几种基于编码器-解码器框架的模型。

视频问答任务的主要目标是学习一个模型，该模型需要理解视频和问题中的语义信息，以及它们之间的语义关联，以推断给定问题的正确答案。视频问答可以分为许多子任务，包括视频定位、物体检测、特征提取、多模态融合和分类。模型 $f(v, q, a; \theta)$ 的输入定义如下：一个视频表示为 $v \in V$，一个问题表示为 $q \in Q$，由模型输出的答案表示为 $a \in A$。因此，在学习过程中的目标函数定义为

$$\min_{\theta} = L_{\theta} + \lambda\|\theta\|^2 \tag{4.26}$$

其中，θ 表示模型系数，L_{θ} 表示损失函数，λ 表示训练损失和正则化之间的权衡参数。训练模型参数 θ 来回答问题是解决视频问答任务的关键。

首先，笔者介绍最有影响力的视频问答数据集。随后，笔者介绍基于编码器-解码器框架的视频问答任务的经典模型。

1. 视频问答数据集

笔者基于问题的复杂性和所需的推理步骤，对现有的典型视频问答数据集进行分类。某些数据集中的问题仅需要单步推理，例如"什么"和"如何"的问题。某些数据集涉及更复杂的问题，如"走过门口后，他们与哪个物体互动了"这些问题需要多步推理。此外，根据视频来源，数据集可以分为电影类型、电视类型、TGIF 类型、几何类型及游戏和卡通类型。因此，在每个类别中，笔者按照视频来源的顺序介绍这些数据集。

TVQA[380] 是一个基于 6 个受欢迎的电视节目的大规模组合视频问答数据集，涵盖了医疗剧、情景喜剧和犯罪剧等类型。该数据集包含 152,545 个问题-答案对，包含 21,793 个视频剪辑，超过 460 小时的视频内容。TVQA 中的视频剪辑相对较长（60s ~ 300s），使得视频理解变得具有挑战性。除了问题-答案对，每个视频剪辑还提供了对话（角色和字幕）内容。TVQA 中的问题以组合性问题的格式出现：[What/How/Where/Why/···] 结合 [when/before/after]。第一部分提出与该相关帧有关的问题，第二部分定位视频中最相关的帧。TVQA 的一个关键特性是，该数据集提供了时间戳注释，指示了回答每个问题所需的最小时间段（上下文）。

TVQA+[401] 是 TVQA 的增强版本。虽然 TVQA 为每个问题提供了时间戳注释，但缺乏空间注释，即物体和人的边界框。TVQA+ 每隔两秒采样一帧用于空间注释，并为问题和正确答案

中提到的视觉概念添加逐帧的边界框。总体而言，TVQA+ 包含 148,468 个图像，带有 310,826 个边界框。

SVQA[402] 是一个大规模的自动生成数据集。该数据集包含 12,000 个视频和 118,680 个问题-答案对。SVQA 使用 Unity3D 生成每个视频，并附带一个 JSON 文件记录每个涉及几何体的属性和位置。SVQA 中的问题是由预定义的问题模板生成的。问题的关键属性是其极长的长度及涉及对象之间各种空间和时间关系的组合属性。SVQA 中的问题可以分解成逻辑树或链式布局，其中每个节点可以看作需要推理操作的子任务，例如筛选形状。

CLEVRER[403] 是一个用于对各种推理任务进行系统评估的诊断性视频数据集。CLEVRER 包括 20,000 个碰撞物体的合成视频，以及超过 300,000 个问题-答案对。视频是由物理引擎生成的，包括三种形状、两种材质、八种颜色和三种类型的事件：进入、离开和碰撞。CLEVRER 包含四种类型的问题：描述性问题（例如"什么颜色"）、解释性问题（例如"是什么造成的"）、预测性问题（例如"接下来会发生什么"）和假设性问题（例如"如果怎样会怎样"），其中包括 219,918 个描述性问题、33,811 个解释性问题、14,298 个预测性问题和 37,253 个假设性问题。每个问题都由一个树状的功能程序表示。

AGQA[404] 是一个用于评估组合空间时间推理能力的基准数据集。该数据集包含 390 万个平衡和 1.92 亿个不平衡的问题-答案对、9,600 个视频。视频来自 Charades，注释有两类，一类来自 Charades 的动作注释，另一类来自 Action Genome 的空间时间场景图注释，这些注释在视频中将所有物体与边界框和动作与时间戳进行了关联。问题是通过手工编写的程序生成的，这些程序在这些注释之上进行操作。此外，AGQA 还提供了三种新的时空拆分方式——新颖组合、间接引用和附加的组合步骤，用于测试模型的推理能力。AGQA 是一个极具挑战性的基准数据集，它建立在真实的视频数据源之上，并且由复杂的问题模板生成。

Traffic QA[405] 是一个诊断性基准数据集，用于评估复杂交通情境中因果推理和事件理解模型的认知能力。该数据集包含 10,080 个实景视频和 62,535 个注释的问题-答案对。Traffic QA 提出了 6 个具有挑战性的与交通相关的推理任务：基本理解、事件预测、逆向推理、假设推理、反思、归因。问题-答案对是由与上述 6 个任务相关的注释者设计的。问题的平均长度为 8.6 个单词。

Movie QA[406] 是一个从视频和文本两方面评估自动故事理解的数据集。该数据集包含与 408 部电影有关的 14,944 个问题。该数据集的一个关键特性是包含视频剪辑、情节、字幕、剧本和 DVS。此外，408 部电影中的 140 部电影（14,944 个问题-答案对中的 6,462 个）有时间戳注释，指示了问题和答案在视频中的位置。问题和答案的平均长度分别约为 9 和 5 个单词。

ActivityNet-QA[407] 是一个包含完整注释的大规模 VideoQA 数据集。该数据集包含来自 ActivityNet 数据集的 58,000 个问题-答案对，5,800 个复杂的网络视频。该数据集包含约 20,000

个未剪辑的网络视频，代表 200 种动作类别。ActivityNet-QA 包括三种类型的问题，涉及运动、空间关系和时间关系。为了避免问题-答案对的不恰当表示，问题的最大长度限制为 20 个单词，而答案的最大长度限制为 5 个单词。问题-答案对由不同的问题注释者和答案注释者设计，以确保数据集的高质量。

TGIF-QA[379] 是一个大规模数据集，包含来自 56,720 个动画 GIF 的 103,919 个问题-答案对。TGIF-QA 涉及以下四种类型的任务。

（1）重复次数，有 11 个可能的答案。

（2）重复动作，以多选题的形式呈现。每个问题有 5 个潜在答案。

（3）状态转换，查询特定状态的转换。

（4）基于视频帧的问答，可以根据视频中的某一帧回答问题。问题是根据几个手动设计的模板自动生成的。

MarioQA[408] 是一个由 Super Mario 游戏玩法视频和日志的事件合成的数据集。数据集中的每个条目由一个 240×20 的视频剪辑和一个带有答案的问题组成。该数据集共收集了来自 13 小时游戏时长的 187,757 个示例。存在 92,874 个独特的问题-答案对，每个视频剪辑平均包含 11.3 个事件。问题-答案对基于 11 个不同的事件生成：杀死、死亡、跳跃、击中、打破、出现、射击、扔、踢、持有和吃。生成的问题分为三种类型：事件中心、计数和状态问题。数据集包含具有不同时间关系的三个子集：没有时间关系的问题（NT）、具有简单时间关系的问题（ET）和具有复杂时间关系的问题（HT）。特别地，NT、ET 和 HT 分别关注整个视频中唯一事件的查询，具有时间关系的全局唯一事件，以及分散注意力的事件。值得注意的是，该数据集旨在推理视频事件之间的时间依赖性并理解时间关系。

PororoQA[409] 是基于儿童卡通系列的视频构建的数据集。该数据集包含 16,066 对 20.5 小时视频的场景-对话对，27,328 个用于场景描述的句子及 8,913 个与故事相关的问题-答案对。视频来源是儿童卡通片，因此该数据集的背景更加简单，事件更加清晰，比基于电影和电视剧构建的数据集更易于理解。该视频系列包含 171 个剧集，平均视频长度为 7.2 分钟。描述性的句子和问题-答案对是由注释者从亚马逊众包平台（Amazon Mechanical Turk，AMT）手动收集的。该数据集包含 11 种类型的问题：动作、人物、抽象、细节、方法、原因、地点、陈述、因果关系、是/否、时间。场景描述的平均长度为 13.6 个单词。

2. 视频问答任务的经典模型

视频问答任务的核心是视频时空推理，其基本流程可以描述如下。首先，将视频表示为不同层次的特征，包括物体级特征、帧级特征和剪辑级特征。对于物体级特征提取任务，大多数研究人员采用 Faster R-CNN 来检测视频中的局部区域。帧级特征是全局视觉信息的粗粒度表示，捕捉比物体级特征更多的信息，例如场景，常用的提取特征的方法包括 ResNet 和 VGGNet。剪辑级特征捕捉由多个帧传达的信息（例如动作），C3D 网络经常用于提取此类特征。其次，将文本表示为不同层次的特征，包括句子级和词级特征。用于提取词级特征的常见方法包括 Word2vec 和 GloVe，用于提取句子级特征的方法包括 skip-thought 和 BERT。在获得视觉特征和文本特征后，模型对输入特征进行视频时空推理，从而获得上下文表示。最后，将上下文表示输入生成答案的单元中，通常是一个判别式模型或多类别分类模型。视频和问题天然地呈现为序列格式，因此编码器-解码器模型在机器翻译应用中广泛使用，可以有效地实现视频时空推理。

Zhu 等人[410] 使用 GRU 学习视频的时间结构，并设计了一个双通道排名损失来回答多选问题。如图 4.11 所示，作者先训练三个编码器-解码器模型来学习输入帧的过去、现在和未来表示。在这个背景下，设计编码器-解码器模型的主要目的是重构输入帧，以确保编码器能够更好地表示帧。解码器的结构与编码器类似。随后，采用双通道排名损失计算视觉上下文表示和问题候选之间的相似性，可以表示为

$$\text{Loss} = \min_\theta \sum_{\boldsymbol{v}} \sum_{j \in K, j \neq j^i} \lambda l_{\text{word}} + (1-\lambda)l_{\text{sent}}, \lambda \in [0,1]$$
$$l_{\text{word}} = \max(0, \alpha - \boldsymbol{v}_p^\top \boldsymbol{p}_{j'} + \boldsymbol{v}_p^\top \boldsymbol{p}_j) \quad (4.27)$$
$$l_{\text{sent}} = \max(0, \beta - \boldsymbol{v}_s^\top \boldsymbol{s}_{j'} + \boldsymbol{v}_s^\top \boldsymbol{s}_j)$$

其中，$\boldsymbol{v}_p = \boldsymbol{W}_{\text{vp}}v$，$\boldsymbol{v}_s = \boldsymbol{W}_{\text{vs}}v$，$\boldsymbol{p}_j = \boldsymbol{W}_{\text{pv}}\boldsymbol{y}_j$，$\boldsymbol{s}_j = \boldsymbol{W}_{\text{sv}}\boldsymbol{z}_j$。这里，$\boldsymbol{v}$ 从编码器-解码器模型中学到视觉表征，$\boldsymbol{y}_j$ 和 $\boldsymbol{z}_j$ 是文本表示。最终的答案是具有最高相似度的候选项。其他研究者也使用 GRU 来实现视频的时间推理。在这个框架中，模型可以捕捉长时间内的视频信息。答案生成和视频表示是分别训练的，因此该模型难以推理文本和视频之间的关系。

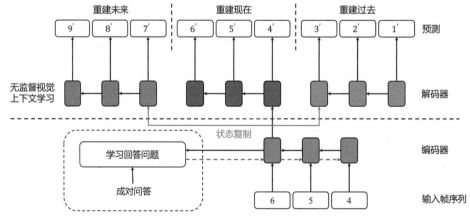

图 4.11 编码器-解码器模型（顶部）。学习回答问题（底部）

上述研究使用了基本的编码器-解码器框架，无法实现文本和视觉信息之间的推理。一些研究者在模型的编码器或解码器中添加了简单的注意力，以考察不同模态信息之间的关系。Lei 等人[380] 提出了一种多流端到端可训练的神经网络。该网络将不同的上下文源（包括区域视觉特征、视觉概念特征和字幕）及问题-答案对作为每个流的输入。视频由以下三个特征表示。

（1）区域视觉特征，即每帧中由 Faster R-CNN 检测出的前 K 个区域。

（2）视觉概念特征，即检测出的包括对象和属性的标签。

（3）ImageNet 特征，由 ResNet101 提取。

所有的时序信息，包括文本和视觉信息，都使用双向 LSTM 进行编码，其中隐藏状态被连接在一起，作为视觉和文本表示。随后，采用上下文匹配模块（上下文查询注意力层）生成视频引导的问题表示和视频引导的答案表示，并将其融合，作为答案生成层的上下文输入。在另一种方法[380] 中，多模态信息被充分利用，如图 4.12 所示，丰富了上下文表示。此外，上下文匹配单元提供了更丰富的文本和视觉信息之间的关系。

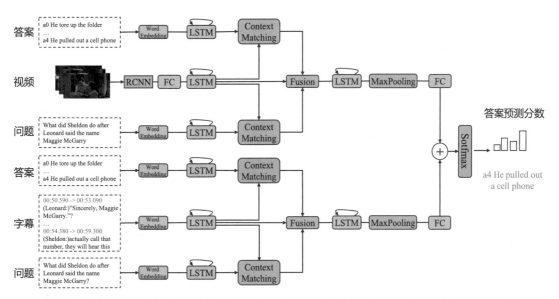

图 4.12　多模态视频问答模型。模型将不同的上下文信息源，以及问题-答案对作为每个流的输入。简洁起见，只展示区域视觉特征（上方）和字幕（下方）流

Jang 等人[379] 提出了 ST-VQA 模型，它是一种带有空间和时间注意力框架的双 LSTM 模型。如图 4.13 所示，首先，通过在 ImageNet 2012 分类数据集上预训练的 ResNet 和在 Sport1M 数据集上预训练的 C3D 提取帧级和序列级视频特征，这些特征被串联成视觉表征。问题和答案被嵌入两个序列。三个双 LSTM 被应用为独立的编码器，分别用于视觉、问题和答案表示。在

将视觉表征输入 LSTM 之前，一个注意力单元用于确定帧中哪些区域与问题和答案最相关，如图 4.14 左侧所示，该单元将编码的文本表示与视觉特征相结合。此外，如图 4.14 右侧所示，另一个注意力单元用于学习在视频中必须检查的帧，因此考虑从双 LSTM 中获得的带有编码文本表示的时序视觉隐藏状态。用于训练模型的数据集具有三种类型的答案（多选、开放式数字和开放式单词），因此所提出的模型有针对性地训练三个解码器，以生成与问题-答案对相关的视频信息上的答案。同时，使用两个注意力单元实现与问题-答案对相关的视频信息的时空推理。

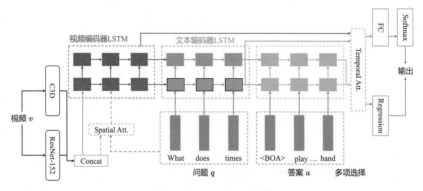

图 4.13　ST-VQA 模型

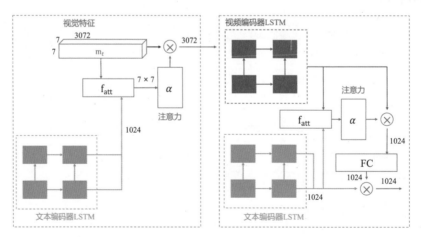

图 4.14　空间注意力（左）和时序注意力（右）

Xue 等人[411] 提出了统一注意力模型，如图 4.15所示，其包括以下三个模型。

（1）顺序视频注意力模型，如图 4.15 左上部分所示。

（2）时序问题注意力模型，如图 4.15 右上部分所示。

（3）用于答案生成的解码器，如图 4.15 底部所示。

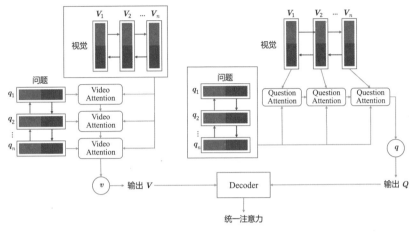

图 4.15　统一注意力模型

顺序视频注意力模型和时序问题注意力模型是双格式的。顺序视频注意力模型考虑了 LSTM 编码的视频表征和一系列问题的隐藏状态，并且最终累积的表示是这个模型的视觉编码。输出 $\boldsymbol{V} = r(\boldsymbol{T})$ 可以表示为

$$r(i) = \boldsymbol{y}_v^\top s_v(i) + \tanh(\boldsymbol{V}_{\text{rr}} r(i-1)), \quad 1 \leqslant i \leqslant T$$
$$s(i,j)_v \propto \exp(\boldsymbol{W}_{\text{cs}}^\top c(i,j)) \tag{4.28}$$
$$c(i,j) = \tanh(\boldsymbol{W}_{\text{vc}} y_v(j) + \boldsymbol{U}_{\text{qc}} y_q(i) + \boldsymbol{V}_{\text{rc}} r(i-1))$$

其中，$y_v(j)$ 是第 j 帧的特征，$y_q(i)$ 是第 i 个文本特征。时序问题注意力模型同时考虑了 LSTM 编码的问题表示与 LSTM 的一系列视频隐藏状态，并且最终的表示是这个模型的文本编码。输出 $q = w_T$ 可以表示为

$$w(j) = \boldsymbol{y}_q^\top s(j)_t + \tanh(\boldsymbol{V}_{\text{ww}} w(i-1)), \quad 1 \leqslant j \leqslant N$$
$$s(j,i)_t \propto \exp(\boldsymbol{U}_{\text{cs}}^\top c(j,i)) \tag{4.29}$$
$$c(j,i) = \tanh(\boldsymbol{W}_{\text{qc}} y_q(i) + \boldsymbol{U}_{\text{vc}} y_v(j) + \boldsymbol{V}_{\text{wc}} w(j-1))$$

接着，这两种类型的编码被融合并送入解码器，这个解码器是一个双层 LSTM，用于生成开放式回答序列。

Zhao 等人[412] 提出了一种分层时空注意力编码器-解码器学习方法，结合多步推理过程实

现开放式视频问答。如图 4.16 所示，首先，他们开发了一个多步时空注意力编码器网络，用于学习视频和问题的上下文表示。类似于前面介绍的模型，在每一步中，该模型先使用空间注意力模型定位每帧中与问题关联的目标区域。对于第 j 帧中的第 i 个对象，空间注意力分数 $s_{ji}^{(s)}$ 定义如下：

$$s_{ji}^{(s)} = \boldsymbol{w}^{(s)}\tanh(\boldsymbol{W}_{qs}\boldsymbol{q} + \boldsymbol{W}_{fs}\boldsymbol{f}_{ji} + \boldsymbol{b}_s) \tag{4.30}$$

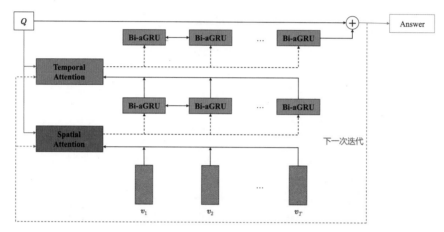

图 4.16　利用分层时空注意力的编码器-解码器学习方法进行开放式视频问题答案的概览图

接着，通过以下方式表示经过空间注意力的帧表示：

$$\boldsymbol{v}_j^{(s)} = \sum_i \alpha_{ji}\boldsymbol{f}_{ji}$$

$$\alpha_{ji} = \frac{\exp(s_{ji}^{(s)})}{\sum_i \exp(s_{ji}^{(s)})} \tag{4.31}$$

在存在冗余和多个帧的情况下，定位相关的视频帧非常重要，而时域注意力模型会在视频上运作，从而定位视频中的目标帧。第 t 个隐藏状态的相关分数表达为

$$s_j^{(t)} = \boldsymbol{w}^{(t)}\tanh(\boldsymbol{W}_{qt}\boldsymbol{q} + \boldsymbol{W}_{ht}\boldsymbol{h}_j^{(s)} + \boldsymbol{b}_t) \tag{4.32}$$

随后，自适应门限循环单元（aGRU）通过以下方式更新当前的隐藏状态：

$$\boldsymbol{h}_j^{(t)} = \beta_j \odot \tilde{\boldsymbol{h}}_j^{(t)} + (1 - \beta_j) \odot \tilde{\boldsymbol{h}}_{j-1}^{(t)}$$

$$\beta_j = \frac{\exp(s_j^{(t)})}{\sum_j \exp(s_j^{(t)})} \tag{4.33}$$

有关视频帧的相关信息被嵌入隐藏状态中，按照上述过程进行递归更新以学习更好的视觉和文本表示。

Zhao 等人[413] 提出了一种自适应分层强化编码器-解码器网络，以解决长视频问答问题。自适应循环神经网络通过二进制门函数对使用 ConvNet 提取的帧级特征进行分段，并决定在时刻 t 的隐藏状态和记忆单元是否需要传递到下一个时刻 $t+1$。二进制门函数在编码过程中对帧特征进行分割，计算 γ_t 以确定时间戳 t 处的隐藏状态与时间戳 $t+1$ 处的视觉表征之间的相似性。给定具有二进制门值 $\{\gamma_1, \gamma_2, \cdots, \gamma_N\}$ 的语义表示 $\{h_1, h_2, \cdots, h_N\}$，学习联合问题关注的视频段表示，然后将其输入段级 LSTM 网络以生成语义表示，表示为 $\{h_1^s, h_2^s, \cdots, h_K^s\}$。解码器被设计为一个增强型神经网络，并根据语义和问题表示之间的相似性生成开放式答案。主要贡献包括开发自适应分层编码器以学习段级问题感知的视频表示，并制定增强型解码器以生成答案，如图 4.17 所示。

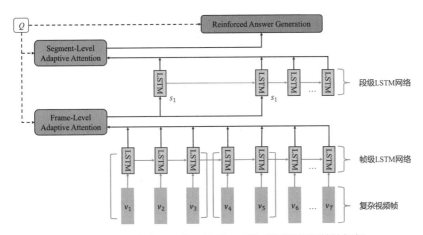

图 4.17　自适应分层强化网络用于开放式长视频问答的框架

3. 因果干预实现鲁棒可信的事件级问答推理

跨模态事件级问答推理建立在基于视频的事件理解基础上，要求推理模型同时具备多模态视觉语义理解、时空表征学习、自然语言理解与生成和因果关系发现的能力，实现对真实事件的深度理解，达到人机协同的自然交互。

首先，现有的问答方法通常关注相对简单的事件，例如电影、TV-show 或合成视频，在这些视频类型中，对时域理解和因果发现的要求可能并没有那么高。现有的问答方法忽略了更复杂且更具挑战性的事件。给定一个视频和一个相关问题，对于人类来说，一个典型的推理过程是先记住每个视频帧出现的相关目标和它们之间的交互关系（例如，车在路上行驶、人骑摩托车穿过马路），然后根据这些记忆推断出对应的答案。然而，图 4.18 中的事件级反事实视觉问答推理任务需要得到特定假设条件下给定视频没有发生的事件对应的结果（例如，人没有骑摩托车穿过马路）。如果仅简单地将这些相关的视觉内容关联起来，忽略其中隐含的时空和因果关系，则可能得不到正确的推理结果。为了准确地在反事实条件下推理得到设想事件的答案，需要模型同时拥有层次化的关系推理能力和充分挖掘视觉语言内容包含的因果、逻辑和时空动态结构的能力。

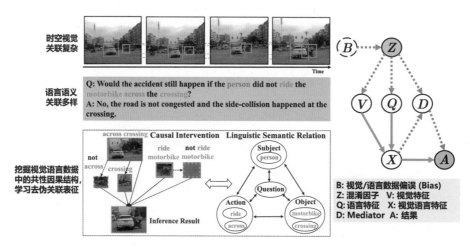

图 4.18　事件级反事实视觉问答推理任务示例

　　其次，现有的跨模态问答推理方法通常捕捉的是混淆因子带来的浅层的语言或视觉关联，而不是真正的因果结构和因果驱动的跨模态表征，这会导致不鲁棒且不可信的推理过程，无法捕捉视频中跨事件的时间性、因果性和动态性，图 4.19(a) 为训练集，其中包含视觉和语言偏误，Person 和 Motorbike 这两个概念出现的频次很高；图 4.19(b) 为结构因果图模型（Structured Causal Model），展示了混淆因子（Confounders）是如何给事件级问答推理任务带来浅层关联（Spurious Correlation）的，绿色路径表示无偏误的问答推理过程（包含真正的因果关系），红色路径表示混淆因子导致的有偏误的问答推理过程；图 4.19(c) 为当测试集出现一些与 vehicle 和 accident 高度相关的样本时，模型可能不会利用真正的问题语义和显著的视觉线索来推理正确答案。图灵奖得主 Judea Pearl 提出因果学习的三个层次（关联、干预和反事实），并指出现有的基于深度学习的大数据模型倾向于基于关联性刻画数据背后的信息，学到的只是低层次的关联关系，这种建模方式难以得到数据背后的因果关系，其可解释性和鲁棒性在复杂应用场景下无法得到保证。

为了实现上述两个目标，中山大学人机物智能融合实验室提出了一个跨模态因果关系推理的框架（Cross Model Causal Relational Reasoning，CMCIR）[414]。具体而言，基于因果关系图对问答推理过程进行建模，如图 4.20 所示，并引入一系列因果干预操作，来发现视觉和语言模态之间的潜在因果结构。CMCIR 包括以下三个模块。

（1）因果感知的视觉-语言推理模块，通过因果前门和因果后门干预的协同来减弱视觉和语言的虚假相关性。

（2）时空 Transformer 模块，用于捕捉视觉和语言语义之间的细粒度交互。

（3）视觉-语言特征融合模块，自适应地学习全局语义感知的视觉-语言表征。

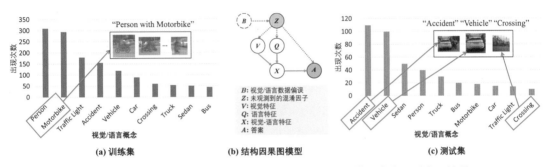

图 4.19 示例：为何缺乏因果推理的跨模态问答推理模型会学习到浅层关联

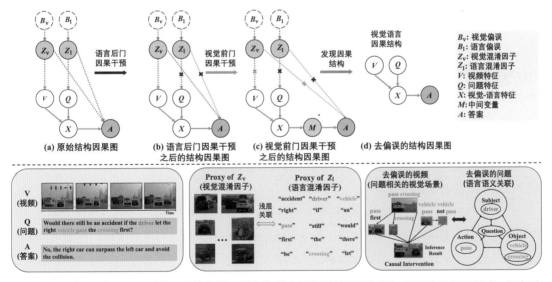

图 4.20 视觉-语言因果干预的因果结构图。绿色路径表示无偏的视觉问答，即真实的因果效应。红色路径表示由混淆因子引起的有偏视觉问答，也被称为后门路径。图的下半部分通过视觉-语言因果干预对一个真实的 VideoQA 样本进行直观解释

CMCIR 在四个事件级问答推理数据集 SUTD-TrafficQA、TGIF-QA、MSVD-QA 和 MSRVTT-QA 上进行了大量的实验，证明了 CMCIR 方法在发现视觉-语言因果结构和实现鲁棒问答推理方面的优越性。该工作首次在事件级问答推理任务中探索了跨模态因果关系发现的可能性，在结构因果图（Structural Causal Model，SCM）的视角下，创新性地引入了视觉前门因果干预和语言后门因果干预模型，以增强事件级问答推理模型的鲁棒性和可信性。该研究的重要意义在于为未来探索如何利用因果范式提升多模态大模型的鲁棒性、可解释性和可信性提供了思路和启发。CMCIR 模型已经集成到多模态因果开源框架 CausalVLR，笔者会在 5.2.5 节介绍该框架。

4.1.4 未来研究方向

（1）**可解释问答**：现有的视觉问答模型通常以一种黑盒的方式运行，人们不清楚这些模型为什么做出预测，或者它们的决策基于哪些因素。这种黑盒方法的性能在达到预期值之前往往趋于平稳。为了推动问答领域的发展，需要理解这些模型的工作原理及动机。虽然注意力机制在这个方向上具有潜力，但它只是在图像（或问题）上可视化一个注意力映射（类似于热图），以突出对回答该问题重要的部分，没有清晰的推理链显示模型如何以及为什么获得答案。一个可信赖且可解释的视觉问答系统必须能够收集相关信息并将其相关联，以回答问题并提供可信的解释。为此，机器必须充分理解并关联图像、问题和知识，并对这个推理链进行推理。

（2）**消除偏误**：偏误不仅存在于收集的数据集中，也存在于现实世界的场景中。例如，我们看到更多的红苹果而不是绿苹果；我们骑自行车而不是推自行车。因此，当图像中出现绿苹果或一个人推着自行车时，大多数现有的模型在查询苹果的颜色或人所进行的活动时，可能会回答红色或骑行，这是因存在"偏误"。为了消除这种"偏误"，有两种可能的解决方案：在所有情境中包含大致相同数量的数据或增强模型的推理能力（使模型意识到它们为什么会提出某种预测）。还有另一个问题，即从数据集中捕获的某些"偏误"可能代表了现实世界中的自然规律，即常识知识。这种偏误对模型没有害处。事实上，模型可能会从中受益。例如，"狗"是一种"动物"，"橙子"的颜色通常是"橙色"。因此，过滤和消除语言和视觉模态中的真正负面偏误仍然是一项具有挑战性的任务。

（3）**其他应用**：现有的视觉问答任务只涵盖了一部分现实世界场景。很多领域尚未触及，例如教育场景的视觉问答，驾驶、飞行、潜水场景的视觉问答。随着场景的变化，模型通常会面临各种挑战。未来的工作可以集中在将现有的视觉问答技术应用于更多的应用领域，以改善人们的生活。视觉问答已经应用在许多领域，例如医疗视觉问答，以解答医疗从业者和患者提出的问题。此外，视觉问答已经应用于机器人领域，例如虚拟机器人以具身视觉问答的形式，在模拟环境中回答问题。笔者相信，视觉问答可以在不同设置下融入更多应用。

4.2　AIGC

随着 ChatGPT 迅速走红，AIGC[415] 因其分析和创作文本、图像等能力成为头条新闻。AIGC 旨在生成高保真度的视觉内容，包括图像、视频、神经辐射场、3D 点云等。AIGC 对创意应用（如设计、艺术）和多模态内容创作至关重要。它还在合成训练数据方面发挥了重要作用，有助于理解模型，从而实现多模态内容理解和生成的封闭循环。要利用 AIGC，关键是生成与人类意图严格对齐的视觉数据。这些意图作为输入条件被馈送到生成模型中，如类别标签、文本、边界框、布局掩码等。鉴于开放式文本描述所提供的灵活性，文本条件（包括文本到图像、视频、3D 的转换）已成为有条件的视觉生成中的一个关键主题，AIGC 的基础技术、任务和工业应用框架，如图 4.21 所示。

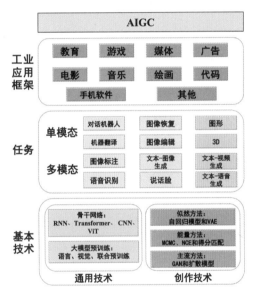

图 4.21　AIGC 的基础技术、任务和工业应用框架

值得注意的是，ChatGPT 作为最新的大语言模型之一，只是众多 AIGC 任务中的一个工具。许多人对 ChatGPT 的局限性产生疑问：GPT-5（或其他未来的 GPT 变体）能否帮助 ChatGPT 统一所有 AIGC 任务，实现多样化的内容创作？为了回答这个问题，需要对现有的 AIGC 任务进行全面的审视。此外，跨模态的 AIGC 方法研究也取得了重要的进展，生成方法可以接收一种模态的输入条件并在另一种模态下生成输出，这些模态可以是图像、视频、3D 形状、3D 场景、3D 人物头像、3D 运动，以及音频模态等。AIGC 依赖多种基础技术，包括自监督预训练和生成模型方法（如 GAN 和扩散模型）。笔者将重点介绍基于不同输出模态的 AIGC

任务的技术发展，包括文本、图像、视频、3D 内容等，展示 AIGC 未来的潜力。笔者将全面审视不同数据模态下的 AIGC 方法，包括单模态和多模态方法，突出每种情境中的代表性作品、技术方向及挑战。最后，展望 AIGC 在将来可能的发展方向。

4.2.1　GAN 和扩散模型

当提到深度生成模型时，你首先想到的是什么？虽然答案取决于你的技术背景，但 GAN 绝对是最常被提到的模型之一。GAN[416] 最早由 Ian J. Goodfellow 及其团队于 2014 年提出，并在 2016 年被 Yann LeCun 评为"过去 10 年中最有趣的机器学习想法"。作为生成高质量图像的开创性工作，GAN 被认为是最主流的图像合成任务标准模型。然而，这种长期的主导地位受到名为扩散模型[417] 的新型深度生成模型家族的挑战。扩散模型的压倒性成功始于图像合成，扩展到其他模态，如视频、音频、文本、图形等。考虑到它们在生成式 AI 发展中的影响，笔者在介绍其他深度生成模型之前先介绍 GAN 和扩散模型。

1. GAN

GAN 的结构如图 4.22 所示。GAN 有两个网络组件，分别是判别器（$\mathcal{D}$）和生成器（$\mathcal{G}$）。$\mathcal{D}$ 区分真实图像和 $\mathcal{G}$ 生成的图像，而 $\mathcal{G}$ 旨在欺骗 $\mathcal{D}$。给定潜在变量 $z \sim p_z$，$\mathcal{G}$ 的输出为 $\mathcal{G}(z)$，构成概率分布 p_g。GAN 的目标是使 p_g 近似于观察数据分布 p_{data}。这一目标通过对抗学习实现，可以解释为一个极小极大博弈[375]：

$$\min_G \max_D \mathbb{E}_{\boldsymbol{x} \sim p_{\text{data}}} \log[D(\boldsymbol{x})] + \mathbb{E}_{\boldsymbol{z} \sim p_{\boldsymbol{z}}} \log[1 - D(G(\boldsymbol{z}))] \tag{4.34}$$

其中，$\mathcal{D}$ 被训练以最大化将正确标签分配给真实图像和生成图像的概率，并被用来引导 $\mathcal{G}$ 的优化，以便生成更多真实图像。GAN 具有潜在的训练不稳定和生成图像多样性较低的弱点，这是由它们的对抗性训练特性所致。GAN 与自回归模型的基本区别在于，GAN 学习隐式数据分布，而后者学习由模型结构强加的先验控制的显式分布。

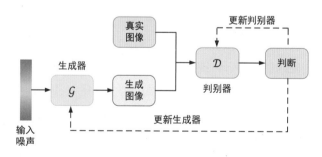

图 4.22　GAN 的结构图

2. 扩散模型

在过去几年中，扩散模型（Diffusion Model）得到了广泛使用，它是一种特殊形式的变分自编码器，已经出现了爆炸式增长[418-420]。扩散模型（结构如图 4.23 所示）也被称为去噪扩散概率模型（Denoising Diffusion Probabilistic Model，DDPM）或基于分数的生成模型，它们可以生成与训练数据类似的新数据[417]。受非平衡热力学的启发，DDPM 可以被定义为参数化的马尔可夫链，通过扩散步骤逐渐向训练数据添加随机噪声，并学习逆转扩散过程，利用纯噪声构造所需的数据样本。

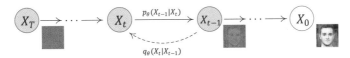

图 4.23　扩散模型的结构图

在正向扩散过程中，DDPM 通过连续添加高斯噪声逐渐破坏训练数据。假设数据分布为 $\boldsymbol{x}_0 \sim q(\boldsymbol{x}_0)$，DDPM 通过逐渐扰动输入数据将训练数据映射到噪声，该过程可以通过一个简单的随机过程实现，该过程从数据样本开始，迭代地生成更嘈杂的样本 $\boldsymbol{x}_T$，其中 $q(\boldsymbol{x}_t|\boldsymbol{x}_{t-1})$ 使用简单的高斯扩散核：

$$q(\boldsymbol{x}_{1:T}|\boldsymbol{x}_0) := \prod_{t=1}^{T} q(\boldsymbol{x}_t|\boldsymbol{x}_{t-1})$$

$$q(\boldsymbol{x}_t|\boldsymbol{x}_{t-1}) := \mathcal{N}(\boldsymbol{x}_t; \sqrt{1-\beta_t}\boldsymbol{x}_{t-1}, \beta_t I) \tag{4.35}$$

其中，T 和 β_t 分别是扩散步骤和超参数。简单起见，笔者仅讨论高斯噪声作为转换核的情况，用式中的 $\mathcal{N}$ 表示。通过 $\alpha_t := 1 - \beta_t$ 和 $\bar{\alpha}_t := \prod_{s=0}^{t} \alpha_s$，笔者可以在任意步骤 t 得到如下噪声图像：

$$q(\boldsymbol{x}_t|\boldsymbol{x}_0) := \mathcal{N}(\boldsymbol{x}_t; \sqrt{\bar{\alpha}_t}\boldsymbol{x}_0, (1-\bar{\alpha}_t)\boldsymbol{I}) \tag{4.36}$$

在反向去噪过程中，DDPM 通过反转加噪过程学习恢复数据，即通过执行迭代去噪来撤销正向扩散。这个过程代表了数据合成，DDPM 被训练成通过将随机噪声转化为真实数据来生成数据。它也可以形式化地定义为一个随机过程，该过程从 $P_\theta(T)$ 开始迭代地对输入数据去噪，并生成可以遵循真实数据分布 $P_\theta(x_0)$ 的 $q(x_0)$。因此，该模型的优化目标如下：

$$E_{t\sim\mathcal{U}(1,T),\boldsymbol{x}_0\sim q(\boldsymbol{x}_0),\epsilon\sim\mathcal{N}(\boldsymbol{0},\boldsymbol{I})}\lambda(t)\|\epsilon - \epsilon_\theta(\boldsymbol{x}_t,t)\|^2 \tag{4.37}$$

DDPM 的正向和反向过程通常使用成千上万的步骤逐渐注入噪声，在生成过程中去噪。

4.2.2　文本生成

自然语言处理研究自然语言的两个基本任务：理解和生成。这两个任务并不是完全独立的，生成适当的文本通常取决于对一些文本输入的理解。例如，语言模型经常将一系列文本转换为另一系列文本，这构成了文本生成的核心任务，包括机器翻译、文本摘要和对话系统。除此之外，文本生成在两个方向上不断发展：可控性和多模态。

1. 文本到文本

1）对话机器人

对话系统（聊天机器人）的主要任务是在人类和机器之间提供更好的交流[421-422]。根据应用程序中是否指定了任务，对话系统可以分为两类：面向任务的对话系统（Task-Oriented Dialogue System，TODS）[423-425] 和开放域对话系统（Open Domain Dialogue System，OODS）[426-428]。具体而言，面向任务的对话系统侧重于任务完成，并解决特定问题（例如，餐厅预订和票务预订）[425]。与此同时，开放域对话系统通常是数据驱动的，旨在与人类聊天，不受任务或领域限制[425]。

（1）**面向任务的对话系统**可以分为模块化系统和端到端系统。模块化系统的实现方法包括四个主要部分：自然语言理解[429-430]、对话状态跟踪（Dialogue State Tracking，DST）[431-432]、对话策略学习（Dialog Policy Learning，DPL）[433-434] 和自然语言生成[435-436]。在将用户输入用自然语言理解编码为语义槽之后，DST 和 DPL 决定下一步的操作，然后由自然语言生成将其转换为自然语言作为最终响应。这四个模块旨在以可控的方式生成响应，并可以单独进行优化。然而，一些模块可能不可微分，并且单个模块的改进可能不会推动整个系统的改进[425]。为了解决这些问题，端到端方法要么通过使每个模块可微分来实现端到端训练流程，要么在系统中使用单个端到端模块。无论是模块化系统还是端到端系统，仍然存在一些挑战，包括如何提高 DST 的跟踪效率，以及如何在有限的数据下提高端到端系统的响应质量。

（2）**开放域对话系统**的设计目的是与用户进行聊天，无须任务和领域的限制[425, 437]，可以分为三种类型：基于检索的系统、生成式系统和集成系统[425]。具体而言，基于检索的系统始终从响应数据库中找到现有的响应，而生成式系统可以生成在训练集中可能没有出现的响应。集成系统通过选择最佳响应或用生成模型优化基于检索的模型，将基于检索的方法和生成式方法结合[425, 438-439]。以前的研究从多个方面改进了开放域对话系统，包括对话上下文建模[440-443]，提高响应的连贯性和多样性。ChatGPT 取得了前所未有的成功，并且属于开放域对话系统的范畴。除了回答各种问题，ChatGPT 还可以用于写论文、调试代码、生成表格，等等。

2）机器翻译

机器翻译自动将文本从一种语言翻译成另一种语言[444-445]，如图 4.24 所示。随着深度学习方法取代基于规则[446] 和基于统计[447-448] 的方法，神经机器翻译（Neural Machine Translation，NMT）已成为一种主流方法[449-450]，其特点是在捕捉句子中的长依赖性方面具有更强的能力[451]。神经机器翻译的成功主要归功于语言模型[69]，该模型预测了在前面的词语条件下的单词概率。Seq2Seq[452] 是将编码器-解码器的 RNN 结构[453] 应用于机器翻译的开创性工作。当句子变得很长时，Seq2Seq[452] 的性能会下降，因此文献 [454] 中提出了一种注意力机制，以通过额外的词语对齐来翻译长句。随着注意力机制技术的不断发展，2006 年，谷歌的神经机器翻译系统将人类的翻译工作量与谷歌的基于短语的生产系统相比，减少了约 60%，弥合了人类翻译和机器翻译之间的差距[92]。基于 CNN 的结构也已经在神经机器翻译中进行了大量的尝试[455-456]，但无法像经过注意力提升的 RNN 那样达到可与人类比较的性能[454]。卷积 Seq2Seq[457] 使 CNN 与注意力机制兼容，显示了 CNN 可以达到与 RNN 相当甚至更好的性能。然而，这一改进后来被另一种称为 Transformer[48] 的结构超越。神经机器翻译以 RNN 或 Transformer 为基本结构，通常使用自回归生成模型，在推理过程中，贪婪搜索仅基于具有最高概率的单词来预测下一个单词。

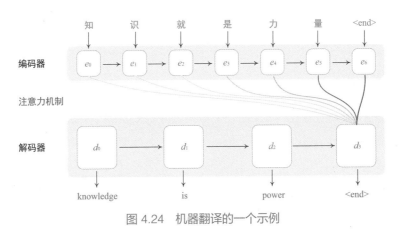

图 4.24　机器翻译的一个示例

神经机器翻译的趋势是在资源有限的情况下实现令人满意的性能，即使用有限的双语数据库对模型进行训练[458]。缓解数据稀缺的一种方法是利用辅助语言，如与其他语言对一起进行多语言训练[459-461]，或者通过以英语为桥梁语言的中转翻译[462-463]。另一种方法是利用预训练语言模型，如 BERT[10] 或 GPT[12]。例如，文献 [464] 中显示，使用 BERT[10] 或 RoBERTa[66] 初始化模型权重显著改善了英德翻译的性能。无须进行微调，GPT 系列模型[12-14] 也能表现出具有竞争性的性能。ChatGPT 在机器翻译方面展现出了实力，与商业产品（如谷歌翻译）[465] 相比竞争力十足。

2. 多模态文本生成

1）图像到文本

图像到文本，也称为图像字幕生成，指的是用自然语言描述给定图像的内容（如图 4.25 所示）。该领域具有里程碑意义的工作是神经图像字幕（Neural Image Caption，NIC）[466]，它以 CNN 为编码器提取输入图像的高级表示，然后将这些表示馈送到 RNN 解码器中生成图像描述。这种编码器-解码器结构在后续的图像字幕研究中被广泛应用，笔者将它们分别称为视觉编码[467] 和语言解码。

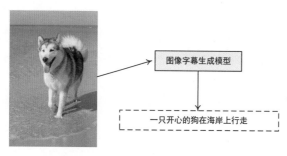

图 4.25　图像字幕生成的一个示例

（1）**视觉编码**。提取图像的有效表示是视觉编码模块的主要任务。从 NIC[466] 和 GoogleNet[468] 中提取输入图像的全局特征开始，多个工作采用了各种 CNN 结构作为编码器，包括文献 [469] 中的 AlexNet[470] 和文献 [471-472] 中的 VGG 网络[473]。然而，使用全局视觉特征生成细粒度字幕对语言模型来说是困难的。后续的工作引入了用于细粒度视觉特征的注意力机制，包括针对 CNN 不同网格特征的注意力机制[474-477] 和针对不同视觉区域的注意力机制[478-480]。另一分支的工作[481-482] 采用图神经网络来编码不同区域之间的语义和空间关系。然而，人为定义的图结构可能会限制元素之间的交互[467]，可以通过自注意力方法[483-485]（包括 ViT[486]）来缓解这一问题，它连接了所有元素。

（2）**语言解码**。在图像字幕生成中，语言解码器通过预测给定词序列的概率来生成字幕[467]。受到自然语言处理领域的突破性进展的启发，语言解码器的骨干从 RNN[466, 475, 479, 487] 演变为 Transformer[483, 488-489]，实现了显著的性能改进。除了视觉编码-语言解码器结构，一些工作采用类似 BERT 的结构，在单一模型的早期阶段融合图像和字幕[490-492]。例如，文献 [492] 用单一编码器来学习图像和文本的共享空间，该编码器先在大规模的图像-文本数据库上进行预训练，然后进行微调，专门用于图像字幕生成任务。

2）语音到文本

语音到文本生成，也称为自动语音识别（Automatic Speech Recognition，ASR），是将口语转换为相应的文本的过程，特指将语音信号转换为文本[493-494]（如图 4.26 所示）。由于有诸多潜在应用，如语音拨号、计算机辅助语言学习、字幕生成及像 Alexa 和 Siri 这样的虚拟助手，20 世纪 50 年代以来，自动语音识别一直是一个令人兴奋的研究领域[495-497]，并且从隐马尔可夫模型（Hidden Markov Model，HMM）[498-499] 发展到基于深度神经网络的系统[500-502]。

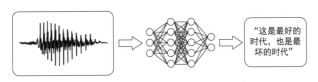

图 4.26　自动语音识别的一个示例

多样的研究主题和挑战。以前的研究在各个方面改进了自动语音识别系统。多个工作讨论了语音信号的不同特征提取方法[496]，包括时间特征（如离散小波变换）和频谱特征［如最常用的梅尔频率倒谱系数（MFCC）］[503-505]。另一个分支工作改进了自动语音识别的系统流程[506]，从多模型系统到端到端模型系统。一方面，多模型系统[496, 507] 先学习一个声学模型（例如，将特征映射到音素的音素分类器），然后学习用于词输出的语言模型[506]。另一方面，端到端模型直接从音频输入预测转录结果[508-512]。尽管端到端模型在各种语言和方言中取得了令人印象深刻的性能，但仍然存在许多挑战。首先，它们在资源匮乏的语音任务中的应用仍然具有挑战性，获取大量的带注释的训练数据是昂贵且耗时的[506, 513]。其次，这些系统可能难以处理专业领域之外的词汇的语音，并且可能在训练数据上表现良好，但对于新的或未见过的数据不具有很好的泛化性[513]。此外，训练数据中的偏见也会影响监督式自动语音识别系统的性能，导致对某些人群或语音风格的准确性较差[514]。

资源匮乏的语音任务。研究人员致力于克服自动语音识别系统面临的挑战，在此，笔者主要讨论缺乏受损语音数据的问题[506]。一些工作[515-516] 采用多任务学习来优化不同任务的共享编码器。同时，自监督自动语音识别系统已经成为一个活跃的研究领域，它不依赖大量的标注样本。具体而言，自监督自动语音识别系统先在大量未标注的语音数据上进行预训练，然后在较小的标注数据集上进行微调，以提高自动语音识别系统的效率。它可以处理不同的说话风格或噪声条件，以及转录多种语言[517-520]。

4.2.3 图像生成

与文本生成类似，图像合成的任务也可以根据其输入控制方式进行分类。由于输出是图像，所以一种直接的方式是基于图像控制图像生成。基于图像的控制产生了许多任务，如超分辨率、去模糊、编辑、翻译等。图像类型的控制的一个限制是缺乏灵活性。相比之下，文本引导的控制使得人们可以根据自己的意愿生成任何风格的内容。因为输入的文本与输出的图像是不同的模态，所以文本到图像的生成属于跨模态生成的范畴。

1. 图像到图像

1）图像恢复

图像恢复解决了一种典型的反问题，即从其对应的退化版本中恢复清晰的图像，如图 4.27 所示。这种反问题由于其不确定性而变得困难，原因在于从退化图像到清晰图像存在无限个可能的映射。退化有两个来源：原始图像中缺失的信息和对清晰图像添加的干扰元素。一类恢复任务是按照图像超分辨率、修复和上色的顺序来执行的；另一类恢复任务旨在消除不希望的扰动，如去噪、去雨、去雾、去模糊等。早期的恢复技术主要使用数学和统计建模来消除图像退化，包括用于去噪的空间滤波器[521-523]，用于去模糊的核估计[524-525]。近年来，基于深度学习的方法[526-532]在图像恢复任务中变为主导，相对于传统方法，它们具有更强的多功能性和更优的视觉质量。CNN 广泛用于图像恢复的构建模块中[533-536]，而近期的研究则探索了更强大的 Transformer 结构，并在各种任务中取得了令人印象深刻的性能，如在图像超分辨率[537]、上色[538] 和修复[539] 等任务上表现出色。也有一些工作将 CNN 和 Transformer 的优势结合[540-542]。

图 4.27　图像恢复的一个示例

恢复的生成方法。典型的图像恢复模型通过重构损失学习源（退化）图像和目标（清晰）图像之间的映射来实现。根据任务，可以将清晰图像降级为不同的扰动形式得到训练数据对，包括分辨率下采样和灰度转换。为了保留更多的高频细节并创建更逼真的图像，生成模型被广泛用于恢复任务，如在超分辨率[543-545] 和修复[530, 546] 中使用的 GAN。然而，基于 GAN 的模型在训练过程中遇到复杂问题和模式时容易崩溃。这些缺点导致近期的许多工作在图像恢复任务中采用了扩散模型[547-549, 549-551]。像 GAN 和扩散模型这样的生成方法也可以从单个退化图像产生多个清晰的输出变化。

从单一任务到多任务。大多数现有的恢复方法为不同形式的图像退化训练了单独的模型。这限制了它们在实际使用中处理受多种退化组合影响的图像的效果。为了解决这个问题，一些研究[552-555] 引入了多扰动数据集，将不同形式和强度的退化组合起来。一些研究[553, 556-558] 提出了恢复模型，其中不同的子网络负责不同的退化。另一条研究线[319, 554-555, 559-560] 依赖注意力模块或引导子网络，通过不同的退化模型恢复网络，使单一网络可以处理多种退化。

2）图像编辑

与用于提升图像质量的图像恢复相比，图像编辑指的是修改图像以满足某种需求，如风格转移（如图 4.28 所示）。从技术上讲，因为添加颜色被视为一种需求，所以一些图像恢复任务（如上色）也可以被视为图像编辑。现代相机通常具有基本的编辑功能，如锐化调整[561]、自动裁剪[562]、去红眼[563] 等。然而，在 AIGC 中，笔者更关注高级图像编辑任务，这些任务以不同形式改变图像的语义，如内容、风格、物体属性等。

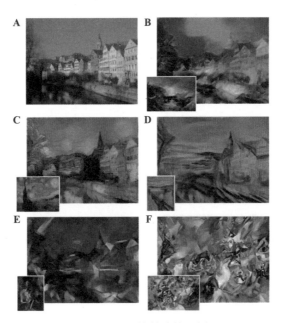

图 4.28　风格转移的示例

一类图像编辑的目标是修改图像中主要对象（如人脸）的属性（如年龄）。典型的用例是人脸属性编辑，该方法可以更改人的发型、年龄甚至性别。一系列开创性的工作采用基于优化的方法[564-565]，这是一种耗时的迭代过程，基于预训练的 CNN 编码器。另一系列工作采用基于学习的方法直接生成图像，这是一种从单一属性[566-567] 到多属性[568-570] 的趋势。大多数前述方法的缺点是依赖属性的注释标签，因此引入了无监督学习来解耦不同的属性[571-572]。

另一类图像编辑通过组合两幅图像来改变语义。例如，图像变形[573] 对两幅图像的内容进行插值，而风格转移[574] 产生一幅新图像，其内容来自一幅图像，风格来自另一幅图像。在图像的像素空间进行插值会导致明显的伪影。相比之下，在潜空间中进行插值可以考虑视角变化并生成平滑的图像。通过 GAN 反演方法[575] 可以获得这两幅图像的潜空间。许多工作[576-579] 已经探索了预训练 GAN 的潜空间用于图像变形。在风格转移任务中，有一种特定的基于风格的 GAN 变体，称为 StyleGAN[580]。从初始层到末尾层，StyleGAN 以一种从较粗粒度（如结构）到较细粒度（如纹理）的方式来控制属性。因此，基于混合图像内容的初始层潜在表示和风格图像的末尾层潜在表示，可以使用 StyleGAN 进行风格转移[576, 581-583]。

与恢复任务相比，各种编辑任务可以实现更灵活的图像生成。然而，其多样性仍然有限，可以利用其他文本作为输入来缓解这一问题。基于扩散模型的图像编辑已经被广泛讨论并取得了令人印象深刻的结果[584-586]。DiffusionCLIP[587] 是一项开创性的工作，它对预训练的扩散模型进行微调，以使目标图像与文本对齐。相比之下，LDEdit[584] 避免了基于 LDM[588] 的微调。一些工作讨论了图像编辑中的遮罩问题，包括如何将手动设计的遮罩区域与背景无缝连接[589-591]。另外，DiffEdit[592] 建议自动预测要进行编辑的部分遮罩。还有一些工作基于扩散模型和文本指导来编辑 3D 对象[593-595]。

2. 多模态图像生成

1）文本到图像

文本到图像（Text-to-Image，T2I）任务旨在利用文本描述生成图像，可以追溯到从标签或属性生成图像的任务[596-597]。AlignDRAW[598] 是一个开创性的工作，既可以利用自然语言生成图像，也可以从富有创造力的文本中生成图像，如"一个停车标志在蓝天中飞翔"。文本到图像领域的进展可以分为三个分支：基于 GAN 的方法、自回归的方法和基于扩散模型的方法。从文本到图像生成的示例如图 4.29 所示。

"一只刺猬在使用计算器"　　"一只柯基犬带着红色蝴蝶结和紫色派对帽"　　"机器人在内观式静修中冥想"　　"在秋天的风景中有一个湖边的小屋"

"一幅出自达利的画，有一只猫在玩跳棋"　　"一张拍摄到大峡谷后面日落的专业照片"　　"一幅仓鼠龙的高质量油画"　　"阿尔伯特·爱因斯坦穿着超级英雄服装的插图"

图 4.29　从文本到图像生成的示例

（1）**基于 GAN 的方法**。AlignDRAW[598] 的局限性在于生成的图像不够真实，需要利用 GAN 进行后处理。文献 [599] 基于深度卷积生成对抗网络（Deep Convolutional Generative Adversarial Network，DCGAN）[600]，提出了第一个从字符级到像素级的端到端差分结构。为了生成高分辨率图像并稳定训练过程，StackGAN[601] 和 StackGAN++[602] 提出了一个多阶段机制，多个生成器产生不同尺度的图像。此外，AttnGAN[603] 和 Controlgan[604] 采用注意力网络，根据相关单词对子区域进行细粒度控制。

（2）**自回归的方法**。受到自回归 Transformer[48] 的启发，一些工作通过将图像映射到 Token 序列，以自回归的方法生成图像，DALL-E[3] 是其中一个开创性的工作。具体而言，DALL-E[3] 先使用预训练的离散变分自动编码器将图像转换为图像 Token，然后训练一个自回归 Transformer，以学习文本和图像 Token 的联合分布。与 DALL-E[3] 的思想相同，CogView[605] 是一个并行的工作，在模糊的 MS COCO 数据集上，CogView[605] 的 FID（Frechet Inception Distance，一种指标，表示生成图像和真实图像之间的联系）[606] 优于 DALL-E[3]。CogView2[607] 将 CogView[605] 扩展到各种任务（如图像字幕生成）上，它通过遮罩不同的 Token 来实现字幕生成。Parti[608] 通过将模型的参数规模扩大到 200 亿个进一步提高图像质量。

（3）**基于扩散模型的方法**。基于扩散模型的方法取得了前所未有的成功和关注，可以通过直接在像素空间[609-610] 或潜空间[588, 611] 中工作来分类。GLIDE[609] 通过将类别条件扩散模型扩展到文本条件设置中，取得了优于 DALL-E 的性能。此外，Imagen[610] 利用预训练的 LLM（如 T5）捕获文本语义，进一步提高了图像质量。为了减少像素空间中扩散模型的资源消耗，

Stable Diffusion[588] 先将高分辨率图像压缩到低维潜空间中，然后在潜空间中训练扩散模型。这种方法也被称为潜空间扩散模型（Latent Diffusion Model，LDM）[588]。与 Stable Diffusion[588] 仅基于图像学习潜空间不同，DALL-E2[611] 将扩散模型应用于学习 CLIP 的图像空间和文本空间之间的对齐先验。其他工作还从多个方面改进模型，包括引入空间控制[612-613] 和参考图像[614-615]。

2）说话脸

从输出的角度看，说话脸（Talking Face）[616] 的任务是生成一系列图像帧；从技术角度看，说话脸是生成一个视频（如图 4.30 所示）。与一般的视频生成不同，说话脸需要一个人脸图像作为身份参考，并根据语音输入进行编辑。从这个意义上讲，说话脸更类似于图像编辑。此外，说话脸将语音片段转换为相应的人脸图像，类似于语音识别将语音片段转换为相应的文本。随着将语音识别视为多模态生成文本任务，笔者将说话脸视为多模态图像生成任务。在深度学习模型的驱动下，基于语音的头部视频合成模型引起了广泛关注，它可以分为基于 2D 的方法和基于 3D 的方法。

输入：语音和单张人物肖像图　　　　输出：说话脸的动画

图 4.30　说话脸示例

在基于 2D 的方法中，说话脸视频合成主要依赖地标、语义地图或类似的表示。地标被用来学习从低维音频到高维视频的中间层表征，同时两个解码器被用来解耦生成视频的语音和说话人身份[617]，这也是第一个使用深度生成模型创建说话人脸的工作。此外，图像到图像的转换生成[618] 也可以用于唇部合成，而分离的视听表示和神经网络的组合可以用于优化合成[619-620]。另外，基于 3D 模型构建并通过渲染技术控制运动过程的方法[621-622] 的缺点是构建成本高。为了降低构建成本，许多基于 3DMM 参数[623-626] 的说话脸生成模型被建立，这些模型使用如 BlendShape[623]、Flame[627] 和 3D 网格[628] 这样的模型，其中音频作为模型输入用于内容生成。目前，大多数方法直接利用训练视频进行重建。NeRF（Neural Radiance Fields，神经辐射场）使用多层感知器模拟隐式表示，可以存储 3D 空间坐标和外观信息，用于高分辨率场景[629-631]。

此外，无限制说话脸视频合成的流水线和端到端框架[632-633] 被提出，可以以任何未经确认的视频和任意语音作为输入。文本引导的视频生成示例如图 4.31 所示。

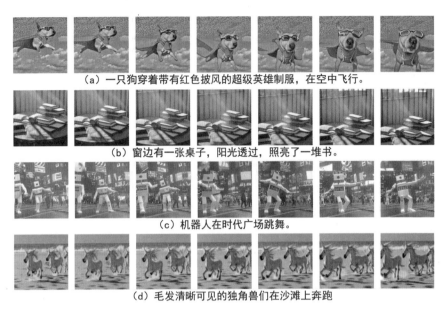

（a）一只狗穿着带有红色披风的超级英雄制服，在空中飞行。

（b）窗边有一张桌子，阳光透过，照亮了一堆书。

（c）机器人在时代广场跳舞。

（d）毛发清晰可见的独角兽们在沙滩上奔跑

图 4.31　文本引导的视频生成示例

4.2.4　视频生成

与图像生成相比，视频生成的进展在很大程度上落后，这是因为建模更高维的视频数据更复杂。视频生成不仅涉及生成像素，还要确保不同帧之间的语义一致性。视频生成的工作可以分为无引导的视频生成和有引导的视频生成。有引导的视频生成包括三类：文本引导、图像引导和视频引导，其中文本引导的视频生成由于其高影响力受到最多的关注。

无引导的视频生成。早期将图像生成从单帧扩展到多帧的工作局限于创建单调但规律的内容，如海浪。生成的动态纹理[634-635] 通常具有时变可视化的空间重复模式。随着生成模型的发展，许多工作[636-642] 探索了从虚拟的动态纹理扩展到真实视频生成的方法。尽管如此，上述视频生成工作的成功仅限于简单场景的短视频，有低分辨率数据集可用。一些工作[643-646] 进一步提高了视频质量，其中文献 [644] 被认为是扩散模型的先驱性工作。

文本引导的视频生成。与能够创建几乎逼真图像的文本到图像模型相比，文本引导的视频生成更具挑战性。早期，基于 VAE 或 GAN 的工作[647-652] 专注于在简单环境中创建视频，如数字弹跳和人行走。鉴于 VQ-VAE 模型在文本引导的图像生成方面取得的巨大成功，一些工作[653-654] 将其扩展到文本引导的视频生成，从而产生更逼真的视频场景。为了生成高质量的视频，文献 [644] 首次将扩散模型应用于文本引导的视频生成，刷新了评估基准。之后，Meta 和谷歌提出了基于扩散模型的 Make-a-Video[655] 和 Imagen Video [656]。具体而言，Make-a-Video 将基于扩散的文本引导图像生成模型扩展到视频生成，加速生成并消除训练中需要成对的文本-视频数据的需求。然而，Make-a-Video 需要大规模的文本-视频数据集进行微调，这需要大量的计算资源。最新的 Tune-a-Video[657] 提出了一次性视频生成，由文本引导和图像输入驱动，其中使用单个文本-视频对来训练开放域生成器。

4.2.5　三维数据生成

深度生成模型在二维图像上取得的巨大成功促使研究人员探索三维数据生成，实际上是对真实物理世界的建模。与二维数据的单一格式不同，三维对象可以由深度图像、体素网格[658]、点云[659-660]、网格[661] 和神经场[662] 来表示，每种表示方法都有其优缺点。根据输入和引导的类型，三维对象可以通过文本、图像和三维数据生成。尽管有多种方法[663-665] 已经探索了由语义标签或语言描述引导的三维形状编辑，但由于缺乏三维数据和适当的结构，三维数据生成仍然具有挑战性。基于扩散模型，DreamFusion[666] 提出使用预训练的文本，利用二维模型来解决这些问题。另一类方法通过单视图图像[667-672] 或多视图图像[673-676] 重构三维对象，被称为图像到三维（Image-to-3D）。多视图三维重建的一个新分支是 NeRF[630]，用于隐式表示三维信息。三维到三维（3D-3D）任务包括从部分三维数据中进行补全[677] 和变换[678]，其中三维对象检索是代表性的变换任务。

4.2.6　HCP-Diffusion 统一代码框架

基于扩散模型的图像生成模型层出不穷，展现出令人惊艳的生成效果。然而，现有的模型代码框架存在过度碎片化的问题，导致迁移难、门槛高、质量差的代码实现难题。为此，中山大学人机物智能融合实验室构建了 HCP-Diffusion 框架，系统化地实现了模型微调、个性化训练、推理优化、图像编辑等基于 Diffusion 模型的相关算法，HCP-Diffusion 框架的结构图如图 4.32 所示。

HCP-Diffusion 通过格式统一的配置文件调配各个组件和算法，大幅提高了框架的灵活性和可扩展性。开发者像搭积木一样组合算法，无须重复实现代码细节。例如，基于 HCP-Diffusion，笔者通过简单地修改配置文件即可完成 LoRA、DreamArtist、ControlNet 等多种常见算法的部署与组合。这不仅降低了创新的门槛，也使得框架可以兼容各类定制化设计。

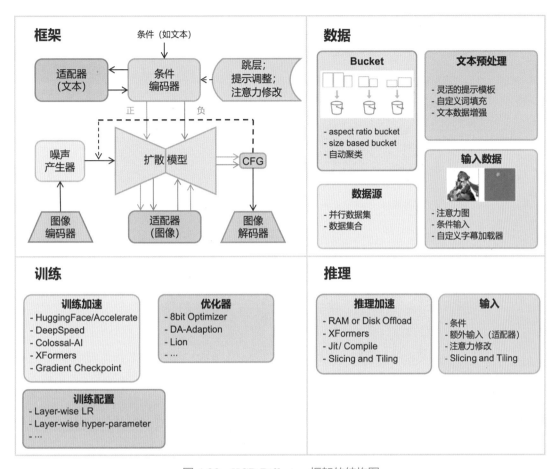

图 4.32   HCP-Diffusion 框架的结构图

HCP-Diffusion 的功能模块介绍

（1）**框架特色**：HCP-Diffusion 通过将目前主流的扩散模型训练算法框架模块化，实现了框架的通用性，主要特色如下。

- 统一结构：搭建 Diffusion 系列模型统一代码框架。
- 算子插件：支持数据、训练、推理、性能优化等算子算法，如 DeepSpeed、Colossal-AI 和 Offload 等加速优化。
- 一键配置：Diffusion 系列模型可通过灵活地修改配置文件完成模型实现。
- 一键训练：提供 Web UI，一键训练、推理。

（2）**数据模块**：HCP-Diffusion 支持定义多个并行数据集，每个数据集可采用不同的图像尺寸与标注格式，每次训练迭代会从每个数据集中各抽取一个批次进行训练，如图 4.33 所示。此外，每个数据集可配置多种数据源，支持.txt、.json、.yaml 等标注格式或自定义标注格式，具有高度灵活的数据预处理与加载机制。

图 4.33　数据集结构示意图

数据集处理部分提供带自动聚类的宽高比工具，支持处理图像尺寸各异的数据集。用户无须对数据集尺寸做额外处理和对齐，框架会根据宽高比或分辨率自动选择最优的分组方式。该技术大幅降低了数据处理的门槛，优化用户体验，使开发者更专注于算法本身的创新。

对于图像数据的预处理，框架也兼容 Torch Vision、Albumentations 等多种图像处理库。用户可以根据需要在配置文件中直接配置预处理方式，或是在此基础上拓展自定义的图像处理方法。

在文本标注方面，HCP-Diffusion 设计了灵活且清晰的 Prompt 模板规范，可支持复杂多样的训练方法与数据标注。可以用 HCP-Diffusion 配置文件 source 目录下的 word_names 来自定义特殊字符对应的嵌入词向量与类别描述，目的是与 DreamBooth、DreamArtist 等模型兼容，并且对于文本标注，提供按句擦除（TagDropout）或按句打乱（TagShuffle）等多种文本增强方法，可以减少图像与文本数据间的过拟合问题，使生成的图像更多样化。

（3）模型框架模块：HCP-Diffusion 通过将目前主流的 Diffusion 训练算法框架模块化，实现框架的通用性。具体而言，Image Encoder、Image Decoder 完成图像的编解码，Noise Generator 产生前向过程的噪声，Diffusion Model 实现扩散过程，Condition Encoder 对生成条件进行编码，Adapter 微调模型与下游任务对齐，Positive 与 Negative 双通道代表正负条件对图像的控制生成。

如图 4.34 所示，HCP-Diffusion 在配置文件中通过简易的模块组合，即可实现 LoRA、ControlNet、DreamArtist 等多种主流训练算法。同时，支持对上述算法进行组合，例如 LoRA 和 Textual Inversion 同时训练，为 LoRA 绑定专有触发词等。此外，通过插件模块，可以轻松自定义任意插件，兼容目前所有主流方法接入。通过上述模块化组合，HCP-Diffusion 实现了对任意主流算法的框架搭建，降低了开发门槛，促进了模型的协同创新。

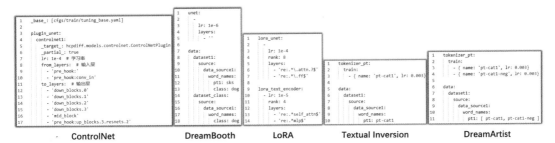

图 4.34 配置文件示例（模型插件、自定义单词等）

HCP-Diffusion 将 LoRA、ControlNet 等各种 Adapter 类算法统一抽象为模型插件，通过定义一些通用的模型插件基类，将所有这类算法统一对待，降低用户的使用成本和开发成本，将所有 Adapter 类算法统一。

框架提供四种类型的插件，可以轻松支持目前所有的主流算法。

- SinglePluginBlock：单层插件，根据该层输入改变输出，如 LoRA 系列。支持正则表达式（re: 前缀）定义插入层，不支持 pre_hook: 前缀。
- PluginBlock：输入层和输出层都只有一个，如定义残差连接。支持正则表达式（re: 前缀）定义插入层，输入层和输出层都支持 pre_hook: 前缀。
- MultiPluginBlock：输入层和输出层都可以有多个，如 ControlNet。不支持正则表达式（re: 前缀），输入层和输出层都支持 pre_hook: 前缀。
- WrapPluginBlock：替换原有模型的某个层，将原有模型的层作为该类的一个对象。支持正则表达式（re: 前缀）定义替换层，不支持 pre_hook: 前缀。

（4）**训练、推理模块**：HCP-Diffusion 中的配置文件支持定义 python 对象，运行时自动实例化。该设计使得开发者可以轻松接入任何 pip 可安装的自定义模块，例如自定义优化器、损失函数、噪声采样器等，无须修改框架代码，如图 4.35 所示。配置文件结构清晰，易于理解，可复现性强，有助于平滑连接学术研究和工程部署。

图 4.35 自定义优化器配置

（5）**加速优化支持**：HCP-Diffusion 支持 Accelerate、DeepSpeed、Colossal-AI 等多种训练优化框架，可以显著减少训练时的显存占用，加快训练速度。支持 EMA 操作，可以进一步提高模型的生成效果和泛化性。在推理阶段，支持模型 Offload 和 VAE Tiling 等操作，仅需 1GB 显存即可完成图像生成。

通过上述简单的文件配置，可无须耗费大量精力查找相关框架资源完成模型的配置，如图 4.36 所示。HCP-Diffusion 模块化的设计方式，将模型方法定义、训练逻辑、推理逻辑等完全分离，配置模型时无须考虑训练与推理部分的逻辑，帮助用户更好地聚焦于方法本身。同时，HCP-Diffusion 提供了大多数主流算法的框架配置样例，只需对其中部分参数进行修改，就可以实现部署。

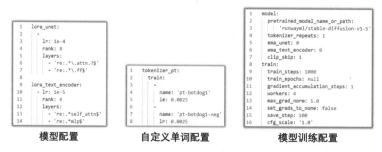

图 4.36　模块化配置文件

（6）**HCP-Diffusion：Web UI 图像界面**：除了可直接修改配置文件，HCP-Diffusion 提供了 Web UI 图像界面，如图 4.37 所示，Web UI 包含图像生成、模型训练等多个模块，以提升用户体验，大幅降低框架的学习门槛，加速算法从理论到实践的转化。

图 4.37　HCP-Diffusion Web UI 图像界面

4.2.7　挑战与展望

1. 挑战

尽管 AIGC 在各领域都生成了出色的、多样化的输出，但在现实世界的应用中仍存在许多挑战。除了需要大量的训练数据和计算资源，还有以下最重要的挑战。

（1）**解释性不足**。虽然 AIGC 模型可以产生令人印象深刻的输出，但要理解模型是如何得出这些输出的仍然具有挑战性。特别是当模型生成不良输出时，缺乏解释性使得其难以控制输出。

（2）**道德和法律问题**。AIGC 模型容易受到数据偏见的影响。例如，主要基于中文文本训练的语言模型可能会对西方文化产生偏见。侵犯版权和侵犯隐私是不可忽视的潜在法律问题。此外，AIGC 模型也具有被恶意使用的风险。例如，学生可以利用这些工具作弊写作业，这就需要 AI 内容检测器的检测。AIGC 模型还可以用于传播政治宣传中的误导性内容。

（3）**领域特定的技术挑战**。在不久的将来，不同领域需要其特定的 AIGC 模型。每个领域仍然面临其独特的挑战。例如，流行的文本到图像 AIGC 工具 Stable Diffusion 有时会生成偏离用户期望的输出，将人类绘制成动物，将一个人绘制成两个人等。另外，ChatBot 偶尔会犯事实性错误。

2. 展望

尽管具有前所未有的流行度，但 AIGC 仍处于早期阶段。笔者认为 AIGC 可能的发展方向如下。

（1）**更灵活的控制**。AIGC 任务的一个主要趋势是实现更灵活的控制。以图像生成为例，早期基于 GAN 的模型可以生成高质量的图像，但可控性较低。最近，基于大规模文本-图像数据训练的扩散模型通过文本指令实现了控制，这有助于生成更符合用户需求的图像。然而，当前的文本到图像模型仍需要更精细的控制，以便以更灵活的方式生成图像。

（2）**从预训练到微调**。目前，像 ChatGPT 这样的 AIGC 模型的发展重点在预训练阶段。而对其进行下游任务的微调是一个未经深入探讨的领域。

4.3　具身智能

LLM、深度学习、强化学习、计算机图形学和机器人技术的快速发展引发了研究者对 AGI 系统的关注。具身智能（Embodied Intelligence）[679-681] 的理念是：真正的智能可以从 Agent 与其环境的互动中产生。目前的具身智能只是将视觉、语言、推理等传统智能概念纳入具身，以帮助其在虚拟环境中解决 AI 问题。具身智能研究任务对具身智能模拟器的需求大幅增加。具身智能模拟器已经取得了显著进展，能真实地复制物理世界。这些模拟器充当虚拟实验台，目的是在具身智能框架部署到现实世界之前对其进行测试。这些具身智能模拟器还有助于收集相关任务的数据集[682-683]，在现实世界中收集这些数据集是烦琐的，因为需要大量的人工劳动来复制与虚拟世界相同的设置。

具身智能模拟器催生了一系列潜在的具身智能研究任务，如视觉探索、视觉导航和具身问答。笔者将重点关注这三个任务，因为大多数现有的具身智能论文[684-686] 要么专注于这些任务，要么利用为这些任务引入的模块来构建更复杂任务的模型，如视听导航。这三个任务在复杂性上也有联系。视觉探索是视觉导航的一个非常有用的组成部分[685, 687]，用于模拟真实情境[688-689]，而具身问答涉及建立在视觉和语言导航基础上的复杂问答能力。由于语言是一种常见的模态，而视觉问答在 AI 中是一个流行的任务，因此具身问答是具身智能的自然方向。本节讨论的这三个任务已在九个具身智能模拟器中至少实现了一次。

本节涵盖从具身智能模拟器到研究任务的内容，包括以下九个具身智能模拟器：DeepMind Lab[690]、AI2-THOR[691]、CHALET[692]、VirtualHome[693]、VRKitchen[694]、HabitatSim[695]、iGibson[696]、SAPIEN[697] 和 ThreeDWorld[698]。不同于仅用于训练强化学习 Agent 的游戏模拟器[699]，具身智能模拟器在计算机模拟中提供了对现实世界的逼真表示。这些模拟器中的大部分至少包括一个物理引擎、Python API 和可以在环境内控制或操作的人工 Agent。

4.3.1 节将介绍具身智能的概念。4.3.2 节将对九个具身智能模拟器进行基准测试，帮助读者了解它们在真实性、可扩展性、互动性方面的情况，以及它们在具身智能研究中的使用情况。4.3.3 节~4.3.6 节将基于这些模拟器介绍具身智能中的四个主要研究任务：视觉探索、视觉导航、具身问答和具身交互，涵盖最先进的方法、评估和数据集。4.3.7 节将建立模拟器、数据集和研究任务之间的相互关系，分析具身智能模拟器和研究中的现有挑战。

4.3.1　具身智能的概念

1. 何谓具身智能

第一代具身智能研究人员聚焦于机器人具身[700]，他们认为机器人需要用一系列丰富的传感器和效应器与噪声环境互动，产生高带宽交互，从而跳出经典 AI 方法所要求的干净的输入、干净的输出和静态世界状态的基本框架。近期的具身智能研究得益于丰富的模拟框架，这些模拟框架通常源自对真实建筑物的扫描和对真实机器人的建模，再造接近真实世界的环境。这些模拟环境使人们能够发现智能的属性[701]，也使系统能够表现出从模拟到真实世界迁移的能力[702-703]。

除了真实的或模拟的机体，具身智能还可以被定义为研究能看见（或者更普遍地通过视觉、听觉或其他感官感知环境）、说话（基于环境的自然语言对话）、倾听（理解和响应场景中的音频输入）、行动（导航并与环境互动以完成目标）和推理（考虑其行动的长期后果）的 Agent。具身智能专注于打破被动 AI 任务的逻辑化、结构化的输出，例如对象分类和语音理解，并要求主体随时间的推移与环境互动——有时甚至修改环境（如图 4.38 所示）。此外，具身智能环境通常违反游戏和组装线等结构化环境的纯净动态，要求主体能够主动应对噪声、环境变化和其他主体的干扰。

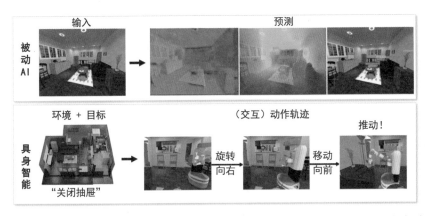

图 4.38　被动 AI 任务基于对世界独立样本的预测，例如没有与决策 Agent 建立闭环的任务流，独立进行图像收集。相比之下，具身智能任务包括一个主动的人工 Agent，例如一个机器人，必须感知并与环境互动，以实现其目标

　　因此，具身智能不仅研究在环境中积极主动的 Agent：它是对智能属性的探索。具身智能研究表明，在具身任务中表现良好的智能系统通常与被动系统看起来不同[704]。表现良好的被动 AI 模型通常可以作为组件对具身系统做出巨大贡献[705]。此外，现代模拟器和深度学习库提供的具身 Agent 控制使研究人员能够对其进行消融研究，从而揭示个体具身任务所需属性的细节[705]。

2. 具身智能的核心技术

　　具身智能与机器人技术、计算机视觉、机器学习、AI 和模拟等许多领域重叠。然而，侧重点的不同使其成为一个独立的研究领域。虽然所有机器人系统都是具身的，但是并非所有的具身系统都是机器人［例如，增强现实（AR）眼镜］。具身智能还包括在现实环境中探索智能属性，同时抽象一些低级控制的细节。在 ALFRED[683] 基准中，Agent 的任务是完成自然语言指令，例如冲洗鸡蛋，然后将其放入微波炉，通过执行"打开"或"拾取"动作打开或拾取物体，前提是 Agent 正在查看该物体并且与该物体足够接近。相反，机器人技术包括直接关注现实世界的工作，例如低级控制、实时响应或传感器处理。

计算机视觉对具身智能研究做出了巨大贡献。计算机视觉中大部分任务侧重于改善被动 AI 任务（如分类、分割和图像变换）的性能。相反，具身智能研究经常探索需要其他模态的问题，有些需要视觉，有些不需要视觉，例如用声音导航[706]或用纯激光雷达图像导航。

3. 真实场景的重要性

想理解智能，为什么需要关注交互式和现实环境？关注交互式环境是重要的，因为每一种智能的新模式（例如分类、图像处理、自然语言理解等）都需要学习系统的新结构[703]。Agent 与环境的互动需要深度强化学习技术，该技术在模拟环境、创建学习系统等领域取得了巨大的进步（包括传统的棋盘游戏、Atari 游戏，甚至包括具有模拟物理的环境，如 Mujoco 环境）。然而，具身智能研究专注于更现实的环境或需要在现实世界中实际部署的环境[707-708]。这种从虚拟环境到现实环境的转变有两个主要原因。首先，许多具身智能研究人员认为，现实环境的挑战对于开发可以部署在现实世界中的系统至关重要。其次，许多具身智能研究人员认为，只有通过尝试解决尽可能接近现实世界的环境中的问题，才能发现处理现实世界环境所需的智能属性。

4.3.2 具身智能模拟器

1. 典型的具身智能模拟器

具身智能模拟器有 DeepMind Lab、AI2-THOR、SAPIEN、VirtualHome、VRKitchen、Three-DWorld、CHALET、iGibson 和 Habitat-Sim。本节将基于 7 个技术特征全面比较这 9 个具身智能模拟器。这 7 个技术特征涵盖准确复制环境、物理世界的交互和状态所需的各个方面，从而提供了适合测试具身智能的实验平台。这 7 个技术特征分别是环境、物理、物体类型、物体属性、控制器、动作和多智能体。

环境：构建具身智能模拟器环境的两种主要方法是：基于游戏场景构建（G）和基于现实世界场景构建（W）。参考图 4.39，基于游戏的场景是由 3D 资源构建的，而基于世界的场景则是通过对包含对象和环境的真实世界进行扫描构建的。完全由 3D 资源构建的 3D 环境通常具有内置的物理特性和物体类别，与通过现实世界扫描制作的 3D 环境相比，其物体分割更为清晰。对 3D 资源直接进行物体分割使得研究人员很容易将它们建模为具有可移动关节的关节对象，例如 PartNet[709] 中提供的 3D 模型。相反，对环境和物体的现实世界扫描提供了更高的保真度和更准确的现实世界表示，有助于更好地将模拟中 Agent 的性能转移到现实世界。除了

Habitat-Sim 和 iGibson，大多数模拟器都有基于游戏的场景，原因在于构建基于现实世界的场景需要更多的资源。

游戏场景（G）　　　　　　　　　世界场景（W）

图 4.39　游戏场景（G）与世界场景（W）的比较

物理：模拟器不仅必须构建逼真的环境，还必须构建模拟现实世界物理属性的 Agent 与物体或物体与物体之间的逼真交互。根据模拟器的不同物理特性，可以将其大致分类为基本物理特性和高级物理特性。如图 4.40 所示，基本物理特性包括碰撞、刚体动力学和重力建模，而高级物理特性包括布料、流体和软体物理。大多数具身智能模拟器构建基于游戏的场景并内置了物理引擎，它们配备了基本的物理特性。另外，对于像 ThreeDWorld 这样的模拟器，其目标是了解复杂的物理环境如何塑造人工 Agent 在环境中的决策，它们配备了更高级的物理能力。对于专注于互动导航任务的模拟器，基本的物理特性通常足够了。

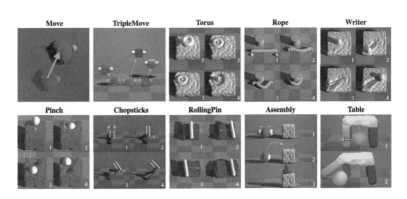

图 4.40　不同的物理特性

物体类型：如图 4.41 所示，用于创建模拟器的对象主要有两种类型。第一种类型是数据集驱动的环境，其中对象主要来自现有的对象数据集，如 SUNCG[710] 数据集、Matterport 3D 数据集[711] 和 Gibson 数据集[712]。第二种类型是资源驱动的环境，其中对象来自网络，例如 Unity 3D 游戏资源商店。这两种来源的区别在于对象数据集的可持续性。与资源驱动的对象相比，数据集驱动的对象更昂贵。然而，与数据集驱动的对象相比，资源驱动的对象更难确保 3D 对象模型的质量。笔者认为，基于游戏的具身智能模拟器更有可能从资源商店获取其对象数据集，而基于世界的模拟器倾向于从现有的 3D 对象数据集中导入其对象数据集。

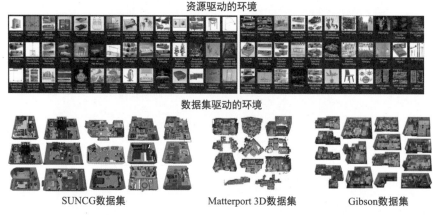

图 4.41　数据集驱动的环境（D）与资源驱动的环境（O）的比较

物体属性：一些模拟器只允许具有基本互动性的对象，如碰撞。高级模拟器允许具有更精细粒度互动对象的动作模拟，如多状态变化。例如，当切开一个苹果时，它将经历状态变化，变成苹果片。因此，可以根据不同级别的对象互动，将模拟器分为具有可互动对象（I）和具有多状态对象（M）。一些模拟器，如 AI2-THOR 和 VRKitchen，允许多个状态变化，提供了一个平台，用于理解对象在真实世界中受到影响时会如何反应并改变它们的状态。

控制器：如图 4.42 所示，用户和模拟器之间有不同类型的控制器接口，例如 Python API 控制器（P）、虚拟机器人控制器（R）和虚拟现实控制器（V）。机器人化允许对现实世界中现有的机器人进行虚拟交互，如 Universal Robot 5（UR5）和 TurtleBot V2，并且可以直接使用 ROS 接口进行控制。虚拟现实控制器接口提供沉浸式的人机交互，并通过其真实世界的对应部分进行部署。例如，iGibson、AI2-THOR 等被用于视觉导航的模拟器配有虚拟机器人控制器，以便在其真实世界的对应部分（如 iGibson 的 Castro[713] 和 RoboTHOR[714]）中轻松部署。

| Python API控制器 | 虚拟机器人控制器 | 虚拟现实控制器 |

图 4.42　Python API 控制器、虚拟机器人控制器和虚拟现实控制器

动作：在具身智能模拟器中，人工 Agent 行动能力的复杂程度有所不同，从只能执行基本导航操作到通过虚拟现实界面进行更高级别的人机互动。可以将它们分类为三个层次的机器人操作：导航（N）、原子操作（A）和人机互动（H）。

导航是所有具身智能模拟器[715]中的共同特征。它由 Agent 的能力定义，即在其虚拟环境中导航。

原子操作为人工 Agent 提供了一种执行目标任务的基本离散操作方式，大多数具身智能模拟器中都有这个功能。

人机互动是虚拟现实控制器的结果，它使人类能够实时控制虚拟 Agent，以学习并与模拟世界互动[694]。大多数较大规模的控制器倾向于同时具备导航、原子操作和 ROS 操作[691, 695, 712]的能力，这使它们能够在执行点导航或对象导航等任务时能更好地控制和操作环境中的对象。另外，ThreeDWorld、VRKitchen[694, 698]等模拟器属于人机互动类别，它们提供了高度逼真的物理模拟和多状态变化。与这些虚拟对象互动时，需要人类水平的灵巧能力。

多智能体：只有少数模拟器（如 AI2-THOR、iGibson 和 ThreeDWorld）配备了多智能体设置，原因在于当前涉及多智能体强化学习的研究较少。一般来说，模拟器需要丰富的对象内容才有构建用于人工 Agent 的对抗性和协作性训练[716-717]的多智能体特性的实际价值。由于缺乏多智能体支持的模拟器，利用这些具身智能模拟器中的多智能体特性的研究任务较少。基于多智能体强化学习的训练，目前仍然在 OpenAI Gym 环境[718]中进行。有两种不同的多智能体设置。第一种是基于角色的（AT）多智能体，存在于 ThreeDWorld[698]中，允许人工 Agent 与模拟角色进行互动。第二种是基于用户的（U）多智能体，在 AI2-THOR[691]中，可以扮演双重学习网络的角色，并通过与模拟中的其他人工 Agent 互动实现共同任务的学习[717]。

2. 具身智能模拟器的比较

基于这 7 个技术特征及来自艾伦 AI 研究所（Allen Institute of Artificial Intelligence）[719]关于具身智能的研究，作者提出了一组用于评估模拟器的次要特征。它包括三个关键特征：逼真度、可扩展性和互动性。3D 环境的逼真度由模拟器环境的逼真度和物理特性的真实程度决定。环境模拟了现实世界的物理外观，而物体模拟了现实世界内的复杂物理特性。3D 环境的可扩展性由物体类型决定。可以通过收集更多现实世界的 3D 扫描扩展数据集驱动的对象，或者通过购买更多 3D 资源扩展资源驱动的对象。互动性取决于对象属性、控制器、动作和多智能体这些因素。

基于上述具身智能模拟器的次要评估特征和 7 个技术特征分析，拥有上述三个次要特征的模拟器（例如 AI2-THOR、iGibson 和 Habitat-Sim）更受欢迎，并被广泛用于各种具身智能研究任务。此外，作者对所有具身智能模拟器进行了全面的定量比较，以比较每个模拟器的环境配置和技术性能。环境配置特性很大程度上依赖模拟器创建者建议使用的应用程序，而其他特性，如技术规格和渲染性能，主要取决于用于仿真引擎。与其他模拟器相比，AI2-THOR 具有规模较大的模拟环境，而 Habitat-Sim 和 iGibson 在图形渲染性能方面排名前两位。

接下来，笔者将讨论 9 个具身智能模拟器的各种具身智能研究任务。近年来，具身智能的关注度不断增长的原因有多个。从认知科学和心理学的角度来看，具身假设[720] 表明，智能是从与环境的互动和感觉运动（Sensorimotor）活动[721] 中产生的。直观地说，人类不仅通过"互联网 AI"范式来学习，其中大多数经验是随机的和被动的（由外部策划的）。人类还通过积极的知觉、运动、互动和交流来学习。从 AI 范式的角度看，目前，具身智能的研究任务关注的是如何更好地泛化到未知环境[722]，用于机器人的映射和导航等功能，并且需要传感器对噪声更具鲁棒性。具身智能还能通过基于学习的方法轻松集成深度、语言[723] 和音频[706] 等各种模态，从而实现灵活性和更高的性能。

笔者将从视觉探索开始介绍，然后转向视觉导航和具身问答，最后介绍具身交互。每个任务构成了下一个任务的基础，形成了如图 4.43 所示的具身智能研究任务的金字塔结构。

图 4.43　具身智能研究任务的金字塔结构

4.3.3　视觉探索

在视觉探索中[687, 724]，一个 Agent 通常通过运动和感知来收集有关 3D 环境的信息，以更新其对环境的内部模型[684-685]，这对下游任务（如视觉导航[687-688, 725]）可能是有用的。视觉探索的目标是以尽可能高效的方式完成这项任务（如尽可能少的步骤）。内部模型可以采用拓扑图映射[725]、语义地图[726]、占用地图[727] 或空间记忆[728-729] 等形式。这些基于地图的结构可以捕捉几何和语义信息，与反应性和循环神经网络策略[730] 相比，更容易进行有效的策略学习和规划[727]。视觉探索通常在导航任务之前或与导航任务同时进行。在第一种情况下，视觉探索构建内部记忆作为有用的先验，用于下游任务的路径规划。在导航开始之前，Agent 可以在一定的预算内（如有限数量的步骤）自由探索环境[684]。在第二种情况下，Agent 在导航未知的测试环境[731-733] 中构建地图，使其与下游任务更紧密地集成。本节，笔者基于现有的视觉探索综述论文[685, 687] 介绍较新的工作和研究方向。

在经典机器人学中，探索是通过被动或主动的同时定位与地图构建（Simultaneous Localization And Mapping，SLAM）[687, 727] 来完成的，利用这种方式构建环境的地图。然后，该地图与定位和路径规划一起用于导航任务。虽然 SLAM 得到了广泛研究[734]，但纯几何方法还有改进的空间。因为它们依赖传感器，所以容易受到测量噪声的影响[687]，需要进行广泛的微调。另外，使用 RGB 或深度传感器的基于学习的方法对噪声[687, 722] 更具鲁棒性。此外，在视觉探索中，基于学习的方法允许人工 Agent 融入语义理解（例如，环境中的对象类型）[727]，并将其先前看到的环境知识推广到新环境，以一种无监督方式理解新环境。

学习创建有用的环境内部模型，以地图的形式呈现，可以提高 Agent 的性能[727]。当 Agent 必须探索随时间动态变化的新环境时，智能探索尤其有用[735]，例如救援机器人和深海探测机器人。

1. 方法

视觉探索中的非基线方法通常被形式化为部分观测的马尔可夫决策过程（Partially Observable Markov Decision Process，POMDP）[736]。POMDP 可以用一个 7 元组 $(S, A, T, R, \Omega, O, \gamma)$ 表示，其中包括状态空间 S、行动空间 A、转移分布 T、奖励函数 R、观测空间 Ω、观测分布 O 和折扣因子 $\gamma \in [0,1]$。一般来说，这些方法被视为 POMDP 中的一个特定奖励函数[685]。

基线方法：视觉探索有一些常见的基线方法[685]。对于随机行动[695]，Agent 从所有行动中均匀分布地随机采样。对于前进行动，Agent 总是选择前进行动，但如果发生碰撞，则会左转。对于边界探索，Agent 使用地图[687, 737] 迭代地访问自由空间与未探索空间之间的边缘。

好奇心方法：在好奇心方法中，Agent 寻找难以预测的状态。预测误差被用作强化学习的奖励信号[738-739]。该误差关注的是内在奖励和动机，而不是来自环境的外部奖励，预测误差在外部奖励稀缺的情况下尤其有益[740]。通常，有一个前向动力学模型，用于最小化损失 $L(\hat{s}_{t+1}, s_{t+1})$。在这种情况下，$\hat{s}_{t+1}$ 是 Agent 在状态 s_t 时采取行动 a_t 时预测的下一个状态，而 s_{t+1} 是 Agent 实际会进入的下一个状态。关于好奇心方法的实际考虑因素已在文献 [738] 中列出，例如可使用 PPO 进行策略优化。一些研究已经使用好奇心方法生成了更高级的地图，如语义地图[741]。随机性是好奇心方法面临的严重挑战，原因在于前向动力学模型可以利用随机性[738] 产生高预测误差（高奖励）。这可能是由"有噪声电视"问题或 Agent 的行动执行中的噪声等因素引起的[740]。一个解决方案是使用逆动力学模型[724]，该模型估计 Agent 从先前状态 s_{t-1} 移动到当前状态 s_t 所采取的行动 a_{t-1}，这有助于 Agent 理解行动在环境中可以控制什么。虽然这种方法试图解决由环境引起的随机性，但它可能不足以解决由 Agent 的行动引起的随机性。一个例子是 Agent 使用遥控器随机切换电视频道，允许其累积奖励，但对 Agent 的能力提升没有贡献。为了解决这个更具挑战性的问题，一些方法被提出。随机蒸馏网络[742] 是一种方法，它预测了一个随机初始化的神经网络的输出，因为答案是其输入的确定性函数。另一种方法是通过分歧来探索[740]，其中 Agent 倾向于探索前向动力学模型预测集合之间具有最大分歧或方差的动作空间。模型会收敛到均值，从而减少集合的方差，并防止其陷入随机性陷阱。

覆盖方法：在覆盖方法中，Agent 试图最大化其直接观察到的目标数量。通常，这是在环境中看到的区域[685, 687, 722]。Agent 使用自我中心的观察，因此必须基于可能有阻碍的 3D 结构进行导航。有一种方法结合了经典方法和基于学习的方法[722]，使用的分析路径规划器有基于学习的且维护空间地图的 SLAM 模块，以避免训练端到端策略涉及的高样本复杂性。该方法还包括噪声模型，以提高对现实世界机器人的可推广性的物理逼真度。另一项工作是场景记忆 Transformer[730]，它在其策略网络[730] 上使用了从 Transformer 模型[48] 中改编的自我关注机制，用于对场景记忆进行自我关注。场景记忆嵌入并存储了所有的观察结果，与需要归纳偏差的类似地图记忆相比，更具灵活性和可扩展性。

重建方法：在重建方法中，Agent 试图从观察到的视图中重新创建其他视图。过去的工作侧重于 360° 全景和 CAD 模型的像素级重建[743-744]，数据通常来自由人类拍摄的照片组成的数据集[727]。近期的工作已经将这种方法应用于具身智能，在该任务中，模型必须根据 Agent 的自我观察和主动感知来执行场景重建，更具挑战性。在一项工作中，Agent 使用自我中心的 RGB-D 观察来重建超出可见区域的占用状态，并随时间汇总其预测以形成准确的占用地图[727]。占用预测是一个像素级分类任务，其中摄像机前面的 $V \times V$ 个单元中的每个单元都被赋值为已探索和已占用的概率。与覆盖方法相比，预测占用状态允许 Agent 处理不能直接观察的区域。另一项工作侧重于语义重建而不是像素级重建[685]，其中 Agent 被设计用于预测查询位置是否存在诸如"门"之类的语义概念。该工作使用 K 均值方法，其中查询位置的重建概念被建模为其特征表示的 J 个最近的簇质心。如果 Agent 获取的视图有助于其预测查询视图的重建概念，则会获得奖励。

2. 评测度量

对于视觉探索任务的评测，作者总结了两种方法：统计访问目标的数量和通过下游任务性能进行评估。前者可以通过不同类型的目标进行评估，包括访问区域[722] 与感兴趣的对象[730]。访问区域存在一些变种，例如以平方米（m²）为单位的绝对覆盖面积及在场景中探索的区域百分比。下游任务（如视觉导航）的性能很大程度上受视觉探索的影响，因此可以通过评估下游任务的性能来衡量视觉探索的输出（包括用于图像导航[689]、点导航[684]、物体导航[745] 的地图）。

3. 数据集

在视觉探索方面，一些流行的数据集包括 Matterport 3D 和 Gibson V1。Matterport 3D 和 Gibson V1 都是逼真的 RGB 数据集，包含深度图和语义分割等对具身智能有用的信息。Habitat-Sim 模拟器允许使用这些数据集，还提供了可配置的 Agent 和多个传感器等额外功能。Gibson V1 还通过添加交互和逼真的机器人控制等功能形成了 iGibson。前文提到的那些最新的 3D 模拟器都可以用于视觉探索，它们都提供 RGB 观察数据。

4.3.4　视觉导航

在视觉导航中，一个 Agent 在 3D 环境中导航到一个目标点，可以有外部先验信息或自然语言指令，也可以没有。这个任务可以使用许多类型的目标，例如点、物体、图像和区域。本节将关注点和物体作为视觉导航的目标。它们可以进一步与感知输入和语言等规范结合使用，以构建更复杂的视觉导航任务，例如带有先验信息的导航、视觉与语言导航，甚至具身问答。在点导航下，Agent 的任务是导航到一个特定的点，而在物体导航下，Agent 的任务是按预期路线到达（导航到）一个特定类别的物体位置。

传统的导航方法通常由手工设计的子组件组成，如定位、地图构建、路径规划和运动控制。具身智能中的视觉导航旨在从数据中学习这些导航系统，以减少特定案例的人工工作量，从而更容易与具有数据驱动学习方法的下游任务集成。还有结合传统导航与具身导航的混合方法，旨在将两者的优点结合在一起。基于学习的方法对传感器测量噪声更加稳健，原因在于它们使用 RGB 数据集或深度传感器，并且能够融合对环境的语义理解。此外，基于学习的方法使 Agent 能够将以前看到的环境知识进行泛化推广，帮助它理解未知环境，减少人工标注的工作量。

随着近年来研究工作的增加，相关的挑战赛已经在视觉导航的基本点导航和物体导航任务中出现，目的是加快具身智能的研究，并对相关工作进行基准测试[715]。最值得关注的挑战是 iGibson Sim2Real Challenge、Habitat Challenge 和 RoboTHOR Challenge。在这三个挑战中，Agent 仅限于自我中心的 RGB-D 观察。2020 年的 iGibson Sim2Real Challenge 的具体任务是点导航。用于训练的是 73 个高质量的 Gibson 3D 场景，而用于训练、开发和测试的是 Castro 场景，这是对真实公寓的重建。Castro 场景包含环境中不存在障碍物、存在可交互的障碍物、存在其他移动的 Agent 三种任务场景。对于 Habitat Challenge，既有点导航任务，又有物体导航任务。Gibson 3D 场景与 Gibson 数据集分割用于点导航任务，Habitat2.0 支持交互式室内场景数据集 Matterport 3D，可用于物体导航任务。该数据集指定了 61 个场景为训练集，同时有 11 个场景和 18 个场景分别为验证集和测试集。RoboTHOR Challenge 只有物体导航任务，其训练和评估分为三个阶段。在第一阶段，Agent 在 60 个模拟公寓上接受训练，其性能在另外 15 个模拟公寓上进行验证。在第二阶段，Agent 在 4 个模拟公寓及其真实世界对应物上进行评估，以测试其对真实世界的泛化能力。在第三阶段，Agent 在 10 个真实世界公寓进行评测。

1. 视觉导航任务的类型

点导航已经成为视觉导航文献中的一个基础且较受欢迎的任务[722]。在点导航中，一个 Agent 被要求导航到距离特定点一定距离的任意位置[684]。通常，Agent 在环境中的原点 $(0,0,0)$ 初始化，而固定目标点由相对于原点（初始位置）的 3D 坐标 (x, y, z) 指定[684]。为了成功完成任务，人工 Agent 需要具备各种各样的技能，如视觉感知、情景记忆构建、推理、规划和导航。Agent 通常配备 GPS 和指南针，允许其访问位置坐标，使其掌握当前自身位置相对于目标位置的方向[695, 746]。目标的相对目标坐标可以是静态的（仅在每个路径节点开始时给出一次），也可以是动态的（在每个时间步都给出）[695]。由于在室内环境中的不完全本地化，Habitat Challenge 2020 已经转向更具挑战性的任务，即基于 RGB-D 的在线定位，而不使用 GPS 和指南针[747]。

近年，已经出现了许多基于学习的点导航方法。较早的一项工作[733] 采用端到端方法，在没有地面真实地图和地面真实 Agent 姿势的情况下处理点导航任务（在未见过的环境中，不同的感官输入）。基本导航算法直接进行对未来的预测（Direct Future Prediction，DFP）[748]，其中相关输入（如彩色图像、深度图和来自四个最近观测的动作）由适当的神经网络处理（例如，用于感官输入的卷积网络）并串联在一起，传递到一个双流全连接的动作期望网络中。输出是所有动作和未来时间步数的未来测量预测。

Belief DFP（BDFP）旨在通过在未来测量预测中引入中间类映射表示（Intermediate Map-like Representation），使 DFP 的黑匣子策略更具可解释性。这受到了神经网络中的注意力机制、强化学习中的继承表示[749-750] 和特征[751] 的启发。实验证明，在大多数情况下，BDFP 的性能优于 DFP，经典的导航方法通常优于具有 RGB-D 输入的基于学习的方法。文献 [752] 提供了一种更模块化的方法。对于点导航，SplitNet 的结构包括一个视觉编码器和多个用于不同辅助任务（如自我运动预测）和策略的解码器。这些解码器旨在学习有意义的表示。使用相同的 PPO 算法[102] 和行为克隆训练，SplitNet 在以前未见的环境中胜过可比较的端到端方法。另一项工作提出了一种在室内环境中同时进行地图构建和目标驱动导航的模块化结构[731]。在这项工作中，作者在 MapNet[729] 的基础上构建了一个包括语义信息特征的 2.5D 内存和用于导航策略的 LSTM。他们展示了这种方法在以前未见的环境中优于没有地图[753] 的 LSTM 策略。

随着标准化评估、数据集和传感器设置被引入 2019 年 Habitat Challenge，近期的方法已经使用 Habitat Challenge 2019 进行评估。第一项工作来自 Habitat 团队，使用 PPO 算法、演员-评论家模型结构和用于生成视觉输入嵌入的 CNN。随后的工作提供了一个"存在证明",即在模拟环境中,具有 GPS、指南针和巨大学习步骤的 Agent(与 Habitat 的首个 PPO 工作相比,步数为 25 亿步而不是 7,500 万步)可以实现接近完美的点导航任务结果[747]。具体来说,最佳 Agent 的性能与最短路径预测器的性能仅相差 3%~5%。该工作结合了适用于在资源密集型模拟环境中进行分布式强化学习的 PPO 算法与广义优势估计[754] 算法(Decentralized Distributed Proximal Policy Optimization,DD-PPO)。在每个时间步中,Agent 接收自我的视角观察(深度图像或 RGB 图像),利用 CNN 获取图像编码特征,并利用 GPS 和指南针将目标位置更新为当前位置,然后输出下一个动作和价值函数的估计。实验表明,这些 Agent 在很长一段时间内都在改进,并且结果几乎与最短路径预测器相匹配。

下一项工作旨在通过增加辅助任务来提高资源效率和时间效率[746],从而改进这项资源密集型工作。使用与之前工作相同的 DD-PPO 基线结构,这项工作添加了三个辅助任务:动作条件对比预测编码(CPC|A)[755]、逆动力学[724] 和时间距离估计。由于端到端的基于学习的方法在计算上代价高昂,Habitat Challenge 2019 的 RGB 和 RGB-D 两个赛道的获胜者[722] 提供了一个混合解决方案,结合了经典和基于学习的方法。这项工作将学习模块化地引入"经典导航管线"中,隐式地将障碍和低级导航控制的知识纳入其中。该结构包括一个已学习的神经 SLAM 模块、一个全局策略、一个局部策略和一个分析路径规划器。神经 SLAM 模块使用观察和传感器来预测地图和 Agent 姿势估计。全局策略总是输出目标坐标作为长期目标,然后使用分析路径规划器将其转换为短期目标。最后,局部策略被训练以导航到这个短期目标。模块化设计和使用分析规划有助于显著减少训练期间的搜索空间。

物体导航是具有挑战性的具身智能任务之一。物体导航的重点是在未知环境中导航到由其标签指定的对象,Agent 会在随机位置初始化,并被要求在该环境中找到一个对象类别的实例。与点导航相比,物体导航通常更复杂,原因在于它不仅需要许多与点导航相同的技能(如视觉感知和情节记忆构建),还需要语义理解。这是使物体导航任务更具挑战性也更有价值的因素。

物体导航可以通过自适应的方式被演示或学习,这有助于在没有任何直接监督的环境中泛化导航性能。因为 Agent 学习了自监督交互损失,这有助于鼓励有效的导航,所以这项工作通过元强化学习方法实现自适应的物体导航。传统导航方法在推理期间会冻结学习模型,与传统的导航方法不同,这项工作允许 Agent 以自监督的方式学习自适应,并在之后进行调整或纠正错误。这种方法可以防止 Agent 在意识到错误之前犯下太多错误,并进行必要的更正。另一种方法是在执行导航规划之前学习对象之间的关系。这项工作实现了一个对象关系图(Object Relation Graph,ORG),它不是来自外部的先验知识,而是在视觉探索阶段构建的知识图,该图包括对象关系,如类别相似性和空间相关性。

先验导航侧重于以多模态输入（如知识图谱或音频输入）的形式将语义知识或先验信息注入 Agent，帮助具身 Agent 在见过或未见过的环境中训练导航任务。过去的工作[756] 将人类先验知识集成到深度强化学习框架中，表明人工 Agent 可以利用类似人类的语义/功能先验学会在未知环境中导航并找到未见过的物体。例如在厨房找苹果，人类往往从逻辑位置开始搜索。这些知识被编码在一个图网络中，并在深度强化学习框架中进行训练。

还有其他利用人类先验知识的例子，例如人类具有感知和捕捉音频信号模态与物体物理位置之间对应关系的能力，因此可以执行导航到声音源的任务。在这项工作中[757]，人工 Agent 选择了目标物体的多个感官观察结果，如视觉和声音信号，并找出从其起始位置导航到声音源的最短轨迹。这项工作通过视觉感知映射器、声音感知模块和动态路径规划器共同实现。

视觉语言导航（Visual Language Navigation，VLN）是一项任务，Agent 通过遵循自然语言指令学会在环境中导航。视觉语言导航的挑战在于需要顺序感知视觉场景和语言，它要求 Agent 根据过去的行动和指令来预测未来的行动。此外，Agent 可能无法将其轨迹与自然语言指令无缝对齐。视觉语言导航与视觉问答看似相似，其实存在重大差异。虽然这两个任务都可以被公式化为基于视觉的序列到序列的转码问题，但是视觉语言导航的序列更长，需要不断地将视觉数据作为输入，并具有操作相机视角的能力，而视觉问答只需要输入一个问题，并生成一个答案。人们可以向机器人发出自然语言指令，并期望它们执行任务[682-683, 758]。这是通过递归神经网络方法的进步[758] 以及专门设计用于简化导航中的任务指导和在 3D 环境中执行任务的数据集实现的。

视觉语言导航的一个典型方法就是采用"辅助推理导航"框架[723]。它处理了四个辅助推理任务：轨迹重述、进展估计、角度预测和跨模态匹配。Agent 学习推理以前的动作，并预测未来的信息任务。视觉对话导航是视觉语言导航的最新扩展，它旨在培养 Agent 与人类进行持续的自然语言对话以帮助其导航。当前在这一领域的工作[723] 使用了交叉模态记忆网络（Cross Modal Network，CMN），通过单独的语言记忆和视觉记忆模块记住和理解与过去的导航动作相关的有用信息，并进一步使用它做出导航决策。

2. 评测度量

视觉导航的主要评估指标包括按路径长度加权的成功率（Success weighted by Path Length，SPL）和成功率[684]。SPL 可以定义为 $\frac{1}{N}\sum_{i=1}^{N} S_i \frac{l_i}{\max(p_i, l_i)}$。其中，$S_i$ 是第 i 个步骤的成功指标，p_i 是 Agent 的路径长度，l_i 是最短路径长度，N 是步骤的数量。需要注意的是，SPL 存在一些已知问题。成功率是指 Agent 在规定时间内达到目标的事件比例[733]。除了这两个指标，还有两个不太常见的评估指标[684, 731, 733, 759-760]：路径长度比率，即预测路径与最短路径长度的比率，仅在成功的片段中计算。成功距离/导航误差是衡量 Agent 的最终位置与最近物体或目标位置周围的成功阈值边界之间的距离。

除了上述四个指标，还有另外两个用于评估视觉语言导航 Agent 的指标。

（1）优化成功率，即 Agent 在其轨迹中停在距离目标最近的点的比率。

（2）轨迹长度。总的来说，对于视觉语言导航任务，最好的度量仍然是 SPL，它考虑了所采取的路径，而不仅仅是目标。

对于视觉对话导航，除了成功率和优化成功率，还有另外两个指标。

（1）目标进度，即 Agent 朝着目标位置前进的平均进度。

（2）优化路径成功率，即 Agent 在最短路径上停在距离目标最近的点的成功率。

3. 数据集

与视觉探索一样，Matterport 3D 和 Gibson V1 是最受欢迎的数据集。值得注意的是，Gibson V1 中的场景较小，通常视频长度较短。AI2-THOR 模拟器和数据集也被使用。

与其他视觉导航任务不同，视觉语言导航需要一种不同类型的数据集。大多数视觉语言导航工作使用 Room-to-Room（R2R）数据集与 Matterport 3D 模拟器[758]。该数据集包括 21,567 个导航指令，平均长度为 29 个单词。在视觉对话导航[723] 中，使用了 Cooperative Vision-and-Dialog Navigation（CVDN）[761] 数据集。该数据集包括 2,050 个人际对话和在 Matterport 3D 模拟器中的 7,000 多个轨迹。

4.3.5　具身问答

在具身智能模拟器中，具身问答任务是通用智能系统领域的一项重大进展。要在具身的状态下执行问答，Agent 需要具备广泛的 AI 能力，如视觉识别、语言理解、问答、常识推理、任务规划和目标驱动导航。因此，可以认为具身问答是当前具身智能研究中最繁重、最复杂的任务。

1. 类型

对于具身问答，常见的框架将任务分为两个子任务：导航任务和问答任务。因为 Agent 需要在回答问题之前探索环境以查看物体，所以导航模块至关重要。例如，文献 [385] 提出了 Planner-Controller 导航模块（Planner-Controller Navigation Module，PACMAN），该模块包括导航模块的分层结构，其中规划器选择动作（方向），控制器决定每个动作后 Agent 移动多远。一旦 Agent 决定停止，就会使用沿其路径的帧序列执行问答模块。导航模块和视觉问答模块先分别进行训练，再通过 REINFORCE [762] 进行联合训练。文献 [763-764] 进一步改进了 PACMAN

模块，引入了神经模块控制（Neural Modular Control，NMC），其中高级主策略提出语义子目标，由子策略执行。

多目标具身问答（Multi-Target Embodied QA，MT-EQA）[764] 是一项更复杂的具身问答任务，研究包含多个目标的问题，例如"卧室里的苹果比客厅里的橙子大吗"。Agent 必须导航到"卧室"和"客厅"以定位"苹果"和"橙子"，然后通过比较来回答这些问题。

交互式问答（Interactive Question Answering，IQA）[765] 是另一个在 AI2-THOR 环境中处理物理实体化问答任务的工作。Agent 通过与物体互动来回答某些问题（例如，Agent 需要打开冰箱来回答存在性问题"冰箱里有鸡蛋吗"），因此交互式问答是具身问答的扩展。文献 [765] 提出使用分层交互记忆网络（Hierarchical Interactive Memory Network，HIMN），这是一系列控制器的层次结构，帮助系统在多个时间尺度上操作、学习和推理，同时降低了每个子任务的复杂性。一种自我中心的 GRU 充当保留环境的空间和语义信息的存储单元。规划器模块将控制其他模块，如运行 A* 搜索以找到达到目标的最短路径的导航器，执行旋转来检测新图像的扫描仪，用于执行更改环境状态的执行器，以及将回答发布给 Agent 的答复器。文献 [766] 从多智能体的角度研究了交互式问答，多个 Agent 共同探索一个互动场景以回答问题。文献 [766] 提出了多层次的结构和语义记忆作为场景记忆，供多个 Agent 共享，首先重建 3D 场景，然后执行问答。

2. 评测度量

具身问答和交互式问答包括两个子任务：导航和问答，并且这两个子任务基于不同的指标进行评估。

导航性能通过以下指标进行评估。

（1）导航终止时到目标的距离，即导航误差（d_T）。

（2）从初始位置到最终位置的目标距离变化，即目标进展（$d_\triangle$）。

（3）Agent 到目标的最短距离，即最小距离（d_{min}）。

（4）Agent 在到达最大任务序列长度之前终止导航以回答问题的任务百分比（%stop）。

（5）Agent 在包含目标物体的房间中终止导航以回答问题的任务百分比（%r_T）。

（6）当 Agent 至少一次进入包含目标物体的房间时，对应问题所占的百分比（%r_e）。

（7）目标物体的交集与并集比（IoU）。

（8）基于 IoU 的命中准确率（h_T）。

（9）任务长度，即轨迹长度。

指标（1）、（2）和（9）也用于视觉导航任务的评估。

问答性能通过预测真实答案的平均排名和准确度进行评估。

3. 数据集

具身问答[385] 数据集是基于 House3D 开发的，它是流行的 SUNCG[710] 数据集的子集，包括合成的房间和布局，与 Replica 数据集[767] 类似。House3D 将 SUNCG 的静态环境转化为虚拟环境，在这个环境中，Agent 可以在物理约束下导航（例如，不能穿过墙壁或物体）。为了测试 Agent 在语言基础、常识推理和导航方面的能力，文献 [385] 使用 CLEVR[376] 中的一系列功能程序合成关于对象及其属性（例如颜色、存在、位置和相对前置词）的问题和答案。总共有 5,000 个问题，涵盖 750 个环境，涉及 7 种独特的房间类型中的 45 个独特对象。对于 MT-EQA[763]，作者引入了 MT-EQA 数据集，其中包含 6 种构成性问题，用于比较多个目标（对象/房间）之间的对象属性（颜色、大小、距离）。对于交互式问答[764]，作者标注了一个大规模的数据集，名为 IQUAD V1，其中包含 75,000 个多项选择题。与具身问答数据集类似，IQUAD V1 包含有关对象存在性、计数和空间关系的问题。

4.3.6　具身交互

具身交互涉及 Agent 与人类协作完成任务。随着 Agent 能力的增强，人类的参与变得日益重要。人类的参与能有效引导和监督 Agent 的行动，确保它们与人类的需求和目标保持一致。在交互过程中，人类对 Agent 的安全性、合法性和道德行为提供指导或监管。这在特定领域尤为重要，例如存在数据隐私问题的医学领域。在这些情况下，人类的参与可以作为一种有价值的手段，来弥补数据不足，从而促进更顺畅、更安全的协作过程。此外，从人类学的角度考虑，人类主要通过沟通和互动来习得语言，而不仅是消化书面内容。因此，Agent 不应仅依赖于经过预注释数据集训练的模型。相反，它们应通过在线互动不断发展演进。人类与 Agent 之间的互动可以分为以下两种范式。

（1）不平等互动（指导者-执行者范式）：人类充当指令发出者，Agent 充当执行者，实际上作为人类协作中的助手。

（2）平等互动（平等伙伴范式）：Agent 达到与人类相等的水平，在互动中与人类平等参与。

接下来，介绍一些典型的具身交互模型。

1. Robotics Transformer 系列模型

2022 年 12 月，谷歌发布了机器人具身模型 Robotics Transformer 1（RT-1）[363]，这是一种多任务模型，可以使机器人的输入和输出动作以 Token 的形式表达，从而在运行时实现高效推理，使实时控制成为可能。RT-1 模型在包含 130,000 个轮次的大型真实机器人数据集上进行训练，该数据集涵盖了 700 多项任务，使用 Everyday Robots（EDR）的 13 台机器人在 17 个月内收集而成。数据集中展示了一组高级技能（包括拾取和放置物品、打开和关闭抽屉、将物品放入抽屉和取出、将细长的物品直立放置、敲倒物体、拉出餐巾纸和打开罐子）。2023 年 7 月，谷歌发布了机器人视觉-语言-动作（VLA）模型 Robotics Transformer 2（RT-2）[768]。它从网络和机器人的数据中学习，并将这些知识转化为机器人控制的通用指令。RT-2 的创新之处在于，使用前面所述的视觉语言模型 PaLM-E 和另一个视觉语言模型 PaLI-X 作为其底座。因为数据量足够大，所以能够得到足够好的训练效果。微调阶段，加入机器人的动作数据。RT-2 在微调阶段直接使用 RT-1 训练阶段使用的视觉-语言-机器人动作数据集。谷歌给出的数据显示，在抓取训练数据中出现过的物品时，RT-2 的表现与 RT-1 同样好。因为有拥有常识的大脑，所以在抓取之前没见过的物品时，RT-1 的成功率从 32% 提升到 62%。RT-1 和 RT-2 的结构图如图 4.44 所示。RT-1 接收图像和自然语言指令，并输出离散化的底座和手部动作。尽管其参数规模为 3,500 万个，但由于其高效且高容量的结构，它以每秒执行 3 次动作的速度完成各种任务。RT-2 将机器人动作表示为另一种语言（可以转化为文本标记），并与互联网规模的视觉-语言数据集一起进行训练。在推断过程中，文本标记被解码为机器人动作，从而实现了闭环控制。这使 RT-2 能够利用视觉语言模型的骨干结构和预训练，学习机器人策略，将它们的泛化、语义理解和推理能力转移到机器人控制中。

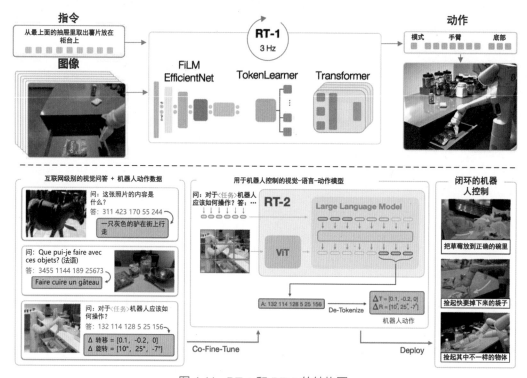

图 4.44　RT-1 和 RT-2 的结构图

2. VoxPoser

LLM 被证明拥有丰富的可操作知识，能够以推理和计划的形式提取并用于机器人操作，但大多数工作仍然依靠预定义的基本运动单元来执行与环境的物理交互。2023 年 7 月，斯坦福大学李飞飞教授团队提出 VoxPoser[769]，如图 4.45 所示。这项工作的研究目标是合成机器人轨迹，即密集的 6-DoF 末端执行器航点序列，用于给定开放指令集和开放对象集的各种操作任务。LLM 擅长从自由形式的语言中推断可行性和约束。更重要的是，根据环境的 RGB-D 观察和语言指令，LLM 生成代码，可用该代码与视觉语言模型互动，以生成一系列基于机器人观测空间的 3D 可承载性地图和约束地图（统称为价值地图）。然后，组合的价值地图作为动作规划器合成机器人操作轨迹的客观函数。整个过程不涉及任何额外的训练。

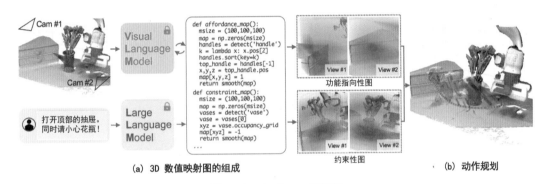

图 4.45 VoxPoser 的框架

3. RoboAgent

来自 Meta、CMU 的研究人员用了 2 年的时间，打造出通用机器人 RoboAgent[770]，其框架如图 4.46 所示。RoboAgent 仅在 7,500 个轨迹上完成训练。在 38 个任务中，RoboAgent 实现了 12 种不同的复杂技能，例如烘培、拾取物品、上茶、清洁厨房等。它的能力还能够泛化到 100 种未知的场景中。不论受到任种干扰，RoboAgent 依旧设法完成任务。

RoboAgent 建立在以下模块化和可补偿的要素之上。

（1）RoboPen：利用商品硬件构建的分布式机器人基础设施，能够长期不间断运行。

（2）RoboHive：跨仿真和现实世界操作的机器人学习统一框架。

（3）RoboSet：一个高质量的数据集，代表不同场景中日常对象的多种技能。

（4）MT-ACT：一种高效的语言条件多任务离线模仿学习框架。它通过在现有的机器人经验的基础上创建一个多样化的语义增强集合，倍增离线数据集，并采用一种具有高效动作表示法的新型策略结构，以在数据预算范围内恢复高性能策略。

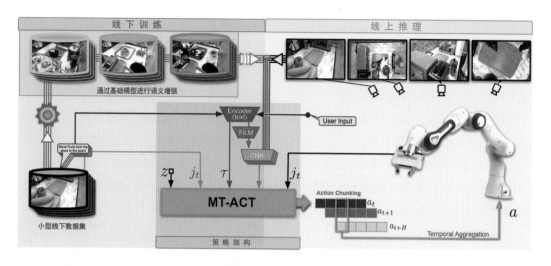

图 4.46 RoboAgent 的框架。左图：语义增强阶段，通过填充增强方式，在无须额外的人力和机器人成本的情况下，在线丰富机器人数据。右图：策略学习阶段，使用 MT-ACT（多任务动作分块 Transformer）训练语言条件策略，该策略利用有效的动作表示形式，将多模态多任务数据纳入单一的多技能多任务策略中

Meta 和 CMU 的研究人员希望 RoboAgent 能够成为一个真正的通用机器人 Agent。RoboAgent 是多向研究的集合体，也是未来更多研究方向的起点。在通用机器人 Agent 的发展过程中，研究人员深受许多可泛化的机器人学习项目的启发。

在迈向通用机器人 Agent 的路上，需要解决两大难题。一是因果两难。几十年来，拥有一个能够在不同环境中操纵任意物体的机器人一直是一个遥不可及的宏伟目标。部分原因是缺乏数据集来训练这种 Agent，同时缺乏能够生成此类数据的通用机器人 Agent。二是无法摆脱恶性循环。为了摆脱恶性循环，需要研究一种有效的范式，该范式可以提供一个通用机器人 Agent，在实际的数据预算下获得多种技能，并将其推广到各种未知的场景。

4.3.7 存在的挑战

1. 关于具身智能未来研究的一些看法

Habitat-Sim 和 iGibson 都支持视觉探索和各种视觉导航任务的研究，这表明高保真度非常重要，这两个模拟器是基于世界场景的模拟器。它们具有独特的特性，使它们更适用于非具身的独立任务（如深度强化学习），因此一些模拟器目前不连接任何具身研究任务。尽管如此，它们仍然符合被分类为具身智能模拟器的标准。

相反，像具身问答和具有先验知识的视觉导航这样的研究任务需要具身智能模拟器具有多

状态物体属性，因为这些任务涉及 Agent 与环境的互动，而 AI2-THOR 是具有交互的接口。目前，唯一不使用上述 9 个具身智能模拟器的研究任务是视觉语言导航，它使用 Matterport 3D 模拟器。这是因为以前的视觉语言导航研究不需要其模拟器中的互动功能，Matterport 3D 模拟器能满足需求。然而，随着视觉语言导航任务的进一步发展，可以预期视觉语言导航任务需要结合互动，因此需要使用具身智能模拟器。此外，与传统的强化学习仿真环境不同，后者侧重于特定任务的训练，而具身智能模拟器提供了一个训练环境，用于培训各种不同任务，类似于现实世界中的任务。

此外，根据对具身智能研究任务的调查，笔者提出了一个金字塔结构，其中每个具身智能研究任务都有助于下一个任务。例如，视觉探索有助于视觉导航的发展，而视觉导航有助于具身问答的创建。基于对具身智能研究的可预见趋势，笔者假设具身智能研究金字塔的下一个进展是任务导向的交互式问答，旨在将任务与回答特定问题相结合。例如，问题可能是"一个鸡蛋煮熟需要多长时间？橱柜里有苹果吗？"等不能通过传统方法回答的问题。它们要求具身 Agent 先执行与问题相关的特定任务，再回答这些问题。笔者假设 TIQA Agent 可以执行各种家务，这使 Agent 能够推断出对问答任务的答案至关重要的环境信息。TIQA 可能是泛化任务规划和开发模拟中通用人工智能的关键，也是将通用人工智能部署到现实世界中的关键。

2. 具身智能模拟器的挑战

目前的具身智能模拟器在功能和逼真度方面已经达到了一定的水平，使它们与用于强化学习的传统模拟器有所区别。尽管具身智能模拟器的种类繁多，但在逼真性、可扩展性和互动性等方面仍存在一些挑战。

逼真性：该部分关注模拟器的逼真度和物理特性。具有高视觉逼真度和逼真物理效果的模拟器受到机器人社区的高度追捧，它们为各种机器人任务（如导航和交互任务）提供了理想的测试平台。然而，目前缺乏同时具备世界级场景和高级物理特性的具身智能模拟器。

在逼真度方面，基于世界场景的模拟器在"仿真-现实迁移"的任务中（Sim to Real）无疑胜过基于游戏场景的模拟器。尽管有这一观察结果，但目前只有 Habitat-Sim 和 iGibson 是基于世界场景的模拟器。这种基于世界场景的模拟器的不足是阻碍具身 Agent 完成"仿真-现实迁移"任务的关键因素，进一步妨碍了具身智能研究成果在现实世界中的应用和部署。

至于物理特性，基于物理特性的预测模型的不断进步，已经凸显了具有先进物理特性的具身智能模拟器的重要性。尽管存在对具备先进物理特性的具身智能模拟器的需求，但目前只有 ThreeDWorld 这一种模拟器符合此标准。笔者相信，3D 重建技术和物理引擎的进展将提高具身智能的逼真度。

可扩展性：与可以轻松从众包或互联网上获得的基于图像的数据集不同，收集大规模基于世界场景的 3D 场景数据集和 3D 对象资源的方法和工具非常有限。这些 3D 场景数据集对于构建多样化的具身智能仿真器至关重要。当前，收集逼真 3D 场景数据集的方法需要通过摄影测量（例如 Matterport 3D 扫描仪、Meshroom，甚至移动 3D 扫描应用）对物理房间进行扫描。然而，它们不适用于大规模收集 3D 对象和场景扫描。这主要是因为用于摄影测量的 3D 扫描仪昂贵且不易获得。

互动性：在具身智能模拟器中与功能性对象进行精细操作的能力对于复制人与现实世界对象的交互至关重要。大多数基于游戏场景的模拟器提供了精细的对象操作能力和符号交互能力或简单的"点选"。基于游戏场景的模拟器的特性，研究人员在执行许多研究任务时更倾向于使用符号交互而非精细的对象操作，除非出现同时利用两者的情况。

另外，基于世界场景的模拟器中的 Agent 具有粗糙的运动控制能力，而不是符号交互能力。在这些模拟器内，对象属性主要是在表面上可交互的，这使得进行粗略的运动控制成为可能，但缺乏对象所具有的状态变化的详尽表达。因此，需要在对象属性的功能性和 Agent 可以在环境中执行的动作复杂性之间取得平衡。

毫无疑问，主流的模拟器，如 AI2-THOR、iGibson 和 Habitat-Sim，确实为推进相应的具身智能研究提供了环境。然而，它们都有需要克服的限制。随着计算机图形学和计算机视觉的发展，以及创新的现实世界数据集的引入，从真实环境迁移到虚拟环境进行领域适应是改进具身智能模拟器的明确途径之一。

3. 具身智能研究的挑战

具身智能研究任务的出现标志着 AI 任务复杂度的提升，即从基于互联网大数据的 AI 发展到具有多个传感器模态和潜在长轨迹的 3D 模拟环境的自主具身学习 Agent。这导致 Agent 的记忆能力和内部表示变得极其重要。长时间的行为轨迹和多个输入类型意味着强大的内存结构的重要性，这种结构使 Agent 能够集中注意力于环境的重要部分。因为缺乏专注于内存结构的研究工作，所以虽然已知递归神经网络在捕捉具身智能中的长期依赖性方面存在局限，但仍然很难确定哪种内存类型更好。

具身智能研究任务的复杂性不断增加，从最初的视觉探索发展到具有语言理解等新组件的问答。每个新组件的引入都使 Agent 的训练难度呈指数级增大。这一趋势催生了两个有前景的进展，首先，混合方法结合了经典和基于学习的算法[722, 733]，以减少搜索空间和样本复杂性，同时提高稳健性。其次，对先验知识的整合[686, 756]也成为关注的焦点。此外，在面对更复杂的任务时，消融研究变得更加困难。具身智能模拟器在功能和问题方面存在显著差异，这进一步增加了挑战的难度。虽然一些基本任务受到关注，有更多的应对方法，但新的和更专业的任务较少被关注。

此外，缺乏具备多 Agent 功能的仿真器，导致对多 Agent 系统的关注不足。用于 Agent 之间协作与通信的系统在现实世界中普遍存在，但关注度不高。虽然具有多 Agent 功能的仿真器已出现[691, 698, 708]，但多 Agent 系统的支持（例如，支持多 Agent 算法）是否足够仍有待观察。

4.4　本章小结

本章介绍了多模态大模型的三大典型应用：视觉问答、AIGC 和具身智能，得益于多模态大模型的快速发展，近年来这些领域均取得了突破性进展，但是否意味着 AGI 指日可待了呢？我们离 AGI 还有多远？第 5 章将揭晓答案。

5 多模态大模型迈向 AGI

ChatGPT 的出现改变了人们对 AI 的认知。人们首次见证了一个 AI 能够执行各种需要常识甚至专业知识的任务，如聊天、撰写论文和编写代码。其影响力能与 AlphaGo 相媲美，将 AI 领域逐渐推向 AGI 的方向。在此之前，AGI 一直被认为是遥不可及的目标，之前的 AI 突破都属于弱人工智能（Narrow AI），即每个 AI 只能执行一种任务，且缺乏常识。然而，ChatGPT 改变了这一现状，在 AGI 实现的道路上迈出了一大步。尽管目前 AGI 仍然相对薄弱，但 AGI 的发展是一个值得深入探讨的话题。因此，笔者首先尝试分析 AGI 面临的挑战，然后提出一些可能的技术路线，希望对 AGI 研究提供有益的启示。

随着大型数据库的不断丰富和硬件能力的快速提升，扩大模型和训练数据的规模可以不断提高模型容量，遵循扩展定律[333]，最终构建 LLM。在大规模数据库上预训练的 LLM（例如 BERT[10]、RoBERTA[66] 和 T5[25]）在各种自然语言处理任务中（例如问答[771]、机器翻译[772] 和文本生成[773]）均表现出色。模型容量的大幅增加使 LLM 具有涌现能力[23]，为将 LLM 应用于 AGI 铺平了道路。像 ChatGPT 和 PaLM 这种先进的 LLM 拥有数十亿个参数，在许多复杂的实际任务中均表现出巨大的潜力，例如具身智能[360]、代码生成[774]、教育[775] 和推荐[776]。

尽管 LLM 在许多任务中取得了成功，但其仍因为缺乏事实知识而受到批评。具体来说，LLM 记忆训练数据库中包含事实和知识[156]，然而，进一步的研究表明，LLM 无法回忆起事实，并且经常会给出与事实不符的陈述，从而产生幻觉[777-778]。例如，当被问到"爱因斯坦什么时候发现了重力"时，LLM 可能会说"爱因斯坦在 1687 年发现了重力"，这与艾萨克·牛顿提出万有引力理论的事实相矛盾。这个问题严重影响了 LLM 的可信度。由于是黑盒模型，LLM 还因缺乏可解释性而受到批评。LLM 以隐式方式将知识表示为模型参数，因此很难解释或验证所获得的知识。此外，LLM 通过概率模型进行推理，这是一个不确定的过程[779]。LLM 用于做出预测或决策的具体模式和功能无法直接被人类获取或解释[780]，即使一些 LLM 配备了通过应用思维链来解释其预测的功能[38]，其推理解释也会受到幻觉问题的影响[781]，这严重影响了 LLM 在高风险场景中的应用，例如医疗诊断和法律判断。以医疗诊断场景为例，LLM 可能会错误地诊断疾病，并提供与医学常识相矛盾的解释。这将引发另一个问题，即利用通用数据库训练的 LLM

可能无法很好地泛化到特定领域或新知识上，因为缺乏领域特定的知识或新的训练数据[782]。

使用基于 LLM 的多模态大模型能够避免从零开始训练模型，这是从弱 AI 到 AGI 的一个突破。LLM 在理解和生成类人文本方面显著优于小型模型，已成为有潜力的 AI 研究趋势。笔者从 8 个角度总结了多模态大模型面临的研究挑战：缺乏评估准则、模型设计准则模糊、多模态对齐不佳、领域专业化不足、幻觉问题、鲁棒性威胁、可信性问题、可解释性和推理能力问题。与此同时，笔者指出了多模态大模型在迈向 AGI 的过程中展现出的一些值得研究的方向：因果推理、世界模型、超级智能体 AGI Agent 及基于 Agent 的具身智能。

5.1　研究挑战

5.1.1　缺乏评估准则

大规模对话式视觉语言模型的开放性质使其全面评估变得具有挑战性。这个挑战与 LLM 的进展共存，但对于视觉输入来说问题严重，因为广泛的评估使得模型任务变得非常多样化。一个可采用的定量评估方法是定义一组涵盖多种推理类型的指令，然后将两个竞争的聊天机器人视觉语言模型的回应提交给 GPT-4 进行评分，分数范围为 1 到 10。这种"让 LLM 作为评判者"的方法是由 Vicuna-Instructions-80[37, 783] 引入的，用于 LLM 的基准测试，包括 9 个指令类别：通用、知识、数学、反事实、费米、编码、写作、角色扮演、常识。这个方法也扩展到了视觉语言模型上，例如，文献 [295] 使用 GPT-4 对 5 个标准（信息正确性、细节关注度、上下文理解度、时间理解度、一致性）进行评分，用于对处理视频定制任务的视觉语言模型进行基准测试。然而，将 GPT-4 模型用作黄金标准仍然有争议，并且有关 LLM 的基准测试和识别边缘的新进展已经被报道，可用以解决现有评估措施的局限性问题。这样的进展很可能扩展到视觉语言模型上。

5.1.2　模型设计准则模糊

大多数现有的多模态大模型都是针对文本、图像和图数据进行操作的，主要方法是增加数据量、提高计算能力和设计训练流程，以获得更好的结果。因此，如何在数据、计算资源和性能之间权衡是值得研究的。

模型多样性：研究人员在模型设计方面进行了许多尝试，然而，基于 GAN 的方法并不流行，原因有两个。

（1）鉴别器学习了有意义的特征表示，但它们在训练期间被遗忘。

（2）模式崩溃导致生成器输出单一模式的样本来欺骗鉴别器。因此，尽管研究人员尝试将基于 GAN 的方法应用于 SSL 的预训练中，但鉴别器的收敛和生成器的发散困难阻碍了该领域的发展。

模型压缩：预训练模型的计算复杂性成为关注焦点。模型训练对硬件要求很高，这样的高门槛使研究人员难以从头开始训练。例如，BERT-base 和 GPT-3 分别包含大约 1.08 亿个和 1,750 亿个参数，这不利于相关研究的开展。当然，也有一些关于预训练模型压缩的操作示例，例如 ALBERT 比 BERT-base 具有更少的参数和更好的效果，但改进模型仍需要强大的计算设备，这是难以普遍应用的，因此降低高昂的计算成本是未来研究的主要挑战之一。

模型鲁棒性：尽管许多研究人员为预训练设计了不同的前提任务，但主要问题仍然是如何设计稳健的前提任务，以及如何在大规模计算之前评估模型的性能。此外，如何公平地比较多种评估方法也是一个重大问题。对于自然语言处理，其线性特性使得深度神经网络容易受到对抗性输入的影响。尽管预训练模型在不同的自然语言处理任务上表现良好，但大多数模型基于深度神经网络，鲁棒性通常较差。在计算机视觉中，像切割和旋转这样的操作不会改变图像的本质。相反，在文本中添加、删除和替换单词等操作很可能会影响文本的语义。因此，如何提高自然语言处理领域多模态大模型的鲁棒性是一个技术挑战。

模型抗攻击：多模态大模型容易受到对抗性示例的攻击，这些攻击可以轻松误导模型给出特定的错误预测。由于语言的独特离散性，处理这种攻击非常困难，因此，当前的多模态大模型在模型抗攻击方面还有巨大的改进空间。

5.1.3 多模态对齐不佳

现有的视觉语言模型也存在视觉和语言（或其他模态）之间对齐不佳的问题。例如，与视觉提示（点、框或掩模）相比，SAM[139] 在文本提示方面的性能较弱。对于异构模态，这种对齐可能更具挑战性。ImageBind[784] 方法展示了实现多个模态之间对齐的可行方案，但仍有很大的空间去实现更广泛的相关输入之间的强大对齐能力，这些输入具有共享的语义空间。例如，当人类看到一张食物图片时，不仅可以识别出食物的类别，还可以记住味道、烹饪食物时使用的食谱，以及吃每一口食物时产生的咀嚼声。为了提供关于世界的统一表示空间，建立针对学习联合嵌入空间的基础模型至关重要。

5.1.4 领域专业化不足

尽管 LLM 作为通用任务解决器具有巨大的潜力，但要有效地扩展它的功能，使其超越简单的"聊天机器人"角色，也面临着重大挑战，于是产生了"LLM 领域专业化"的需求。具体而言，

LLM 的领域专业化被定义为根据特定领域的上下文数据进行定制，辅以领域特定的知识，优化领域目标，并受到领域特定约束的调控。LLM 领域专业化的这种转变是由几个原因驱动的。首先，在不同领域、角色和任务中，从医疗处方到法律文书，再到在线聊天等，存在显著的对话和语言风格的差异。获得这些领域对应的能力和经验甚至需要人类多年的培训，其中许多是从实际操作和专有任务中获得的。其次，不同的领域、机构和团队都对哪种响应将最大化其任务的效用函数有自己的"商业模型"，不能直接由通用的 LLM 解决器替代。更重要的是，专业级别的任务需要深入、实时和准确的领域知识，这些都不容易由预训练的 LLM 轻松实现。许多领域知识是专有资源，是组织的核心竞争力，绝不会泄露给通用的 LLM。最后，受社会规范、文化一致性、宗教信仰、法律要求和伦理的限制，语言在不同国家、地区、人口、种族、社群中都是不断变化的参数，这使得通用的 LLM 无法在没有任何定制需求的情况下成为"一刀切"的解决方案。

LLM 领域专业化是一个重要且具有挑战性的问题，需要发明并整合有效的技术来应对这些挑战，特别是以下 3 个挑战。

（1）**LLM 难以掌握最新知识**。LLM 的强大主要归功于它庞大的训练数据库。然而，这也意味着 LLM 往往有一个知识截止日期，缺乏对最新信息、事件或发现的充分访问。在许多专业领域，新的发现、法规和最佳实践不断涌现，这使得 LLM 难以跟上时代。因为从训练数据库中提取的知识是离线的，所以对于社交媒体分析和事实核查任务，LLM 可能无法处理。这表明需要定期重新训练或持续学习，以维护 LLM 在这些动态领域的性能。确保模型的新鲜度需要大量的资源，需要对数据进行持续的、高质量的收集、处理和训练。

（2）**难以在一个 LLM 中学习不同领域的所有专业知识**。LLM 具有广泛的通用领域知识，缺乏足够的特定领域知识，这使得 LLM 难以有效完成特定领域的任务。此外，特定领域的任务通常涉及复杂的概念、专业术语和实体之间的复杂关系。没有适当的指导，LLM 可能会对类似的查询（LLM 的幻觉）或重新表述的问题生成听起来合理但错误的答案。出现这个问题的原因是，LLM 的原理是基于输入来预测最可能的单词序列，而不是基于结构化的知识库提供确定性答案。研究人员已经发现用户可以通过提供少量任务特定的演示来指导模型生成更相关、更准确的任务特定的响应，从而提高 AI 系统在众多领域中的整体效用和效果。然而，为 LLM 提供有用的演示并不简单，用户的指令通常可能模糊、不完整或含糊不清，难以辨别意图或期望的结果，更不用说 LLM 只倾向于处理有限的上下文窗口（通常由其可以处理的最大序列长度决定，例如，ChatGPT 只能处理 4,097 个 Token）。

（3）**下游任务学习计算复杂性高，需要强大的模型**。为了更好地适应特定领域的应用，下游任务学习历来是一种常见的用于专业化语言模型的实践。然而，与传统的语言模型不同，将

LLM 调整为处理下游任务的模型需要大量高质量的任务特定数据。获取、清理和预处理这些数据可能是耗时且资源密集的。此外，LLM 的计算复杂性使得开发者难以确定最合适的下游任务学习策略，原因在于超参数、学习率和训练时长会显著影响模型的性能。陈等人[785] 提出让 LLM 进行下游任务学习可能会导致严重的灾难性遗忘，原因在于具有复杂体系结构的 LLM 更有可能忘记以前学到的知识，并过度拟合目标领域知识。除了数据需求和复杂的模型体系结构，LLM 中通常包含数百亿个参数，例如，GPT-3[14] 和 PaLM[21] 含有超过 1,000 亿个参数，这需要大量的算力来训练。微调或重新训练这些模型需要访问高性能的 GPU 或专用硬件（如 TPU），这是昂贵且难以获得的，尤其是对于个体研究人员或较小的组织来说。

5.1.5　幻觉问题

幻觉指的是，在基于假设的情境下，LLM 生成的输出是不真实或毫无意义的。基于生成式预训练模型的基础语言模型和视觉模型，特别是那些用于开放式对话的模型[29, 39, 294-295]，有时会自创答案。这是因为它们是基于大规模的文本或图像数据进行训练的，这些数据通常具有噪声，它们可能无法区分什么是真实的，什么是虚构的。以视觉语言模型为例，它以视觉数据作为输入条件（例如，基于图像的视觉问答），幻觉的一种形式是忽略视觉输入，只根据文本提示生成答案。控制幻觉的一种方法是为对话型 LLM 提供明确的指令，以便它能基于提供的上下文生成答案，例如，要求聊天机器人提供患者健康记录中的缺失信息，同时严格基于患者的健康数据中可用的事实。控制幻觉的其他策略包括思维链提示[786-787]、自治性思维链[788-789]，以及使用知识库进行检索增强生成[790-792]。

5.1.6　鲁棒性威胁

鉴于多模态大模型在各种应用中的普及度不断上升，评估其潜在风险具有迫切性。虽然先前的工作已经评估了多模态大模型在法律[793]、伦理学[794]、教育[795] 和推理[778] 等领域的风险，但笔者将重点放在其鲁棒性[796] 上，据笔者所知，这方面尚未得到全面评估。鲁棒性是指抵御可能导致模型故障或提供不准确结果的干扰或外部因素的能力，这对于实际应用，特别是关键安全场景下的应用非常重要。例如，当将多模态大模型或其他基础模型应用于假新闻检测时，恶意用户可能会向内容中添加噪声或特定扰动以绕过检测系统。如果没有鲁棒性，那么系统的可靠性将受到威胁。

鲁棒性[782] 威胁存在于各种情境中：分布外的样本（Out-of-Distribution，OOD）[797]、对抗性输入[798]、长尾样本[799]、嘈杂输入[800] 等。在本节中，笔者特别关注两种常见的鲁棒性：对抗性鲁棒性和 OOD 鲁棒性，这两者都是由输入扰动引起的。具体而言，对抗鲁棒性研究模型对对抗性输入和不可察觉扰动的稳定性，例如，向图像中添加训练噪声或更改文本的某些关键词。OOD 鲁棒性衡量模型在来自训练数据不同分布的未见数据上的性能，例如，使用为艺术绘画训练的模型对涂鸦作品进行分类，或使用电器评价模型分析酒店评论。

1. 对抗鲁棒性

处理对抗性输入对于 LLM 而言仍然具有挑战性。随着像 ChatGPT 这样的基础模型的普及，这种挑战仍然是各种下游任务场景的主要威胁，尤其是那些关键的安全应用场景。另外，由于对抗性输入是由人类主观生成的，不是存在于自然界中的，因此笔者认为基础模型在训练过程中可能永远无法涵盖所有的对抗性输入分布[801]。除了错误校正，一个可能的解决方案是将对抗性输入注入其训练数据，这可以提高模型对现有对抗性噪声的鲁棒性。为了实现提升模型鲁棒性的长期目标，预训练模型可以持续训练，以适应人类生成的或算法生成的对抗性输入。

至于那些未训练的，只在下游任务中使用的 π 语言模型，由于其继承了预训练模型的缺陷，因此上述挑战对其而言仍然存在。在这种情况下，如何在确保减少缺陷继承的同时实现对下游任务的完美微调或适应将是一个主要挑战。幸运的是，一些开创性的工作[802-803] 提供了解决方案。然而，随着基础模型规模变得越来越大，这些方案超出了大多数研究人员的能力，通过微调来减少缺陷可能会变得不现实。对于模型所有者和下游用户来说，如何抵御对抗性攻击又变成一个非常具有挑战性的问题。除了训练数据，提示信息也可能受到攻击[804]，这需要通过进一步的知识和算法来处理，这也是一个具有挑战性的问题。

2. OOD 鲁棒性

像 ChatGPT 这样的 LLM 具有在 OOD 数据集上取得卓越性能的潜力，这启发了笔者思考一个问题：这些 LLM 是否已经解决了 OOD 泛化问题？庞大的训练数据和参数是双刃剑：过拟合与泛化。直观地看，OOD 数据在训练过程中是不可见的，所以以将其添加到训练集中就足够了，这正是这些 LLM 所做的。然而，"数据的不合理有效性"[805] 是否真实存在呢？随着模型规模的不断扩大，LLM 何时及为什么会过拟合？这些仍然未知。

对于过拟合，一个可能的原因是，ChatGPT 的训练数据实际上涵盖了与测试集相似的分布（即使它们是在 2021 年之后被收集的）。此时，需要来自长尾领域的新数据集，以进行更公平的模型性能评估。另外，相关分析并未表明 ID 和 OOD 的性能总是呈正相关[806] 的，有时甚至可能呈负相关[807]，此时需要开发正则化技术和其他技术来提高 π 语言模型的 OOD 性能。

在学术界和工业界越来越依赖 LLM 的情况下，需要全面了解其对提示的鲁棒性。为了满足这一重要需求，PromptBench[808] 被提出。PromptBench 是一个旨在衡量 LLM 对对抗性提示的鲁棒性的基准。这项研究使用了大量的对抗性文本攻击，针对多个级别（字符、词、句子和语义）的提示进行攻击。然后，这些提示被用于各种任务，例如情感分析、自然语言推理、阅读理解、机器翻译和数学问题求解。PromptBench 生成了 4,032 个对抗性提示，经过精细评估，涵盖了 10 个任务和 15 个数据集，共计 583,884 个测试样本。PromptBench 提供了全面的分析，以揭示提示鲁棒性及其可转移性背后的奥秘，PromptBench 还提供了鲁棒性分析和实用建议，对研究人员和普通用户都有益。PromptBench 已经将代码、提示和生成对抗性提示的方法公开发布，详见 GitHub 中的 microsoft/Promptbench 项目。

3. 其他领域

对抗鲁棒性和 OOD 鲁棒性不仅存在于自然语言处理领域，还存在于其他领域。事实上，大多数研究来自机器学习领域和计算机视觉领域。计算机视觉领域的研究人员可能会思考：能否通过训练一个视觉基础模型来解决图像数据中的对抗鲁棒性和 OOD 鲁棒性问题呢？例如，ViT-22B[84] 通过在有 40 亿张图像的 JFT 数据集上训练，将视觉 Transformer[11] 的参数扩展到 220 亿个，成为大型视觉基础模型。虽然 ViT-22B 在不同的图像分类任务上展现出卓越的性能，但与其他 LLM 一样，它在参数增加时并没有展现出新的能力[23]。

理论、算法和优化是 AI 中的基础研究领域。首先应该承认，基础模型的成功归因于这些领域，例如，大多数 LLM 采用 Transformer[48] 等先进的训练方法。其次，基础模型的成功为这些领域带来了启示：能否通过开发新的理论、算法和优化方法来解决像对抗鲁棒性和 OOD 鲁棒性这样的问题呢？这样的研究可以为基础模型提供有价值的贡献，提高数据训练的效率。最后，这些领域的研究人员不应气馁，科学研究应该是多样化的，不应局限于计算资源密集的研究领域。

5.1.7 可信性问题

尽管过去十年来 AI 领域取得了一些进展，但可信 AI 仍然难以实现。如今的 AI 在大量文本和图像上以统计方法进行训练，参数量如天文数字一般，令人印象深刻，但经过训练后它们仍可能给出合理但不正确的答案。因此，它们是不可信、不稳定和脆弱的。下面解释可信性中的几个术语。

不可信：一位医生向 ChatGPT 提出一个问题后，要求 ChatGPT 提供出处，即引用参考文献。ChatGPT 给出的是一篇非常有说服力的期刊中的文章，但医生发现这篇文章并不存在："它选用了一份真实的期刊，《欧洲内科杂志》，还使用了在该期刊上发表过论文的作者的名字……然而，它凭空杜撰出了一个似乎支持这个观点的文章标题。"另一个例子是，律师因引用了 ChatGPT "找到" 的 6 个不存在的案例而受到了处罚，还有多人由于虚构的证据被指控犯了他们没有犯的罪。

脆弱：LLM 有时会犯人类不会犯的错误。例如，当 ChatGPT 告诉笔者《罗密欧与朱丽叶》的结局是 "罗密欧自杀了" 时，笔者问 "罗密欧是否在剧中死去"，它回答 "没有办法知道!"当笔者问 "非圆形滑板轮是否能像圆形滑板轮一样有效" 时，它也回答错误。另一项研究表明，系统可能会受到人类不会受到的对抗性攻击的影响。在笔者看来，根本问题在于 LLM 对世界运作方式的无限丰富性理解不够，以及对日常生活、人际互动、不同文化理解得太少。要简单地定义 "理解" 是非常困难的，理解的范畴主要涉及知识、推理和世界模型，而在 LLM 中，这些都没有得到很好的处理。

知识：人类知道许多个别事实，且同样重要的是，人类拥有大量广泛、稳定的常识（例如，一个人不能同时出现在两个地方）和大量关于世界运作方式的定性理解（例如，如果下雨，露天的物品会被淋湿），但 LLM 不一定拥有这些知识。

推理：人类经常将知识片段组合起来进行多步推理。简而言之，人类拥有知识和推理能力，今天的生成式 AI 却没有。

下面将 "知识" 和 "推理" 分解成 16 个关键要素[809]。一个可信的 AGI 不必以与人类完全相同的方式思考，但它至少应该具备以下 16 种能力。

（1）**解释**：可信的 AI 应该能够释解其提供的所有答案的推理过程。连续询问 "为什么会这样" 后，它应该给出越来越多的基础知识，并最终归因于已知的基本事实。该推理链中涉及的每一条证据、知识、经验法则等，都应该有来源或出处。这比人们期望的标准要高，但在科学、家庭医疗保健、金融等重要领域，这是必要的。解释应根据上下文、用户拥有的先前和隐含知识及用户受制约的资源等内容生成，尽可能简洁明了，优先考虑而过滤细节。

（2）**推理**：可信的 AI 应该能够像人类一样进行深入的推理，以和人类相同的方式对结果进行推导。例如，人知道国家有边界，而中国是一个国家，因此推断中国有边界。这种推理是假设推理。另一种是算术推理，例如，如果有人进入一个原本有 4 个人的房间，那么现在房间内有 5 个人。穷举搜索是另一种类型的推理，例如，即将被 "将军" 的象棋选手考虑了在某一点上的所有走法和反走法，并将对手击败。理解连接词，如 "和""或""不" 也很重要，包括各种 "变种" 的否定。推理还包括识别一段陈述与另一段陈述明显矛盾的情况，以及一段陈述与另一段陈述明显重复的情况。

（3）**归纳**：归纳通常被认为是对推理的一种补充，用于总结那些不能从逻辑上推导出的结论。一个典型的例子是，动物的物种通常决定了其解剖学定义上的主要特征。如果你听说一种新型的无脊椎动物刚刚被发现，并且听说或看到它有 8 条腿和两只翅膀，你会归纳出这类动物大多数都有 8 条腿和两只翅膀。虽然这种推理有时是错的，但它有助于人们应对复杂世界中的问题。一种几乎无处不在的归纳形式是时间映射。如果你相信或知道 X 在时间 t_1 是真实的，那么你可以推断在时间 t_2 它有多大可能是真实的。例如，我得知你拥有一栋房子，从中我可以推断 2 年前或 3 年后你是否拥有它。大多数这类映射都遵循一种概率衰减分布，这同样适用于不同的场景。事物常在边界和事件中断处发生变化。

（4）**类比**：许多人类推理涉及将目标物与远距离或无关的事物进行类比，这要求了解可能与目标物有可比性的广泛的事物（对象、行为、属性等）。

（5）**归纳性推理**：有时也被称为最佳解释推理。如果一个清洁工看到一个房间里有一把椅子，看起来像他昨晚看到的椅子，那么可以假设，在其他条件都相同的情况下，这与他昨晚看到的是同一把椅子。这种推理方式可能会导致结果错误，但与归纳和类比一样，它非常有用，人们一直在使用它。

（6）**心智理论**：当人类与他人交谈时，通常会构建一个模型，用于了解对方的知识、技能和兴趣等。这个模型会指导对话的互动方式，结果是，与同事的交流可能会更简洁，而与陌生人的对话可能会更复杂。与不同背景或年龄的人互动也会基于先验和内隐知识进行调整。一个表达过于啰嗦的 AI 可能会显得高傲或卖弄，而一个表达过于简洁的 AI 可能会被认为神秘或不合作，最严重的是可能会被误解。AI 应该随着时间的推移逐渐修改其他 Agent（及整个世界）的模型，添加新的时间标记的修改版本，而不是覆盖并仅保留最新的模型。另一个重要的心智理论方面的内容是 AI 的自我模型。AI 应该了解自己是什么，当前在进行什么活动，为什么这么做，以及与用户之间的"契约"是什么。

（7）**量词流利性**：考虑"每个瑞典人都有一个国王"与"每个瑞典人都有一个母亲"——每个瑞典人当然都有同一个国王，但并不是每个瑞典人都有同一个母亲。在语言逻辑中，通过使用量化的变量可以自然地避免这种歧义。第一个句子可以写为"存在一个国王 x，对于每一个瑞典人 y，x 是 y 的国王"，而第二个句子可以写为"对于每一个瑞典人 y，存在一个母亲 x，x 是 y 的母亲"。

（8）**情态流利性**：除了量词，人们经常使用短语来修饰陈述，例如"我希望……""他害怕……""我相信……""我计划……""因为……所以……"等。这些短语体现了人类的言谈习惯，人类非常擅长正确地处理这些情态运算符，包括深度嵌套的情态运算符。

（9）**可废除性**：可信推理的许多内容都只是默认情况下才成立的。新信息一直在涌现，如果已知新信息，可能会得出不同的结论。为了增加可信性，AI 需要吸收新信息，并修改其早期的信仰和答案。对于一些关键应用，它可能需要积极告知使用者，它正在撤回和修改它过去给出的某些回应。

（10）**利弊论点**：有些有争议的真实世界的问题没有明确的答案（例如，我应该去哪个大学？我应该买什么车？）。相反，通常有一组支持每个可能答案的正面和负面论点。在某些情况下，它们可以被加权和评分（通常，人类依赖一套启发式的方法来优先考虑其中一个论点，例如，喜欢新鲜的而不是陈旧的，选择专家而不是新手等）。

（11）**上下文**：有些建议适用于足球比赛，不适用于课堂讲座（例如，站起来欢呼表示赞同）。有些陈述在某人（或某群人）的信仰体系中是真实的，但在其他人的信仰体系中不是。有些陈述（如瑞典国王是谁）会随着时间的推移而改变。具有上下文知识，以及在上下文中（或跨上下文）进行推理的能力至关重要，还必须能够推理出上下文。大多数人类交流都会留下一些上下文暗示，在执行任务时（与人交往时）使用上下文可以推断为什么被问及这个问题，可能面临什么资源限制，用户的上下文是什么，LLM 的响应将被用于什么场景等。文化是一种重要的上下文类型，明确上下文可以减少误解，促进跨文化交流。

（12）**元知识和元推理**：一个可信的推理者，无论是人类还是 AI，都应能够访问和推理其自身的知识，最好包括每个事实或经验法则的历史及来源，还应该具有一个能够评判自己了解或不了解及在各种任务上的表现的模型，而不应该轻率地提出猜测。在解决某个问题时，推理者有时可能会暂停，反思，审视自己一直在尝试的策略，确认这个策略是否奏效，还需要多长时间能解决问题，更改策略是否会更好等。事后分析自己的行为是很重要的，有助于改进未来的策略和方法。AI 应该能够自省并解释为什么改变对某事的看法。AI 应该能够理解并创造笑话，这通常涉及元推理、常识和心智理论，一种重要的元推理类型是对某个特定信息源是否可信进行批判性思考，心智理论、上下文、赞成与反对的论证都可以被视为元知识和元推理的类型。

（13）**明确的伦理原则**：一个值得信赖的 AI 应该遵循一套核心的指导原则，这些原则几乎是不可侵犯的，例如不撒谎或不造成情感和身体上的伤害。然而，众所周知，这些原则通常是复杂的、相互矛盾的（例如，为了不伤害某人而撒谎）、不断变化的，需要通过元推理来解决。对于这个核心原则应该是什么，很难达成共识，因此一个重要的方向是如何设计一个包含多个上下文的大空间，使每个上下文都继承自更一般的上下文，并保留个性化的修改，与 AI 的交互也将位于这些上下文中。另一个重要方面是 AI 当前的伦理法规体系应该被每个人明确知晓，这个原则绝对不能被改变，它构成了 AI 与用户之间小型的、不可变的核心契约。在与人互动的过程中，成功执行某些任务可能需要 AI 具备共情力（至少应具备同情和道歉的能力）。另外，AI 需要向与之互动的每个人做出承诺，并遵守这些承诺，例如不泄露秘密。

（14）**足够的速度**：与人类处理任务的工作方式一样，AI 需要根据其正在处理的问题类型足够快地做出响应。一些应用需要微秒级的响应时间（因此无法由人类执行），一些应用需要实时的对话响应时间（大约 0.25s），对于其他应用来说，以较慢的速度响应也可以。人类的"硬件"水平相对统一，而 AI 的响应速度取决于它的计算硬件的水平。

（15）**具备足够的语言能力和具身能力**：许多任务几乎不可能在没有执行者的情况下完成，无论是人还是 AI，执行者需要用自然语言交流，或听说（理解和生成适当的语调），或在视觉上解析场景和识别物体，四处移动物体，操作物理物体，使用仪器和设备，感知纹理、压力、温度、气味等。也有许多任务几乎不需要这种具象化的运动或感知能力，几乎不需要自然语言对话能力就能完成。自然语言理解涉及许多与 AI 完备性相关的要素，如隐喻、讽刺、铺垫、反讽、潜台词等。虽然在这些任务场景下，AI 的知识和推理几乎与自然语言无关，但我们仍然需要了解和掌握不同自然语言的词汇、语法、成语等，以及如何将语言特定的术语和短语映射到 AI 的知识表示术语和表达中。

（16）**广泛而深入的知识**：笔者认为，彼此交谈或写信的人之间都有一个庞大的共享基础知识网络，从常识到各种世界知识。由于互联网无处不在，掌握大量事实的重要性不如过去那么重要，但一个高效的人或 AI 应该能够在需要时访问并理解他们需要的事实。人类依赖网络搜索较多，但 AI 可能在这方面不太擅长，AI 更擅长访问数据库、网络服务器和结构化网站。根据前面的 15 个要素，一个可信的 AI 应该能够利用它拥有或获得的所有知识的含义，做到至少与大多数人一样出色，且在必要时以尽可能快的速度完成所有这些工作。

还有一些要素实际上是上述 16 个要素的组合，比如规划。规划可能涉及上述所有的要素。选择也是如此。另一个例子是学习，学习也可以利用上述所有的推理能力。例如，一个机器人可能需要学习大量的知识才能学会如何开车，但人类只需要有限的经验就能熟练掌握这项技能，这是因为人类拥有丰富的背景知识和推理技能。如果一种 AGI 希望在错误成本高昂的情况下获得信任，它应该具备上述 16 种能力。现有的 LLM 在这 16 种能力上大多存在问题。

5.1.8 可解释性和推理能力问题

可信多模态大模型[810] 的推理过程应该有可解释性，并提供透明度，展示其生成内容的方式。大多数机器学习模型具有黑盒特性，因此在关键场景下，尤其是在高风险行业中以商业用途使用 LLM 时，如进行医疗诊断、招聘和贷款申请等，用户通常无法理解模型决策背后的推理过程。面对这些问题，新的生成语言模型，如 ChatGPT，为解释和推理提供了一种新的方法。这些 LLM 专为对话而设计，可以与用户互动，提出并澄清问题，通过对话传达其思考过程。这种独特的对话能力有助于培养用户间的信任和透明度，原因在于 LLM 可以用自己的话解释其推理过程。尽管如此，在完全信任和理解 LLM 的内部工作方式之前，仍然有许多未解决的问题。因果推理在逻辑推理问题中是一个独特的挑战[811]，这是因为它测试 LLM 是否能够模仿人类，即对未在提示或训练数据中观察到的事件进行合理想象[812]，使 LLM 能够模仿人类进行因果推理，极大地提升其推理和解释能力，有助于得出干预的效果、推理出反事实，并预测潜在的结果。然而，当前的模型在实现稳健的类人因果认知方面仍然面临着重大挑战。

1. 缺乏可解释性

可解释机器学习模型在医疗保健、金融等领域表现出色，因此关于模型可解释性的研究大量涌现。一系列增强监督和非监督机器学习模型可解释性的方法被提出，特别是基于删除的解释方法[813]，如 Shapley 值[814] 或反事实解释[815]，这些方法根据它们对输出的影响来定义输入的重要性。直观地说，如果去掉一个特征后输出没有变化，那么可以合理地假设该特征对输出的影响很小。此外，许多工作还采用基于概念的解释方法[816]，旨在确定给定概念（如种族、性别）在模型预测中的实际使用频率。还有一种流行的方法是显著性图[817]，它使用梯度信息确定输入特征的重要性。当然，还有许多其他方法，笔者无法在这里一一提及，建议读者参考文献[818-820]。这些方法也已经被调整以适应经典的自然语言处理设置[780, 821-822]，可用于情感分析、多选题问答等任务。

鉴于 LLM 前所未有的对话和文本生成能力，出现了一种新的解释研究方向，即使用检索增强模型。通过向 LLM 提供相关的参考文档可指导模型输出，这些模型旨在提供理由和透明度。用户可以检查检索源以决定是否信任 LLM 的输出。使用检索增强 LLM 已经获得了不错的结果，这些 LLM 为用户提供了明确的信息来源。典型的例子包括使用外部数据库，如 Web 浏览器[115]、搜索引擎[254]、整理的文档数据库[823-824] 或维基百科[825-826]。首先，检索相关文档；然后，通知 LLM 输出。使用检索增强的方法也存在问题，例如 LLM 中的上下文长度有限，在需要检索太多文档时可能会出现问题。为了处理长文本，开发者在 LangChain 这样的库中实现了一种改进方法，该方法迭代地将检索到的文档汇总成压缩提示，减少了有效的上下文长度。

与上述技术不同，Bills 等人[827] 引入了一种创新的方法，利用 LLM 来解释 LLM。他们假设 LLM 内部的特定节点对应生成过程中的某些主题。通过观察生成过程中的节点激活情况并使用次级 LLM 来预测激活节点，他们设法识别在生成主题时被高度激活的 1,000 多个节点。这种方法使用了 3 个语言模型：主题模型（被解释的模型）、解释器模型（关于主题模型行为的假设）和模拟器模型（基于这些假设进行预测）。解释 LLM 输出最有效的方法之一是让 LLM 利用思维链[83] 方法，允许 LLM 解释自己的思维方式，向用户阐明推理过程，这种解释方式已经开辟了一个全新的研究领域。

2. 缺乏通用的推理能力

推理是各种自然语言处理任务的基本能力，包括问答、自然语言推理和常识推理[828]。构建逻辑推理链的能力对于产生连贯且令用户接受和信任的答案至关重要。了解和评估 LLM 的推理能力的一种可行方法是思维链解释[83]。研究表明，对于仅提示 LLM 回答问题的场景，LLM 在生成思维链[83] 时在问答任务上可以获得更高的准确性，这证明了思维链的好处。自洽的思维链[38]，旨在进一步提高逻辑一致性。思维树[283]，允许 LLM 进行交互式回溯并探索替代的逻辑推理链，避免固守在一个有缺陷的单一推理链路上。

当前的 LLM 是否能像人类一样以逻辑方式推理？越来越多的证据表明，LLM 在回答问题时可能会提供看似合理但不正确或无效的解释。例如，有的研究[829] 仔细评估了思维链解释，并发现它通常不能准确地反映 LLM 真正的底层推理过程。通过在输入中引入受控的偏置特征，例如始终将正确答案放置在选项 A 中，发现 LLM 未在其思维链中依赖这些明显的偏置。研究[830] 表明，ChatGPT 可以通过错误或无效的逻辑步骤得出正确的数学定理结论。对关键逻辑推理任务的性能分析，如阅读理解和自然语言推理，进一步暴露了 LLM 推理能力的局限性。研究[831] 发现，ChatGPT 和 GPT-4 的性能在需要逻辑推理的数据集上显著下降，尽管它们在大多数现有基准测试中的表现相对良好。这表明，当前 LLM 的成功可能依赖于特定的数据集，而不是因为有了人类的推理能力。此外，LLM 利用逻辑推理任务中的浅层虚假模式，而不是有意义的逻辑[832]。例如，在自然语言推理基准测试中，LLM 严重依赖前提和假设之间的词汇重叠。文献 [832] 展示了 GPT-3 的预测与启发式线索（如词汇重叠）的相关性非常强，但不具有实质性的逻辑关联。在一个基于侦探谜题[833] 的归纳推理基准数据集中，每个谜题有 4～5 个答案选项。在归纳推理任务中，LLM 需要基于可用信息构建最佳的解释或假设。研究表明，GPT-3 几乎无法超越随机猜测，而 GPT-4 只能解决 38% 的侦探谜题。

上述不同任务的结果凸显了 LLM 与人类逻辑推理能力之间的差距。目前，存在一系列提高 LLM 推理能力的方法，这些方法可以分为 4 种类型：提示工程、预训练和持续训练、有监督微调、强化学习。

正如之前提到的，提示工程，如思维链、指令调整和上下文学习，可以增强 LLM 的推理能力。例如，周等人[215] 提出了最少到最多提示，以提高推理能力。最少到最多提示要求 LLM 将每个问题分解成子问题，并查询已有知识以获取每个子问题的答案。文献 [45, 312] 中提到，在特定领域（例如 arXiv 论文和代码数据）使用高质量数据预训练 LLM 可以提高模型在这些领域的下游任务中的性能。相比之下，为实现复杂的推理任务，一些工作[51, 834] 从一开始就使用数据对 LLM 进行预训练。

监督微调不同于持续训练，因为它主要训练 LLM 对下游任务进行准确预测，而不是持续在语言建模目标上精进。钟等人[118] 建议在多任务微调中添加由人工注释的思维链增强数据。付等人[835] 展示了可以通过模型专一化将 LLM 的推理能力应用到较小的模型中，该专一化数据由较大的模型生成，用于微调较小的模型。专一化数据包括专为复杂推理（例如上下文思维链，将思维链与问题和答案结合在一起）而设计的多种格式的数据。李等人[836] 在编码测试数据上微调 LLM，并引入了一个过滤机制，检查抽样答案是否能通过编码问题提供示例。一系列工作[837-838] 利用强化学习来提高 LLM 的推理能力，这些方法设计了能够捕捉特定推理问题关键模式的奖励模型。推理可以涵盖极其广泛的任务范围，因此评估 LLM 的复杂推理能力具有挑战性，并需要在一套全面的任务上进行基准测试。

3. 缺乏因果推理能力

与逻辑推理（基于前提得出结论）不同，因果推理（Causal Inference）是通过识别因果关系，对事件或世界状态之间的关系进行推理，主要针对因果关系进行识别。因果推理任务具体考查 LLM 对因果关系的理解，包括推断随机变量（例如温度和纬度）[839] 和事件（例如一个人撞到了桌子，啤酒杯掉到了地上）[812] 之间的因果关系，回答反事实问题，以及理解结构因果模型的规则[840]（例如 d-分离）。

在推断给定文本片段中事件的充分和必要原因的任务中，Kiciman 等人[812] 发现，可能 GPT-4 对必要原因的推断非常准确，但其推断充分原因的准确性要低得多。这是因为推断事件的充分原因需要 LLM 回答一组大量的反事实问题。具体来说，在每个事件被去除或替换的反事实条件下，LLM 需要考虑除结果和可能的充分原因事件之外的所有情况。CORR2CAUSE[840] 是一个新的数据集，用来评估 LLM 如何从基于结构因果模型的相关性中推理因果关系。具体而言，每个问题都基于一个因果图，其中的因果关系是为一组变量预定义的。LLM 被提供有关变量数量和统计关系的事实，并需要推断关于变量因果关系的声明是否有效。例如，假设有一个简单的因果图 $A \to C \leftarrow B$，要使用这个因果图来测试 LLM 对结构性因果模型的理解是否准确。针对此需求，如 Jin 等人提到的[840]，可以确定一个提示，向 LLM 提供上下文和图中的相关性信息。提示应包括以下信息。

（1）因果模型中有 3 个变量。

（2）与相关性有关的事实：$A \text{ not} \perp C$，$B \text{ not} \perp C$ 和 $A \perp B$。

此外，提示应向 LLM 显示一种假设的因果关系，例如 A 直接导致 C。最后，研究人员要求 LLM 决定假设的因果关系是否有效。结果表明，没有进行微调的 LLM 几乎无法超越随机猜测。此外，通过使用少量示例对 LLM 进行微调，可以显著提高其推理准确性。然而，这种改进的性能在不同措辞的文本模板或在重新命名变量的情况下并不稳定。

案例研究：假设有一个特定的因果推理任务，用来测试 LLM 是否能理解必要原因的概念，尤其是在情感分析中。遵循文献 [841] 中的定义，将特征 $X_i = x_i$ 作为情感 y 的必要原因的概率定义为 $\mathrm{PN}(x_i) = \mathbb{P}(Y_{X_i = x_i'} \neq y | Y = y, X_i = x_i, X_{\neg i} = x_{\neg i})$。

这个定义意味着：

（1）观察到一个带有情感 $Y = y$ 的句子，感兴趣的特征 $X_i = x_i$，其他特征 $X_{\neg i} = x_{\neg i}$；

（2）如果 x_i 是一个必要原因，那么完全删除特征 x_i 会改变句子的情感。

如图 5.1 所示，在提示中，要求 LLM 完成 4 项任务。首先，LLM 需要生成一个表达情感的句子。其次，要求 LLM 检测属于情感必要原因的事件。再次，要求 LLM 通过修改必要原因来改变句子的情感。最后，LLM 要决定是否需要修改句子中的其他事件。对于这些步骤，LLM 必须理解句子中事件之间的因果关系，以生成一句连贯的反事实句子。请注意，这个任务与文献 [812] 中提到的必要原因检测任务不同。这个任务的目标是通过修改事件重写句子以翻转情感标签，LLM 需要正确理解哪个事件决定了情感、必要原因与句子中其他事件之间的因果关系。相反，文献 [812] 中的任务只要求 LLM 找出句子中的哪个事件是另一个事件的必要原因，只考虑了两个事件之间的因果关系。如图 5.1 所示，原始句子的因果关系是一个简单的链式结构，情感是负面的，如 "球迷们感到失望" ← "棒球比赛取消" ← "暴风雨"。可以观察到，当请求 text-davinci-003 将原始句子中的情感从负面改为正面时，它修改了确定情感和其必要原因的事件。这导致产生了一个逻辑和语义不一致的新句子。根据常识，"棒球比赛推迟"不会导致"球迷们感到兴奋"。

> 完成以下4项任务。
> 1. 句子生成任务：请生成一个表达情感的句子。这个句子中必须包含一个事件，该事件是产生该情感的必要原因，并且句子中必须有另一个事件。
> 2. 必要原因检测任务：在上面提供的句子中，识别属于情感必要原因的事件。
> 3. 情感改变任务：你能通过修改任务2中识别的必要原因来改变句子的情感吗？确保句子前后一致。
> 4. 事件修改必要性决策任务：在任务3中改变情感后，是否有必要修改句子中的其他事件以保持其逻辑和语义的一致性？

> [text-davinci-003]：生成的句子表达了一种失望的情感："暴风雨导致棒球比赛取消，使球迷们感到失望。"属于情感必要原因的事件是被取消的棒球比赛。
> 要改变句子的情感，必要原因可以修改为"暴风雨导致棒球比赛推迟，使球迷们感到兴奋。"
> 不需要修改句子中的其他事件来保持其逻辑和语义的一致性。因为在没有改变其他事件的情况下，情感已经被成功改变

图 5.1　使用提示测试 LLM 的因果推理能力，特别是理解概念的能力

5.2　因果推理

随着 LLM 的参数规模和训练数据集规模的增加，LLM 能够完成更复杂的任务，例如用编程语言编写代码，生成故事、诗歌、文章等文本，并在某些推理任务中表现出强大的性能[812]。令

人印象深刻的是，当要求 LLM 解释输出、根据新证据更新结论，甚至生成反事实情景时，LLM 可以给出合理的响应。图 5.2(a) 为这种推理的示例。LLM 讨论了因果问题，如潜在的混杂因素，并建议进行 A/B 测试以正确描述请求。与此同时，LLM 并不完美，它可能会提出荒谬的主张，而且经常在逻辑和数学方面犯基本错误，更不用说复杂的推理了。图 5.2(b) 为一个 LLM 给出错误因果答案的示例。继续对话，并要求 LLM 通过因果意识来考虑潜在的混杂因素（例如，在线广告和报纸广告的受众特征及人口规模是未知的），尽管如此，LLM 还是给出了错误答案，因为它没有考虑到报纸广告和在线广告在宣传成本和受众上的差异，仅靠销售额来判断。这引发了一个争论：LLM 是真正具备了因果推理能力，还是不可靠的模仿者？如果 LLM 正在进行因果推理，那么它可能进行哪类因果推理，以及它可能被用来实现哪些目的？本节将介绍因果推理的基本概念及 LLM 和因果推理的关系。

系统：你是一名商业顾问，在回答人们应该怎么做的问题时，你会给出清晰、合理但简短（5~15 行）的建议。
用户：美国西部一家玩具店的老板想知道他们在 12 月初投的广告是否真的比以前的广告好。这是他们的销售数据：
10 月：$10,200；11 月：$10,000；12 月：$13,000；1 月：$10,100；
他们现在想要决定 2 月播放哪个广告。你能帮他们确定 12 月的销售增长是否为广告的功劳吗？注意新的广告制作要多花费 1000 美元，所以玩具制造商有兴趣最大化他们的利润。
GPT-4：基于获得的数据，很难明确地将 12 月销售的增长归因于新广告，因为假日季节和其他外部因素可能影响了销售。为了做出更明智的决定，我建议在 2 月进行一项 A/B 测试，将目标受众分为两组，一组展示旧广告，另一组展示新广告。比较两组的销售表现，计算净利润（考虑新广告的 1000 美元额外成本），以确定哪个广告在推动销售和最大化利润方面更有效。这将更清晰地了解广告对销售的影响。

（a）GPT-4 驱动的顾问给出合理的因果答案

用户：谢谢。在 2 月，玩具店老板把他们的受众分为两组，分别向他们展示两个不同的广告。他们在报纸上向人们展示旧广告，在网上向人们展示新广告。当人们走进商店时，店主问他们看到的是哪一个广告。2 月，他们发现他们向看到新的在线广告的人出售了价值 6000 美元的玩具，向看到旧的报纸上的广告的人出售了价值 4500 美元的玩具。玩具制造商在 3 月应该怎么做？
GPT-4：基于 2 月的结果，新的在线广告比旧的报纸上的广告多产生了 1500 美元的销售额。考虑到新广告的制作成本增加了 1000 美元，净利润增加了 500 美元。在这种情况下，似乎新的在线广告在推动销售方面更有效。对于 3 月，玩具店老板应该继续使用新的在线广告，但也要考虑监控广告的长期表现，以及目标受众偏好的任何潜在变化或可能影响销售的外部因素。此外，店主可能希望进一步探索如何优化新广告，以最大限度地提高其成本效益及覆盖范围。

（b）继续对话，GPT-4 给出了错误的因果答案

图 5.2　探究 LLM 的因果推理能力

5.2.1　因果推理的基本概念

相关并不意味着有因果关系，两个变量相关并不意味着其中一个导致了另一个。实际上，统计学习模型建立了数据的相关性。通过观察足够多的独立同分布数据，可以发现统计学习方法在独立同分布设置下表现出色。然而，当面对不满足独立同分布假设的问题时，这些方法的性能较差，例如，在图像识别模型中，当看到图像中的"天空"时，便直接预测"鸟"，原因在于模型拟合了数据集"天空—鸟"这类伪关系。因果学习[811, 842] 不同于统计学习，其目标是发现超

越统计关系的因果关系。学习因果关系要求机器学习方法不仅预测独立同分布实验的结果，还要从因果角度进行推理。因果推理可以分为三级。第一级是关联。上面提到的统计机器学习方法属于这一级。关联的典型问题是"天空变灰时天气会如何变化"，这个问题询问了"天气"和"天空的颜色"之间的关联。第二级是干预。基于干预的问题询问了干预的效果，需要回答在采取特定办法时的结果，这不能仅通过学习数据关联来回答。第三级是反事实。反事实问题的典型形式是"What if I had"，它关注的是条件未实现时的结果，反事实推理旨在比较相同条件下的不同结果，但反事实问题的前提是不存在的。

1. 结构因果模型

结构因果模型（Structural Causal Model，SCM）考虑了因果关系的构建方式。假设有一组变量 $X_1, X_2, \cdots, X_n$，每个变量都是因果图中的一个顶点，即构成一个有向无环图（Directed Acyclic Graph，DAG），描述变量之间的因果关系。然后，这些变量可以被表示为一个函数的结果：

$$X_i = f_i(\mathrm{PA}_i, U_i) \approx P(X_i | \mathrm{PA}_i), \ i = 1, 2, \cdots, n \tag{5.1}$$

其中，PA_i 表示因果图中的变量的父节点，指的是未测量的因素，如噪声。确定性函数提供了对变量 X_i 的因果关系的数学形式表达。利用图形因果模型和 SCM 语言，可以将联合分布用如下方式表示：

$$P(X_1, X_2, \cdots, X_n) = \prod_{i=1}^{n} P(X_i | \mathrm{PA}_i) \tag{5.2}$$

公式 (5.2) 被称为联合分布的乘积分解。在分解和图形建模之后，数据集的因果关系和影响可以表示为因果图和联合分布。

2. 独立因果机制

独立因果机制（Independent Causal Mechanisms，ICM）原则可以表述如下：系统变量的因果生成过程由不相互通知或不相互影响的自主模块组成。从概率上说，这意味着在给定原因（机制）的条件下，每个变量的条件分布不会通知或影响其他变量的条件分布。独立因果机制原则描述了因果机制的独立性。假设真实世界由不同风格的模块组成，那么这些模块可以代表世界的物理独立机制。将独立因果机制原则用于分解公式 (5.2)，表达如下：

（1）改变（或干预）一个机制 $P(X_i | \mathrm{PA}_i)$ 不会改变其他机制 $P(X_j | \mathrm{PA}_j)$ $(i \neq j)$。

（2）知道一个机制 $P(X_i | \mathrm{PA}_i)$ 不会获取有关另一个机制 $P(X_j | \mathrm{PA}_j)$ $(i \neq j)$ 的信息。

独立因果机制保证了对一个机制的干预不会影响其他机制，进一步证明了在具有相同模块的领域之间传递知识的可能性。

3. 因果推断

在医药领域,因果推断的目的是估计不同治疗方法的效果。例如,如果有一种药物 A,$A=1$ 表示使用药物,$A=0$ 表示不使用药物,那么 $A=1$ 就是一种治疗方法,患者的康复是治疗方法 $A=1$ 的结果。在这种情况下,因果推断的目标是揭示治疗方法 $A=1$ 的效应。反事实结果是未采取的行动的潜在结果。例如,如果采取 $A=1$ 这种治疗方法,那么 $A=0$ 就是反事实结果。治疗方法 $A=1$ 的平均效应(Average Treatment Effect,ATE)可以表示为

$$\text{ATE} = E[Y(A=1) - Y(A=0)] \tag{5.3}$$

其中,$Y(A=1)$ 表示治疗方法 $A=1$ 的潜在结果。$Y(A=0)$ 是反事实结果。

受成本和道德等因素的影响,现实世界中的观察数据通常是不完整的。从反事实的角度来看,如果观察到的数据都是施以治疗这一种方案,便难以获得未施以治疗的结果。因此,需要采用因果推断来分析某种治疗的效应。

4. 因果干预

机器学习中的因果干预旨在捕获干预(变量)的因果效应,并利用数据集中的因果关系来提高模型的性能和泛化能力。因果干预的基本思想是使用一种调整策略,修改图形模型并操纵条件概率,以发现变量之间的因果关系。在本节中,笔者将介绍两种干预策略:后门干预和前门干预。

1)后门干预

假设我们使用贝叶斯规则来衡量 X 和 Y 之间的因果效应,则可以得到如下结果:

$$P(Y|X) = \sum_z P(Y|X, Z=z)P(Z=z|X) \tag{5.4}$$

这个条件分布无法代表 X 和 Y 的真实因果效应,原因在于存在后门路径 $X \leftarrow Z \rightarrow Y$。这里的变量 Z 是一个混淆因子,不仅影响了干预前 X 的情况,还影响了结果 Y,这将使条件分布成为 X 和 Z 的综合效应,导致虚假相关性。为了消除由后门路径引入的虚假相关性,后门干预使用 do 运算符来计算干预概率 $P(Y|\text{do}(X))$,而不是条件概率 $P(Y|X)$:

$$P(Y|\text{do}(X)) = \sum_z P(Y|X, Z=z)P(Z=z) \tag{5.5}$$

与 $P(Y|X)$ 相比,$P(Y|\text{do}(X))$ 被替换成具有边缘分布的条件分布 $P(z|X)$。图 5.3 是后门干预的示例。在干预因果图中,从 Z 到 X 的边被删除以阻止后门路径 $X \leftarrow Z \rightarrow Y$。因此,在

干预后，X 和 Z 变得独立。经过后门干预，干预分布 $P(Y|\text{do}(X))$ 可以消除 X 和 Z 之间的虚假相关性，并计算出变量 X 的真实因果效应。后门干预通过查找和阻止指向它的后门路径来测量变量间的因果效应。

图 5.3　后门干预的示例

2）前门干预

在一些因果图中，后门干预需要的条件可能难以满足（例如，在因果图中不存在后门路径，或者阻止后门路径的变量未被观察到）。在这种情况下，可以应用前门干预来估计因果效应。如图 5.4 所示，假设变量 Z 是一个未被观察到的变量，那么后门干预将无效，原因在于未观察到边缘分布 $P(z)$。然而，如果有一个在前门路径 $X \to W \to Y$ 上被观察到的中间变量 W，则可以确定 X 对 W 的影响，原因在于从 X 到 W 的后门路径被位于 Y 处的碰撞器所阻止：

$$P(W|\text{do}(X)) = P(W|X) \tag{5.6}$$

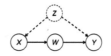

图 5.4　前门干预的示例

请注意，存在从 W 到 Y 的后门路径 $W \leftarrow X \leftarrow Z \to Y$，可以通过后门干预来阻止这条路径：

$$P(Y|\text{do}(W)) = \sum_x P(Y|W,x)P(x) \tag{5.7}$$

而 X 对 Y 的影响效应可以通过对 W 上的所有情况求和来表示：

$$P(Y|\text{do}(X)) = \sum_w P(Y|\text{do}(W=w))P(W=w|\text{do}(X)) \tag{5.8}$$

然后，通过应用公式 (5.6) 至 (5.9)，得到前门干预公式：

$$P(Y|\text{do}(X)) = \sum_w \sum_x P(Y|W=w,x)P(W=w|x)P(x) \tag{5.9}$$

前门干预通过两次应用 do 运算符来确定 X 对 Y 的影响效应，一次用在中间变量 W 上，另一次用在阻止后门路径的变量 X 上。这样，未观察到的变量 Z 可以在干预中被绕过。

总之，后门干预要求事先确定混淆因素。因此，在混淆因素可观察的情况下，后门干预是有效的。然而，在计算机视觉领域，数据偏差很大，难以知道并确定不同类型的混淆因素。特别是对于一些具有挑战性的任务，视觉和语言模态中的混淆因素并不总是可观察的。此时，前门干预提供了一种在无法明确混淆因素时的可行计算方式。

5.2.2　因果的类型

因果科学中涵盖了许多建模和推理因果关系的方法，包括基于协方差和基于逻辑的方法，以及用于推理类型因果关系和实际因果关系的方法。因果科学是研究因果关系的科学，它是理解世界及其运作方式的基本工具。正确的因果推理对于做出正确的决策、构建鲁棒性系统及科学发现本身都至关重要。虽然因果建模和推理的进展已经将因果科学的核心概念形式化了，但不同领域存在不同的任务和问题，因此各领域采用了虽相关但不同的概念和工具。本节将描述 3 种因果关系和任务。

（1）基于协方差和基于逻辑的因果关系：区分了强调数据分析的方法与强调逻辑推理的方法。

（2）类型与实际因果关系：侧重于因果问题的设置，询问一般的因果关系，比如对于一个群体，询问有关特定事件的具体原因。

（3）不同因果任务及因果类型。

1. 基于协方差和基于逻辑的因果关系

统计学、生物统计学和计量经济学领域，主要强调基于协方差的因果分析。这类方法使用统计方法从数据中发现和估算因果关系的强度[843-844]。应用场景包括评估药物的功效、理解新经济政策的影响，以及优化业务决策。因果分析通常从一个问题开始，该问题的答案会被转化为统计估计，并使用适当的数据进行估算[845]。其他领域，如法律、法医调查和故障诊断领域，通常强调基于逻辑的因果关系，使用逻辑推理和领域知识来推断系统中的因果关系[846]。例如，一些法律责任的概念涉及根据反事实推理，以及合理情景来确定事件的直接原因[847]。

2. 类型与实际因果关系

类型因果关系涵盖了对变量之间因果关系的推理，例如因果发现和因果效应估计[848]。相比之下，实际因果关系（也称为具体因果关系）是指特定事件导致其他事件发生的程度的推理[849]。

换句话说，实际因果关系关注的是对特定事件及其原因的推理，而类型因果关系则侧重于评估变量及其平均效应。例如，涉及医学的问题，"吸烟是否导致肺癌"、"患肺癌的原因是什么"或"吸烟增加患肺癌的风险有多大"，都是类型因果关系推理的示例。科学家通常对类型因果问题感兴趣，原因在于这些问题有助于发展理论并进行预测。例如，干预的平均因果效应可以告诉我们其对一般人群有什么影响，这些影响可用于制定政策。相比之下，实际因果关系的问题包括"是弗雷德的吸烟习惯导致了他的肺癌，还是他暴露在石棉中导致的?"或"这台机器出故障的原因是什么?"这些问题涉及特定情境下的决策，问题的答案不需要推广到其他情境。尽管如此，这些答案对于需要做出特定决策或得出特定结论的场景依然非常重要，例如，确定患病原因或修理故障机器。在实际操作中，除了简单的逻辑推理，为了确定实际因果关系，通常使用"前向模拟"的过程来预测事件的结果，或者将事件归因为观察到的结果[850-851]。

3. 不同因果任务及因果类型

因果任务可以分为因果发现、效应推断、归因任务、判断任务和其他任务。因果任务旨在推理系统中的因果关系。因为其他机制和环境也在变化，所以以理解和改善期望的结果为目标。值得注意的是，尽管其中一些任务有交叉——它们可能共享共同的抽象关系（如因果图），或者一个任务的输出可能作为另一个任务的输入——但能解决一类任务并不意味着能解决其他任务。

因果发现属于恢复管理系统的基础因果任务，通常用恢复系统的因果图[848,852]来描述。在类型因果关系的背景下，解决因果发现任务主要使用基于协方差的方法。**效应推断**是对已知或假定的因果关系的强度进行表征的任务。虽然它通常被描述为基于协方差的方法，但效应推断确实依赖逻辑推理方法来确定因果假设的有效性[853]，以及识别敏感性分析方法（如负控制[854]）。效应推断主要集中在类型因果关系的情景中。**归因任务**是确定变化原因的任务。归因方法包括基于协方差和基于逻辑的方法，可以在类型和实际因果关系情景中使用。例如，在类型因果关系情景中，确定大规模互联网服务性能下降的可能原因是基于协方差的分析；在实际因果关系情景中，确定系统执行中特定错误的原因是基于协方差的分析[855]，而在纵火调查中确定火源则是基于逻辑的分析[849]。**判断任务**[856]将归因任务扩展为有关结果的奖励或责任分配的问题，这些问题中通常包含有关行为者的道德、正常性和意图的额外考虑因素[857]。以上只是众多因果任务中的一部分，其他任务包括政策优化、决策制定、解释、科学发现等。

5.2.3 LLM 的因果推理能力

LLM 的因果推理[812]涉及不同种类的因果知识和推理方法，包括一般性和领域特定的因果机制的先验知识，因果推理和反事实推理的直观和逻辑方法，以及基于协方差的因果关系。实践结果表明，LLM 带来了显著的新能力，这些能力与现有的因果推理方法相辅相成。它们通过捕捉与任务相关的人类领域知识来实现因果推理，这构成了所有因果分析的重要组成部分。因此，LLM 具有改变因果分析方式的能力，有潜力协助因果推理过程的每个步骤，如图 5.5 所示。在处理现实世界的因果任务时，人们会在递归、迭代及证明前提和推论的过程中，策略性地在基于逻辑和基于协方差的因果关系之间切换。

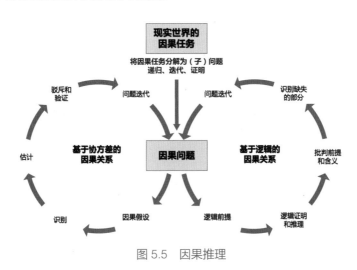

图 5.5　因果推理

在给定一组变量的情况下，因果发现[848] 是表征数据生成过程的因果图的任务。从成对因果任务开始，基于 LLM 的方法在很大程度上优于现有的发现算法，文献 [812] 中的模型在 Tubingen 基准上取得了 97% 的准确率，而以前的最佳准确率为 83%。该基准包括来自各领域的一百多个因果关系，领域包括物理学、生物学、动物学、认知科学、流行病学和土壤科学等。文献 [812] 中的模型在一个与医疗疼痛诊断相关的现实任务上重复了这个实验，并获得了与 GPT-3.5 和 GPT-4 模型类似的高准确率。在发现完整图等更具挑战性的任务上，文献 [812] 中的模型发现 LLM 与基于深度学习的方法竞争力相当。尽管如此，LLM 还是会出现错误，因为 LLM 仅考虑元数据（变量名称），而不分析数据值。

无论 LLM 是否真正进行了因果推理，它利用经验执行的某些因果任务的能力足够强，足以为当前仅依赖人类的因果推理任务提供支持。例如，传统的因果发现和效应推断在很大程度上依赖系统中潜在因果机制的先前领域知识。目前的最佳实践依赖人类领域专家提供这些知识，但捕捉领域知识并正确表示仍然是一个挑战，这也是影响因果分析有效性的主要因素。LLM 的能力带来了以编程方式访问一系列（记忆或推断出的）因果机制的可能性，捕捉了一般性知识和领域特定的知识，并可以通过协助引导、评论等方式增强人类领域专家的能力。LLM 能提供其他好处，包括能够理解和形式化因果场景、能根据对世界的背景知识生成相关的正式前提，以及识别和正确构建具有挑战性的因果约束、验证和反驳（如负控制和正控制等）。这些都是以前仅依赖人类领域专家的任务，现在可以在有人监督的情况下部分或完全自动化实现。然而，LLM确实存在意外的失效模式。在文献 [812] 研究的每个任务中，LLM 都取得了高于平均值的准确度，但也在某些输入上犯了简单且难以预测的错误。此外，它们的鲁棒性在很大程度上取决于所使用的提示[858]。

5.2.4 LLM 和因果发现的关系

LLM 是一种特定类型的机器学习模型，使用了 Transformer 这一类深度神经网络结构[10]。LLM 的主要任务是预测下一个单词。最初，下一个单词的预测主要基于单词分布概率。后来，模型训练应用了额外的人工反馈来塑造奖励函数，以考虑除单词分布概率之外的因素，如遵循指示和安全性[15]。一些研究探讨了 LLM 的因果能力[859]，例如，文献 [858] 考虑了由 $3 \sim 4$ 个节点组成的简单图，并测试 LLM 是否能够将其恢复为正确的结构。研究人员考虑每一对变量（A, B），并要求 LLM 对两个竞争性陈述进行评分，一个暗示 A 导致 B，另一个暗示 B 导致 A。文献 [839] 考虑一个更难的任务，使用有关医学疼痛诊断的数据集，发现基于 LLM 的诊断准确性较低。

因果发现是学习变量之间因果关系结构的任务[848]。通常，因果发现的输出是一个有向图，其中边表示因果效应的存在和方向。这样的图表征了数据生成过程的底层特性，指定了一个变量的变化如何影响其他变量。然后，该图将用作与任务相关的下游分析的基础，例如效应推断、预测或归因。使用正确的图表来编码因果假设对于确保下游分析的正确性至关重要。换句话说，因果发现是每个因果任务都依赖的基础任务。

挑战在于，通常情况下，不可能仅通过观测数据来学习给定数据集的正确图表。原因在于，在相同的数据分布下，存在多个可能的图结构，这些图构成了马尔可夫等价类[811]。在过去的二十年中，有两种主要方法被提出，用以克服这一限制。第一种方法是将数据生成过程限制为特定的功能形式，从而可以确定单个图表[852]。例如，在线性数据生成过程中添加非高斯噪声[860]或假设所有函数都是非线性的，带有加性噪声[861-862]。然而，仍然存在不可识别的简单情境，如线性方程和高斯噪声的数据集。第二种方法是利用深度学习的能力联合建模所有变量的协方差，并希望这样可以提高学习到的图表的质量。然而，识别问题仍然没有解决。因此，对最先进的因果发现方法在真实世界数据集上的评估呈现出惊人的效果[863-864]。LLM 通过关注与数据集中变量相关的元数据，而不是它们的数据值，为因果发现问题的解决提供了新的思路。通常，这种基于元数据的推理是由人类领域专家进行的，在他们构建因果图时使用。

5.2.5　多模态因果开源框架 CausalVLR

CausalVLR[865] 是中山大学人机物智能融合实验室（HCP-Lab）构建的多模态因果开源框架，用于因果发现和因果推理，它基于 Python 编写，涵盖了各类典型的多模态认知推理任务，如 AIGC、问答推理、图像/视频标注、模型泛化和鲁棒性分析、具身交互、医疗问诊与决策等。CausalVLR 是目前唯一针对多模态认知推理任务的因果推理开源框架，提供了丰富的案例、基座模型、模块插件和模型仓库，可以灵活配置各类多模态因果推理方法，并提供长期的技术支持。

CausalVLR 框架具有以下几个关键特点。

1. 统一结构

CausalVLR 搭建了多模态因果推理模型的统一代码框架，支撑多种典型的多模态任务，如图 5.6 所示。已经开源了因果自洽的思维链推理、视觉问答、医学报告生成、医疗问诊和模型鲁棒性的示范案例。CausalVLR 将视觉-语言任务的因果框架分解为不同的组件，通过组合不同的组件，研究人员可以轻松构建一个定制化的因果推理框架，如图 5.7 所示。此外，CausalVLR 提供了海量数据集和预训练模型，供研究人员参考。

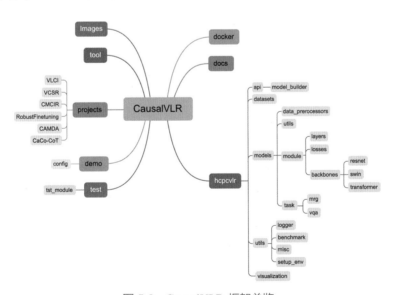

图 5.6　CausalVLR 框架总览

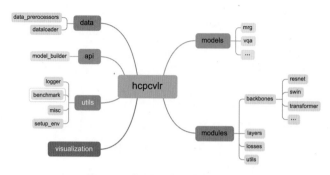

图 5.7　定制化的因果推理框架

2. 通用模块插件

CausalVLR 支持因果干预、因果关系、反事实推理、因果图生成等通用模块插件。开发人员可以参考通用模块的开发教程和代码，快速部署相关模型。

3. 灵活配置

CausalVLR 提供各类多模态任务基座模型，通过修改配置文件，完成指定多模态任务模型的实现，如图 5.8 所示。各类基座模型定期更新，保证模型的时效性。

图 5.8　CausalVLR 配置案例

4. 交互式推理

CausalVLR 提供了统一定制的模块结构，只需要简单几行代码即可实现模型快速部署与验证，并能提供可视化 UI，可用于监控与验证模型的效果。CausalVLR 提供交互式推理过程，展现因果推理过程的动态变化。如图 5.9 所示，CausalVLR 实现了问答推理任务的因果干预可视化、医学报告生成任务的因果干预可视化、因果关系发现基座模型生成因果图，以及因果自洽的交互式思维链推理过程可视化，便于技术人员直观地调试模型，促进多模态因果推理技术和社区的发展。

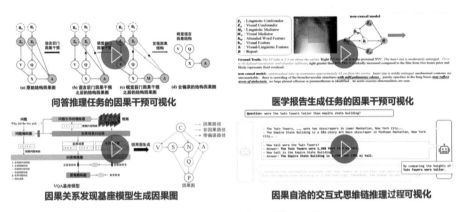

图 5.9　CausalVLR 交互式推理示例

5.3　世界模型

2022 年 6 月，被公认为卷积神经网络之父的 Yann LeCun 提出了世界模型（World Model）的概念[866]，并提出了 3 个相当长时间内都难以真正被解答的问题。

（1）机器如何像人类和动物一样高效地学习？

（2）机器如何学会推理和规划？

（3）机器如何在多个抽象层级上学习感知和行动规划的表征，从而有能力在不同时间范围内执行推理、预测和规划任务？

Yann LeCun 并不否认当前 AI 的能力，他认为 AI 在训练数据对应的特定领域任务上依然非常有用，比如翻译和图像识别等。但对于以 GPT 和 BERT 为代表的 LLM，Yann LeCun 认为它们本质上只是自回归生成模型。大致来说，自回归生成模型的工作方式是先预测一个序列的下一个 Token，然后将预测出的 Token 加入序列，继续预测下一个 Token。这些 Token 可以是文本，也可以是图像块、语音片段等。Yann LeCun 认为，由于现如今的 LLM 都只在文本上进行训练，因此只能非常粗浅地理解世界。即使 LLM 凭借大量参数和海量训练数据展现出强大的文本理解能力，它们捕获的依然只是文本的统计规律，并不是文本在现实世界中代表的真正含义。这种对底层现实知识的缺乏会导致 LLM 犯错，有时这些错误还非常愚蠢。Yann LeCun 认为，如果模型能使用更多感官信号（比如视觉）学习世界的运作模式，那么它就能更加深刻地理解现实。这也是 Yann LeCun 更关注图像和音频等多模态数据研究的原因。本节将介绍世界模型的概念及基于世界模型思想设计的一些模型。

5.3.1 世界模型的概念

人类和动物似乎能够以一种独立于任务的、无监督的方式，通过观察和少量互动，学习关于世界运行的大量背景知识。可以假设，这些积累的知识可能构成所谓的常识。常识可以被视为世界模型的集合，可以告诉 Agent 什么是可能的，什么是合理的，什么是不可能的。使用这样的世界模型，动物可以通过少量训练来学习新技能。Agent 可以预测自己行为的后果，它们可以推理、计划、探索和想象问题的新解决方案。重要的是，它们还可以避免在面对未知情况时犯危险的错误。

人类、动物和智能系统使用世界模型的观念在心理学领域有着悠久的历史[867]。20 世纪 50 年代以来，把预测世界下一个状态的前向模型作为当前状态或即将发生的行动的函数来使用，已成为最优控制的标准程序[868]，该程序也被称为模型预测控制。在强化学习中使用可微世界模型的做法长期以来受到忽视，但 LLM 时代，这一做法正在卷土重来[869]。对于自动驾驶汽车系统来说，它可能需要数千次强化学习训练才能理解"在转弯时驾驶过快会导致不良结果"并学会减速以避免打滑。相比之下，人类可以依靠他们对物理世界的掌握和理解来预测这些结果，并在学习新技能时避免大部分致命的行动。

世界模型正是这些关于认识世界的抽象概念和感受的集合，不需要专门训练，它能自发地认知到常识。如图 5.10 所示，婴儿在早期认知过程中只需要通过非任务特定的感知即可完成对世界的认识[866]，在此基础上结合简单的固有行为和内在动机快速学习新任务。

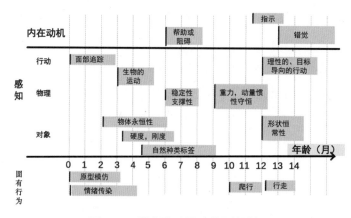

图 5.10 婴儿随时间对世界的认知

常识不仅可用于预测未来的结果，还可以填补缺失的信息，无论是时间上的还是空间上的。因此 Yann LeCun 认为，可以设计能够使机器以无监督（或自监督）方式学习的世界模型，并利用这些模型来预测、推理和规划。而其中一个主要的技术难题是如何设计可以处理复杂不确定性任务的可训练世界模型，为此他提出了图 5.11 中的世界模型框架。

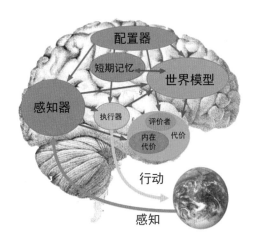

图 5.11   世界模型框架

假设该模型中的所有模块都是"可微"的，即将一个模块送入另一个模块（通过连接它们的箭头）可以得到代价的标量输出相对于其自身输出的梯度估计，下面分别介绍各模块。

（1）**配置器模块**：接收来自其他所有模块的输入，并通过调整它们的参数和注意力回路为当前任务进行参数配置。具体来说，配置器模块可以激活感知器、世界模型和代价模块，以满足特定任务的需求。

（2）**感知器模块**：接收来自配置器的信号，用于估计当前世界的状态。然而，在特定任务中，感知到的世界状态中只有一小部分是相关且有用的。因此，配置器会通过适当的方式预调整感知系统，以从感知器中提取与当前任务相关的信息。

（3）**世界模型模块**：模型体系结构中最复杂的部分。其作用有两个，估计感知器模块所不提供的关于世界状态的缺失信息，以及预测合理的世界未来状态。世界模型可以预测世界的自然演变，也可以预测由执行器模块提出的一系列动作导致的未来世界状态。这些状态由代表世界状态不确定性的潜变量完成参数化。世界状态的哪些方面是相关的，这取决于当前的任务，因此配置器模块会配置世界模型以处理当前任务，并在包含与当前任务相关信息的抽象表示空间内进行缺失信息或未来世界状态的预测。理想情况下，世界模型将决定世界状态的多个抽象级别的表示，从而在多个时间尺度上进行预测。对于该模块的实现，存在一个关键问题，即世界模型必须能够表示世界状态的多种可能预测，但是自然界并不是完全可预测的，尤其是自然界中包含其他可能具有对抗性的 Agent（产生了预料之外的环境交互）。即使世界中只包含具有混沌行为或其状态不完全可预测的无生命物体，也有两个基本问题需要解决：如何使世界模型进行多轮合理的预测并表示预测中的不确定性，以及如何训练世界模型。

（4）**代价模块**：以能量这一标量量化指标来衡量 Agent 的"不适感"水平。能量是指两个子模块的能量之和，两个子模块分别是内在代价模块和可训练的评价者模块。Agent 的总体目标是采取行动，以保持处在能够最小化平均能量的状态中。内在代价模块是不可变、不可训练的，它计算的是内在能量这样一个标量，用于测量 Agent 瞬时的"不适感"——可以理解为痛苦（高内在能量）、愉悦（低或负内在能量）、饥饿等。该模块的输入可以是感知器模块对世界当前状态的理解，或者是世界模型模块预测的潜在未来状态。Agent 的最终目标是在长期内最小化内在代价，这是基本的行为驱动和内在动机。内在代价模块的设计决定了 Agent 行为的性质，比如鼓励四足机器人行走时感觉"好"、在与人类互动以激励社交行为时感觉"好"、在察觉到附近的人感到喜悦以激励同理心时感觉"好"、在能量充足时感觉"好"、在经历新情境以激发好奇心和探索欲时感觉"好"、在履行特定计划时感觉"好"等，这些时候能量较低。相反，当面临痛苦或容易识别的危险情况（接近极端高温、火灾等），或使用危险工具时，能量将会很高。一方面，内在代价模块可以通过配置器模块进行调制，在不同时间驱动不同的行为。另一方面，可训练的评价者模块用于预测未来内在能量的估计值。与内在代价模块一样，其输入可以是世界的当前状态或者是由世界模型模块预测的可能状态。在训练过程中，评价者模块检索短期记忆模块中存储的过去状态和代价模块中的内在代价，并通过前者训练自己来预测后者。代价模块的两个子模块都是可微的，因此能量的梯度可以通过其他模块进行反向传播。

（5）**短期记忆模块**：存储与过去、当前和未来世界状态相关的信息，以及内在代价的相应价值。世界模型在时间上预测未来（或过去）的世界状态，同时在空间上找回有关当前世界状态的丢失信息或纠正不一致的信息，访问和更新短期记忆。世界模型可以向短期记忆模块发送查询指令并接收检索到的值，或存储新的状态值。评价者子模块可以通过从内存中检索过去的状态和相关的内在代价进行训练。这种结构类似于著名的键-值内存网络（Key-Value Memory Network）[870]。

（6）**执行器模块**：计算一系列行动的提案，并将第一个行动（或一系列短期行动）输出给执行器，这是一个循环迭代的过程。世界模型从行动序列中预测未来的世界状态序列，并将其传递给成本模块。成本模块估计了与提议的行动序列相关联的未来能量。执行器可以访问估计成本相对于候选行动序列的梯度，因此可以使用基于梯度的方法计算最小化估计成本的最佳行动序列。如果行动空间是离散的，则可以使用动态规划方法找到最佳行动序列。优化完成后，执行器将第一个行动（或一系列短期行动）输出。这个过程类似于最优控制中的模型预测控制[868]。

5.3.2　联合嵌入预测结构

Yann LeCun 认为训练世界模型是自监督学习的一个典型例子，其基本思想是利用感知到的有限信息对未来输入（或未观察到的输入）进行预测。然而，这存在 3 个需要解决的问题。

（1）世界模型的质量取决于状态序列的多样性。

（2）世界不是完全可预测的，即可能存在多个合理的世界状态且遵循当前执行器给出的行动提案。

（3）世界模型必须能够在不同的时间尺度和不同的抽象层次上做出预测。

为此，Yann LeCun 提出了联合嵌入预测结构（Joint Embedding Predictive Architecture，JEPA），如图 5.12 所示。

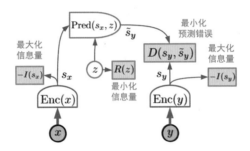

图 5.12　JEPA 示意图

JEPA 不是生成式的，它不能轻易地用于从 x 预测 y。它仅仅用于捕获 x 和 y 之间的依赖关系，而非显式地生成 y。图 5.12 为两个变量 x 和 y 被输入到两个编码器，产生两个表示 s_x 和 s_y。这两个编码器可能不同，它们不需要拥有相同的体系结构，也不需要共享参数。这使得 x 和 y 在本质上可能是不同的（例如视频和音频）。预测模块从 x 的表示中预测 y 的表示，而预测模块可能依赖于潜变量 z。在这里，能量只是表示空间中的预测误差：

$$E_w(x,y,z) = D(s_y, \text{Pred}(s_x, z)) \tag{5.10}$$

通过最小化 z 获得总能量：

$$\hat{z} = \arg\min_{z \in Z} E_w(x,y,z) = \arg\min_{z \in Z} D(s_y, \text{Pred}(s_x, z)) \tag{5.11}$$

$$F_w(x,y) = \min_{z \in Z} E_w(x,y,z) = D(s_y, \text{Pred}(s_x, \hat{z})) \tag{5.12}$$

JEPA 的主要优点是，它在表示空间中执行预测而不需要预测 y 中的每一个细节。$\text{Enc}(y)$ 为抽象表示的提取函数，利用它可以消除不相关的细节。为了表示状态序列的多样性，将 s_y 作为其不变性，将潜在变量 z 作为条件（也就是执行器的行动）。另外，JEPA 可以使用非对比式的方法进行训练，这可以通过以下 4 个准则实现。

（1）s_x 应该最大限度地提供关于 x 的信息内容。

（2）s_y 应该最大限度地提供关于 y 的信息内容。

（3）s_y 应该更容易从 s_x 中被预测出来。

（4）最小化用于预测的潜变量 z 的信息内容，以此代表不确定性。

其中准则（1）、（2）和（4）共同防止能量模型的崩溃：准则（1）、（2）保证 s_x, s_y 拥有更多与输入相关的信息，确保准则（3）可以在表示中正确预测 $\hat{s}_y$；而准则（4）通过让 z 变得离散、低微、稀疏或嘈杂，强制模型在尽可能少的潜在帮助下预测 $\hat{s}_y$，使模型无法忽略 s_x。

此外，JEPA 学习的是使世界可预测的抽象表示，而不可预测的细节则被编码器消除或由 z 表示，因此 JEPA 允许分层堆叠以对世界状态的更粗略描述执行长期预测，即 Hierarchical-JEPA。笔者以一个具体的例子来说明。当驾驶汽车时，鉴于在接下来的几秒内提出的方向盘和踏板操作步骤（任务序列），驾驶员可以准确预测汽车在一时段内的轨迹。在更长时段内，轨迹的细节较难预测。但是，驾驶员仍然可以在更高层次上进行准确的预测：忽略轨迹的细节、其他车辆、交通信号等的影响，汽车可能会在可预测的时间范围内到达目的地。在这个层面的描述中，详细的轨迹将被省略。但是，大致的轨迹，如地图上绘制的轨迹，是可以表示的。可以使用离散的潜变量来表示多条备选路线。

在提出 JEPA 的理论概念后，Yann LeCun 在计算机视觉领域展开了对世界模型的验证并提出了基于图像的联合嵌入预测结构（Image-based Joint Embedding Predictive Architecture，I-JEPA）[871]，如图 5.13 所示。

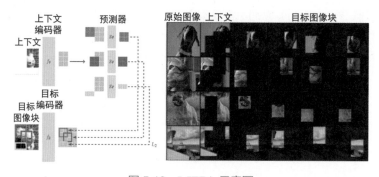

图 5.13　I-JEPA 示意图

I-JEPA 的核心思想很简单：通过来自单一上下文的信息，预测同一图像中各种目标图像块的表示。为了引导 I-JEPA 生成语义表示，核心的设计是掩码策略：采集具有足够大尺度（语义）的目标图像块，以及使用信息足够丰富（空间分布广泛）的上下文图像块。与 JEPA 中的 z 类似，I-JEPA 中随机采样 4 个目标图像块的掩码，其尺度在 $(0.15, 0.2)$ 范围内，长宽比在 $(0.75, 1.5)$ 范围内。这 4 个掩码可以作为指示，帮助预测器预测对应区域的语义表示，并保证世界状态的多样性。当与 ViT 结合使用时，Yann LeCun 发现 I-JEPA 具有很高的可扩展性。例如，在不到 72 小时内使用 16 块 A100 GPU 在 ImageNet 上训练了一个 ViT-Huge/14 模型，在一系列下游任务中展现了强大的性能，包括线性分类、物体计数和深度预测等。对比 MAE[7]、CAE[872] 和 iBOT[873]，I-JEPA 可以用更低的计算成本得到更好的表征学习。

I-JEPA 预测的是空间上缺失的信息，而世界模型还可以在时间上预测未来状态的信息。一方面，以往自监督学习的视觉表征一直专注于学习内容特征，这些特征未捕获对象的运动信息或位置，侧重于识别或区分图像和视频中的对象。另一方面，光流估计任务不涉及理解其估计所基于图像的内容。Yann LeCun 将这两种方法统一起来，提出了运动-内容联合嵌入预测结构（Motion-Content Joint-Embedding Predictive Architecture, MC-JEPA）[874]（见图 5.14），用于在共享编码器内联合学习光流和内容特征，证明两个相关的目标，即光流估计目标和自监督学习目标能够相互受益，从而学习包含运动信息的内容特征。所提出的方法在现有的无监督光流基准及图像和视频的语义分割等下游任务中取得了能与常见自监督学习方法相媲美的性能。

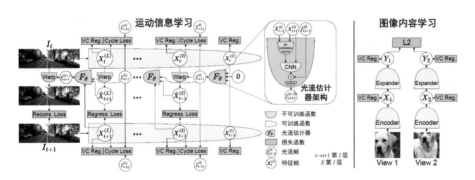

图 5.14 MC-JEPA 示意图

具体来说，Yann LeCun 采用分层粗到细的方法进行自我监督光流估计。给定一对 RGB 图像 $I_t, I_{t+1} \in \mathbb{R}^{3,H,W}$，相应的光流由对应的关系图 $f \in \mathbb{R}^{2,H,W}$ 定义，I_t 中的给定位置表示 I_{t+1} 中对应的像素位置。模型的目标是学习一个具有参数 θ 的光流估计器 F_θ，通过在图像序列 $D = \{\{I_t\}_{t=1}^T\}_{i=1}^N$ 上进行训练，为图像输出光流 $f = F_\theta I_t, I_{t+1}$。无监督光流估计通常使用回归损失或光度一致性损失，确保由预测光流 f 扭曲的图像 I_t 与 I_{t+1} 保持一致，并通过正则化项使 f 平滑。大多数方法的差异在于这些项的实现方式不同，编码器和光流估计器架构的细节不同，以及附加的自监督信号有差异。一方面，MC-JEPA 中采集了 PWC-Net[875] 作为光流估计器，其金字塔式的架构可以让光流估计在每一层的残差流中逐渐提高分辨率，得到的光流可以通过扭曲图像进行估计，将得到的未来世界状态与真实的未来世界状态进行比较。另一方面，通过对编码器进行预训练来学习内容特征，可将图像的两个视图进行联合嵌入。MC-JEPA 使用图像转换（如随机裁剪和颜色扰动）生成一组视图，并通过一个扩展网络计算这组视图的 VICReg 损失[866]。

5.3.3 Dynalang：利用语言预测未来

为了与人类互动并在现实世界中采取行动，智能体需要理解人们使用的语言，并将其与视觉世界相关联。当前的 Agent 往往只能遵循用户的一些低级、直接的指令以获取任务奖励，比如拿起某个具体的物体。然而，现实世界中的很多信息并非这么直接，人与人之间的交流也充满了各种需要"领会"的信息[876]。例如，下雨天会导致地面光滑，尤其是在瓷砖上，这会导致行人难以稳定行走，我们的目标应该是构建能够利用传达一般知识、描述世界状态、提供互动反馈等多样化语言的 Agent。Dynalang[877] 的关键思想是用语言帮助 Agent 预测未来：将会观察到什么，世界将如何运作，哪些情境将受到奖励。这一思想将语言理解与未来预测统一为一个强大的自监督学习目标，Dynalang 学习了多模态世界模型，以预测未来的文本和图像表示，并学会从想象的模型推演中采取行动。与传统的 Agent 仅使用语言来预测行动不同，Dynalang 通过使用过去的语言来预测未来的语言，获得了丰富的语言理解能力。除了在环境中进行在线交互学习，Dynalang 还可以在不涉及行动或奖励的文本、视频，以及两者共同的数据集上进行预训练。从在网格世界中使用语言提示到进行逼真的家居扫描，Dynalang 可以利用各种类型的语言来提高任务性能。

如图 5.15 所示，Dynalang 学会使用上下文对未来的观察进行预测，从而解决问题。这里展示了在 HomeGrid 环境中真实模型的预测结果，Agent 在探索各个房间的同时，从环境中接收视频和文本。从"过去的"文本"瓶子在客厅"中，Agent 预测在时间步 61~65 中，它将在客厅的角落看到瓶子。从描述任务的文本"拿到瓶子"中，Agent 预测会因拿到瓶子而获得奖励。Agent 还可以预测"未来的"文本：在给定前缀"盘子在"的情况下，观察到在 $t = 30$ 时台面上的盘子，预测最可能的下一个标记是"厨房"。

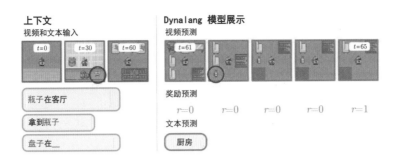

图 5.15   Dynalang 示意图

使用语言来理解世界很符合世界建模范式。这项工作构建在 DreamerV3[878] 的基础之上，DreamerV3 是一种基于模型的强化学习 Agent。Dynalang 不断地从经验数据中学习，这些数据是 Agent 在环境中执行任务时收集到的。如图 5.16（a）所示，在每个时间步，世界模型将文本和图像压缩成潜在表示。通过这个表示，模型被训练用于重建原始观察结果、预测奖励，并预测下一个时间步的表示。直观来说，世界模型根据它在文本中读到的内容，学习它期望看到什么。如图 5.16（b）所示，Dynalang 通过在压缩的世界模型表示之上训练策略网络来选择行动。它通过对世界模型的想象的模拟结果进行训练，并学会采取能够最大化预测奖励的行动。与之前逐句或逐段消耗文本的多模态模型不同，研究人员设计的 Dynalang 将视频和文本作为一个统一的序列来建模，一次处理一帧图像和一个文本 Token。直观来说，这类似于人类在现实世界中接收信息的方式，人需要时间来聆听语言。将所有内容建模为一个序列，这种方式使得模型可以像语言模型一样在文本数据上进行预训练，并提高 Dynalang 的强化学习性能。

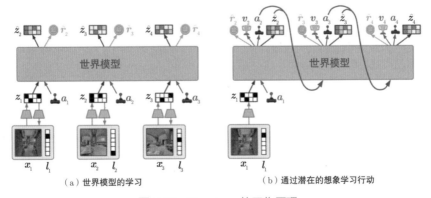

（a）世界模型的学习   （b）通过潜在的想象学习行动

图 5.16   Dynalang 的工作原理

5.3.4 交互式现实世界模拟器

Dynalang 可以通过世界模型对未来状态进行描述并进行奖励预测，这种方式可以很自然地延伸，用于通过世界模型直接模拟并生成训练所需的环境。在互联网数据上训练的生成模型已经彻底改变了文本、图像和视频内容的创作方式，也许生成模型的下一个重要里程碑是在响应人类、机器人和其他互动式 Agent 采取的行动时模拟逼真的体验。现实世界模拟器的应用范围包括创建游戏和电影中的可控内容，以及仅在模拟环境中训练并直接部署到现实世界中的实体Agent。如图 5.17 所示，基于 GAIA-1[879] 框架可以构建一个根据用户需求生成动态环境驾驶视频的模型。这是一个生成式世界模型，它利用视频、文本和行动输入生成逼真的驾驶场景，并提供对自车行为和场景特征的精细控制。

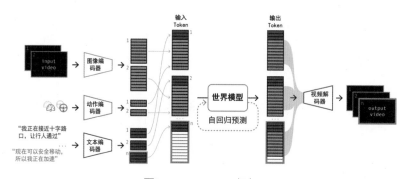

图 5.17　GAIA-1 框架

GAIA-1 将世界建模视为一个无监督的序列建模问题，通过将输入映射到离散标记，预测序列中的下一个标记。GAIA-1 产生的新特性包括学习高层结构和场景动态、上下文感知、泛化和几何理解。GAIA-1 学到的表示能够捕捉对未来事件的期望，再加上生成逼真样本的能力，为自动驾驶技术领域的创新提供了新的可能性。它的参数量达 90 亿个，其利用 4,700 小时的驾驶视频进行训练，实现了对多种路况和天气的模拟，有效地预测了车辆行驶时可能出现的各种潜在场景，能帮助车辆适应不断演变的世界。这种方式提升了自动驾驶的安全性且降低了成本：世界模型能够通过模拟未来，让 AI 有能力对自己的决定产生意识，这对自动驾驶的安全性来说很关键；训练数据对于自动驾驶来说也非常关键，生成的数据更加安全、便宜，还能无限扩展。生成式 AI 可以兼顾更多边缘场景，比如在大雾天气行驶遇到了横穿马路的路人。

除了有助于自动驾驶技术发展的世界模拟器，来自 UC 伯克利、Google DeepMind、MIT 等机构的研究者还探索了通过生成模型学习真实世界交互的通用模拟器 UniSim，迈出了构建通用模拟器的第一步[880]。构建这样一个真实世界模拟器的主要障碍之一是不容易获取可用的数据。

虽然互联网上有数十亿个文本、图像和视频片段，但不同的数据中涵盖不同的信息轴，必须将这些数据集中在一起才能模拟出对世界的真实体验。例如，成对的文本图像数据中包含丰富的场景和对象，但很少有动作；视频字幕和问答数据中包含丰富的高级活动描述，但很少有低级运动细节；人类活动数据中包含丰富的人类动作，但很少有机械运动，而机器人数据中包含丰富的机器人动作但数量有限。为了克服这些挑战，大量数据（互联网文本-图像对）被集合到一个条件视频生成框架 UniSim 中，如图 5.18 所示。

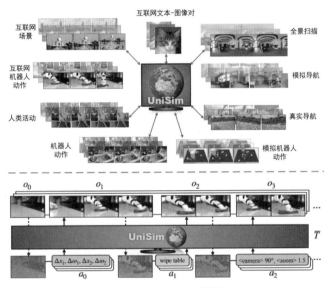

图 5.18　UniSim 框架

　　通过仔细编排沿不同轴的丰富数据，UniSim 可以成功地合并不同轴数据的经验并将其泛化到数据之外，通过控制静态场景和对象的细粒度运动来实现丰富的交互。借助世界模型对真实的常识进行学习后，通过多模态大模型进行可视化并模拟现实世界，这是一种有前景的方向。

5.3.5　Sora：模拟世界的视频生成模型

　　2024 年 2 月 16 日，OpenAI 发布了"从文本到视频"生成式 AI 模型 Sora[1]。作为一种可扩展的视频生成模型，Sora[881] 是学习物理世界模型及构建物理世界通用模拟器的一条可能的路径。Sora 取得的技术突破主要包括以下 4 个方面。

　　（1）Sora 能够生成长达一分钟的符合用户文本指令的视频，同时保持较高的视觉质量和视觉连贯性。

---

1. Sora 的技术报告见 OpenAI 官网。

（2）Sora 具备模拟物理世界的潜力。通过驱动 AI 理解和模拟运动中的物理世界而训练出的 Sora 能根据"文本指令"生成逼真或富有想象力的场景视频。Sora 能够生成包含多个角色、特定运动类型，以及主体和背景等准确细节的复杂场景，不仅能理解用户在提示中提出的要求，还能理解这些事物在物理世界中是如何存在的。

（3）Sora 能够深刻理解语言，因此能够生成具有生动情感的角色。Sora 还能在生成的单个视频中创建多个镜头，准确地体现角色和视觉风格，可以提供所描绘场景的细微物理变化和背景动态变化。

（4）Sora 还可以对视频进行编辑，可以在两个输入视频之间逐帧插值，在主题和场景构成完全不同的视频之间创建流畅的过渡场景。

Sora 的核心结构是基于预训练 Transformer 结构的扩散模型。与 GPT-4 等 LLM 类似，Sora 可以解析文本并理解复杂的用户指令。为了提高视频生成的效率，Sora 采用时空潜在图像块作为其构建模块。具体来说，Sora 会将原始输入视频压缩为潜在时空表示，然后从压缩视频中提取一系列时空潜在图像块，以包含短暂时间间隔内的视觉外观和运动动态。这些片段类似于语言模型中的 Token，为 Sora 提供了详细的视觉短语，可用于生成视频。Sora 的文本到视频生成由扩散 Transformer 模型完成。从充满视觉噪声的图像帧开始，该模型会对图像进行迭代去噪，并根据用户提供的文本提示引入特定细节。本质上讲，Sora 生成的视频是通过多步恢复过程产生的，每一步都会对视频进行完善，使其更加符合用户对内容和质量的要求。

如图 5.19 所示，Sora 主要由以下三部分组成。

（1）视频压缩网络先将原始视频映射到时空潜在空间。

（2）处理 Token 化的潜在表示，并输出去噪潜在表示。

（3）类似于 CLIP 的调节机制，接收 LLM 增强的用户指令和潜在的视觉提示，引导扩散模型生成风格化或主题化的视频。经过多个去噪步骤，生成视频的潜在表示被获取，然后通过相应的解码器映射回时空像素空间。

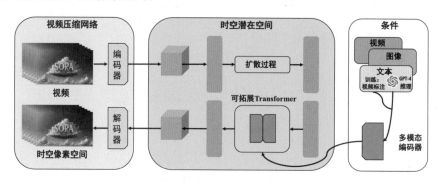

图 5.19　Sora 框架概览

Sora 的核心技术如下。

（1）视频压缩网络：如图 5.20 所示，OpenAI 训练了一个降低视觉数据维度的网络。这个网络接收原始视频作为输入，并输出在时间和空间上都被压缩的潜在表示。Sora 在这个压缩的时空潜在空间上进行训练，随后生成视频，同时训练一个相应的解码器模型，将生成的潜在表示映射回像素空间。

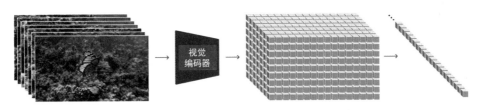

图 5.20　Sora 视频压缩网络

（2）用于视频生成的可拓展 Transformer：Sora 是一个基于可拓展 Transformer 结构的扩散模型；给定带噪声的图像块和文本提示，扩散模型被训练用来预测原始的去噪的图像块，如图 5.21 所示。

图 5.21　基于可拓展 Transformer 结构的扩散模型

（3）语言理解：OpenAI 发现从训练文本到视频生成需要大量带有相应文本标题的视频。这里，OpenAI 将 DALL·E 3 中的标注生成技术用到了视频领域，训练了一个具备高度描述性的视频描述（Video Captioning）模型，使用这个模型为所有的视频训练数据生成高质量文本描述，再将视频和高质量文本描述作为视频文本对进行训练。基于这样的高质量训练数据，文本提示和视频数据之间得以高度对齐。在生成阶段，Sora 会基于 GPT 模型对用户的提示进行改写，生成高质量且描述性很好的提示，再将其送入视频生成模型完成生成工作。

当大规模训练 Sora 时，Sora 涌现出模拟能力，能够模拟物理世界中人、动物和环境的某些方面，这些能力包括如下几方面。

（a）三维一致性：Sora 可以生成具有摄像机动态移动效果的视频。随着摄像机的移动和旋转，人物和场景元素在三维空间中相应地移动。

（b）长距离连贯性和物体持久性：对于视频生成系统来说，一个重大的挑战是在采样长视频时保持时间上的连续性，而 Sora 通常能够有效地模拟短距离和长距离依赖关系。例如，Sora可以在人物、动物和物体被遮挡或离开画面时仍然保持它们的存在。同样，它可以在单个样本中生成同一角色的多个镜头，贯穿视频始终并保持外观不变。

（c）与世界互动：Sora 可以模拟一些影响世界状态的行为。例如，画家可以在画布上留下新的笔触，这些笔触随着时间的推移而持续存在。

虽然 Sora 能够生成逼真的视频，但这些视频仅由提示词引导，并没有准确地刻画出物理规律，难以对事物进行准确的操控。因此，Sora 难以作为反事实推理[1] 的工具准确地回答 what if 问题。即使 Sora 的规模正在持续扩大，也无法直接实现模拟物理世界的仿真器（世界模型），而是需要超越数据，进行反事实推理，使其具备回答 what if 问题的能力。反事实推理属于人类天然具备的一种因果推理（参见 5.2 节）能力，而当前的 AI 模型做得还不够好。

图灵获得主 Yann LeCun 阐述了目前基于自回归生成方式的多模态大模型（如 Sora）在透彻理解物理世界方面存在的不足[882]：仅根据提示生成逼真视频并不能代表一个模型理解了物理世界，生成视频的过程与基于世界模型的因果预测完全不同。虽然 Sora 可以想象出的视频种类很多，但视频生成系统只需创造出一个合理的样本就算成功。对于生成的真实视频，其中符合物理规律的内容相对较少，尤其是在特定动作条件下。此外，生成这些视频时续内容不仅成本高，而且毫无意义。更理想的做法是生成视频时续内容的抽象表示，删除与可能的行动无关的场景细节。这正是 JEPA 的核心思想，它并非生成式的，而是在表示空间中进行预测。

在 Sora 发布的当天，Meta 推出了一个全新的无监督视频预测模型 V-JEPA[2]，它可以用人类的理解方式看世界，通过抽象性的高效预测，生成被遮挡的部分。它揭示了利用世界模型进行表征学习的另一个关键：赋予世界模型的容量直接影响所学表征的抽象程度。与生成式 AI 模型 Sora 完全不同，V-JEPA 是一种非生成式模型，这与 I-JEPA 类似（参见 5.3 节），后者通过比较图像的抽象表征进行学习，而不是直接比较像素。不同于那些尝试重建每一个缺失像素的生成式方法，V-JEPA 能够舍弃那些难以预测的信息，这种做法使其在训练和样本效率上实现了较大提升。V-JEPA 的结构如图 5.22 所示，V-JEPA 的输入为一个包含 T 帧、空间分辨率为 $H \times W$ 的视频片段，可将其展平成一个由 L 个 Token 组成的序列。首先，从视频片段中去除掩码 Token 获取编码器 x 的输入。然后，编码器 x 处理掩码视频序列，并为每个输入 Token 输出一个嵌入向量。接下来，将编码器 x 的输出与一组可学习的掩码 Token 连接，其中包含

---

1. 对于数据中没有见过的决策，在世界模型中都能推理出决策产生的结果。

2. 获取 V-JEPA 的详细技术细节的路径：访问 Meta 官网的 publications 栏目，搜索 "Revisiting Feature Prediction for Learning Visual Representations from Video"。

掩码空间-时间块的位置嵌入。预测器处理组合的 Token 序列，并为每个掩码 Token 输出一个嵌入向量。然后，通过 L1 损失将预测器的输出结果逼近预测目标。预测目标对应编码器 y 的输出。

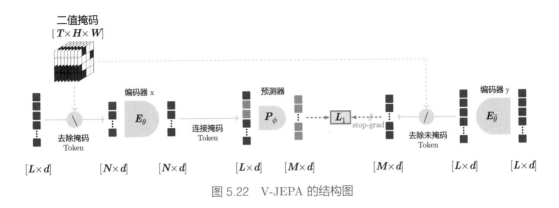

图 5.22　V-JEPA 的结构图

V-JEPA 中的 V 代表视频，主要关注视频视觉元素的分析。Meta 的研究方向是推出一种能同时处理视频中的视觉和音频信息的多模态方法。作为一个验证概念的模型，V-JEPA 在识别视频中细微的物体互动方面表现出色。例如，能够区分某人是在放下笔、拿起笔，还是假装放下笔但实际上没有放下。Meta 的研究人员使用 V-JEPA 关注感知——通过分析视频流来理解周围世界的实时情况。在这个联合嵌入预测架构中，预测器充当了一个初步的物理世界模型，能够概括性地告诉我们视频中正在发生的事情。Meta 的下一个目标是利用这种预测器进行规划和连续决策。V-JEPA 可以通过观察视频进行训练，就像婴儿观察世界一样，无须强有力的监督就能学习很多知识。从长远看，V-JEPA 强大的情境理解能力对开发具身智能技术有重大意义。

5.4　超级智能体 AGI Agent

1981 年，希拉里·普特南在《理性，真理与历史》一书中提出了假设——"缸中之脑"。一个科学家实施了一台手术：把人的大脑切下来，放进一个充满营养液的缸中，可以维持大脑的正常运转。大脑的神经末梢连接在电线上，电线的另一端是一台计算机。这台计算机模拟真实世界的参数，通过电线给大脑传送信息，让大脑保持完全正常的感觉。对于大脑来说，似乎人、物体、天空还都存在。多模态大模型便是这样的"缸中之脑"，靠 GPU 和电力维护一个近似

AGI 的 GPT 模型。当前的 LLM 有一定的智力并且拥有大量的知识，但除了内容生成这类通用能力，我们还不清楚它在其他领域能干什么，而人类日常要处理的任务有以下两类。

（1）离散、孤立的任务：与环境无关，无时空依赖，如编程、下围棋、内容生成。

（2）连续、与环境捆绑的任务：与环境相关，如订外卖、打车、经营企业。

"缸中之脑"能处理的任务只有前者，而绝大多数任务都属于后者，处理的关键在于 Agent，所以，Agent 是多模态大模型与任务场景间价值传递的桥梁。

目前，Agent 类项目的创新点主要在提示层面，即通过更好的提示词来激发模型的能力，将更多原本需要通过代码来实现的"硬逻辑"转化为模型自动生成的"动态逻辑"。LLM 只能响应用户的查询指令，执行一些生成任务，例如撰写故事或生成代码等。而以 AutoGPT、GPT-Engineer 和 BabyAGI 等项目为代表的大型动作模型（Large-Action Model，LAM）将 LLM 作为 Agent 的核心大脑，将复杂任务分解并在每个子步骤中实现自主决策，无须用户参与即可解决问题。LAM 的崛起标志着 LLM 的研发正在迈向新阶段。本节将介绍 Agent 的定义、Agent 的核心组件、典型的 AGI Agent 模型，以及 AGI Agent 的未来展望。

5.4.1　Agent 的定义

什么是 Agent？在 LLM 语境下，Agent 可以被理解为某种能自主理解、规划决策、执行复杂任务的智能体。一个精简的 Agent 决策流程，用函数表达式可以表示为

$$\text{Agent：P（感知）} \rightarrow \text{P（规划）} \rightarrow \text{A（行动）}$$

类似人类"做事情"的过程，Agent 的核心功能可以归纳为 3 个步骤的循环：感知（Perception）、规划（Planning）和行动（Action）。感知是指 Agent 从环境中收集信息并从中提取相关知识，规划是指 Agent 为了某一目标而做出决策，行动是指基于环境和规划做出动作。其中，感知和规划是 Agent 采取行动的核心，而行动又成为进一步感知的前提和基础，形成自主的闭环学习过程。

智能体（Agent）是一种能够感知环境、进行规划和执行行动的智能实体。不同于传统的 AI，Agent 具备通过独立思考、调用工具逐步完成给定目标的能力。例如，我们请 Agent 帮忙下单一份外卖，它可以直接调用 App 选择外卖，再调用支付程序支付，无须人类指定每一步的操作。

一个更完整的 Agent，一定是与外部环境充分交互的，它包括两部分：一是 Agent 的部分，二是外部环境的部分。此刻的 Agent 就如同物理世界中的"人类"，物理世界就是人类的"外部环境"。可以想象，人类与外部环境交互的过程是，我们基于对这个世界的全部感知，推导出其

隐藏的状态，并结合自己的记忆和对世界知识的理解，做出规划，采取行动；行动又会反作用于外部环境，给我们新的反馈，我们结合对反馈的观察，再采取行动，以此循环往复。

自主 Agent 是由人工智能驱动的程序，当给定目标时，它能够自己创建任务、完成任务、创建新任务、重新确定任务列表的优先级、完成新的顶级任务，并循环直到达成目标。我们可以用一个最直观的公式来表示 Agent：

$$Agent = LLM + Planning + Feedback + ToolUse \qquad (5.13)$$

Agent 让 LLM 具备了目标实现能力，并通过自我激励循环来实现目标。其中，在做规划的过程中，除了要基于现在的状态，还要参考记忆、经验、一些对过往的反思和总结，还要有世界知识。对比 ChatGPT，它其实并非 Agent，而是一个通用的世界知识集合，即用来做规划的知识源。它没有掌握具体的环境状态，也没有记忆和经验。当然，ChatGPT 基于自身的知识可以做逻辑推理和一定的规划，也可以叠加向量数据库解决推理问题，让推理过程更丰富，如此看来，可将 ChatGPT 这个端到端的黑盒变得显性化——其实符号就是一个非常显性的系统，基于此可以定向纠错，定向提升性能。对于 Feedback，它是 Agent 基于行动得到的正向的或试错的反馈、阶段性的结果或奖励。Feedback 有多种形式，如果将与我们聊天的 ChatGPT 视为一个 Agent，我们在文本框中敲入的回复就是一种 Feedback，只不过是一种文本形式的 Feedback，此时我们对于 ChatGPT 来说就是一种外部环境。RLHF 也是一种外部环境，一种极度简单的外部环境。

人类之所以是人类，是因为人类会使用工具。作为智能体，Agent 也可以借助外部工具扩展功能，处理更加复杂的任务。例如，LLM 可以使用天气 API 获取天气预报信息。如果不调用外部工具，行动和 Feedback 也可以直接通过学习来应对外部环境。可见，Agent 是真正主动释放 LLM 潜能的关键。作为核心，Agent 为 LLM 提供了行动的主观能动性。Agent 是大模型与场景间价值的传递桥梁。

Agent 有很多种，最基础的、发展最快的应该是纯数字的、无场景的或者场景非常有限的 Agent。第一种是元宇宙型的 Agent，例如谷歌和斯坦福正在尝试实现的现实版"西部世界"。如果将其置于游戏中，它就相当于元宇宙中的智能 NPC。这类 Agent 的主要优点在于能为元宇宙注入活力，但也可能对传统社会产生负面影响。第二种 Agent 需要与实际场景结合，可以是纯数字的，也可以不是。它们可以应用于招聘、营销、运维状态监控等领域。第三种是具身机器人，与第二种不同的是，它们完全可以控制自身的一套外设。这 3 种 Agent 都可以解决连续运转场景问题，只不过后两种在现实世界中更有作为，而第一种更专注于虚拟世界。

5.4.2　Agent 的核心组件

Agent 包含 3 个核心组件，即规划、记忆和工具。

1. 规划

一项复杂的任务通常包括多个步骤，Agent 需要提前将任务分解为多个子目标并进行规划。具体来讲可概括为以下两个步骤。

1）子目标分解

子目标分解是指 Agent 将大型任务分解为更小、更易处理的子目标，以实现对复杂任务的高效处理。

思维链已然成为诱导模型推理的标准提示技术，可以增强模型解决复杂任务时的性能。通过 "Think step by step"，模型可以利用更多测试时计算（test-time computation）分解子目标，并解释模型的思维过程。

思维树在每个子步骤中搜索多种推理可能性来扩展思维链。首先，将问题分解为多个思维步，并在每个步骤内生成多个思路，从而给出一个树结构的解决方案；搜索方式可以是广度优先搜索或深度优先搜索，其中每个状态通过分类器或多数投票来评估。任务分解可以通过简单的提示或使用任务相关指令来实现。

2）反思与完善

Agent 可以对过去的行动进行自我反思，从错误中吸取教训，并为未来的步骤进行改进，以提高最终结果的质量。

自我反思可以让 Agent 改进行动决策，这在可以试错的现实任务中非常有用。ReAct 通过将动作空间扩展为与任务相关的离散动作和语言空间的组合，在 LLM 中集成了推理和动作，其中动作使得 LLM 能够与环境交互（例如使用维基百科搜索 API），而语言空间可以让 LLM 以自然语言的形式生成推理轨迹。ReAct 提示模板中包含了 LLM 思考的明确步骤。在知识密集型任务和决策任务实验中，ReAct 比只用 Act（移除了 Thought）的基线模型效果更好。

2. 记忆

记忆包括短期记忆和长期记忆。

（1）**短期记忆**：所有上下文学习都利用模型的短期记忆进行。

（2）**长期记忆**：为 Agent 提供了在长时间内保留和回忆信息的能力，通常通过外部向量存储和快速检索来实现。

记忆可用于获取、存储、保留和后续检索信息，人类大脑中主要有 3 种类型的记忆。

（1）**感官记忆**：这种记忆处于记忆的最早阶段，提供了在原始刺激结束后保留感官（视觉、听觉等）印象的能力，通常只持续几秒。感官记忆的子类包括图标记忆（视觉）、回声记忆（听觉）和触觉记忆（触觉）。

（2）**短期记忆**：存储了当下能意识到的所有信息，以及执行复杂的认知任务（如学习和推理）所需的信息，大概可以存储 7 件事，持续 $20 \sim 30$s。

（3）**长期记忆**：可以将信息存储相当长的时间，范围从几天到几十年不等，具有基本上无限的存储容量。

长期记忆有两种亚型：显式/陈述性记忆，即对事实和事件的记忆，指那些可以被有意识地回忆起来的记忆，包括情景记忆（事件和经验）和语义记忆（事实和概念）；隐式/程序性记忆，这种类型的记忆是无意识的，包括自动执行的技能和例程，比如骑自行车或在键盘上打字。

对应到 LLM 的概念上，感官记忆就是原始输入（包括文本、图像或其他形式）的学习嵌入表征；短期记忆就是上下文学习，非常短且影响范围有限，受到 Transformer 上下文窗口长度的限制；长期记忆作为 Agent 在查询时可用的外部向量被存储，可通过快速检索访问。

3. 工具

使用复杂的工具是人类高智力的体现，能创造、修改和利用外部物体来完成超出身体和认知极限的事情，同样，为 LLM 配备外部工具也可以显著扩展模型功能。使用工具的目的是让 Agent 程序学会调用外部 API 获取模型权重中缺失的额外信息（通常在预训练后难以更改），包括当前信息、代码执行能力和访问专有信息源等。ChatGPT 插件的使用和 OpenAI API 函数调用是 LLM 在实践中能够使用工具的好例子。

5.4.3　典型的 AGI Agent 模型

1. AutoGPT

如图 5.23 所示，AutoGPT[883] 是一个 Agent，它会尝试先通过将目标任务分解为子任务，再在自动循环中使用互联网和其他工具来实现这些子任务。它使用 OpenAI 的 GPT-4 或 GPT-3.5 API，并且是使用 GPT-4 执行自主任务的首批示例应用之一。不同于需要为每项任务手动输入指令的交互式系统（如 ChatGPT），AutoGPT 会自行添加新的目标任务，不强制要求人类干预。它能够执行对提示的回应以完成目标任务，并在这个过程中根据新信息创建和修订自身的提示，形成递归实例。AutoGPT 通过对数据库和文件进行读取和写入来管理短期记忆和长期记忆，同时通过摘要生成来管理 LLM 的输入长度。这些能力使得它可以执行互联网操作，如网络搜索、网络表单生成和 API 交互，它还具备文本转语音的功能，实现语音输出。这些功能又进一步被开发者用来实现很多有趣的项目，例如实现代码 Bug 自动检查、根据财经网站的信息进行自主投资、自主完成复杂网站的建设、进行科技产品研究并生成报告等。还有开发者为 AutoGPT 开发了网页版本——AgentGPT，仅需给定 LLM 的 API 即可实现网页端的 Agent。

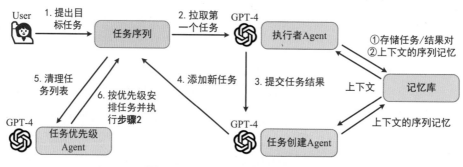

图 5.23　AutoGPT 的工作原理图

AutoGPT 仍存在局限性，包括成本高、响应速度慢、死循环等问题。AutoGPT 使用的是 GPT-3.5 的 Token 和 GPT-4 的 API，然而，GPT-4 单个 Token 的价格是 GPT-3.5 价格的 15 倍。假设每个任务在理想情况下需要 20 个步骤，每个步骤需要消耗 4,000 个 GPT-4 的 Token，平均而言，每 1,000 个 Token 的成本约为 0.05 美元（实际情况中，用于回复的 Token 数远远多于用于提示的 Token 数）。假设汇率为 1 美元 = 7 元，那么在理想情况下的成本将为 $20 \times 4 \times 0.05 \times 7 = 28$ 元。然而，实际情况中经常需要将任务分解为数十个甚至上百个步骤，这将导致单个任务的处理成本变得难以承受。此外，GPT-4 的响应速度明显慢于 GPT-3.5，因此在出现涉及大量步骤的任务时，任务处理速度会变得很慢。而且，AutoGPT 在面对 GPT-4 无法解决的步骤问题时会陷入死循环，不断重复无意义的提示和输出，导致大量的资源浪费和损失。

2. BabyAGI

类似地，BabyAGI 也是一种基于 LLM 的 Agent，旨在根据给定目标生成和执行任务。它利用 OpenAI、Pinecone、LangChain 和 Chroma 的尖端技术自动化任务并实现特定目标。如图 5.24 所示，就像项目经理一样，BabyAGI 通过创建任务列表、确定优先级并执行它们来实现特定目标，同时可以适应变化并做出必要的调整以确保目标实现。BabyAGI 的独特之处在于它能够通过试错从反馈中学习，从而做出类似人类的认知决策。它还可以编写并运行代码以实现特定目标，并在加密货币交易、机器人和自动驾驶等领域表现出色。使用 BabyAGI 实现任务自动化的优点包括可进行复杂决策及对决策进行反思。由于 BabyAGI 可以做出复杂的决策，因此它可以用于需要控制参数并做出复杂决策的决策任务，这也使它成为几乎所有基于逻辑推理识别任务（待办事项列表类型任务）的有效工具。与 AutoGPT 一样，BabyAGI 也存在一些局限性，例如，它是在真实场景和模拟环境中进行训练的，因此其性能仅取决于训练数据的领域，使用领域有限。

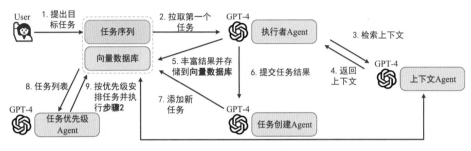

图 5.24 BabyAGI 的工作原理图

3. AgentBench

开发具备在特定环境中进行决策和执行行动能力的 Agent 一直是 AI 的关键研究领域，而 LLM 的出现为这一领域带来了许多新的机会。通过广泛的对齐训练，LLM 不仅掌握了传统的自然语言处理任务，如问答、自然语言推理和文本摘要，还展现出了理解人类意图和执行指令的卓越能力。这推动了各种应用的发展，如 AutoGPT、BabyAGI 和 AgentGPT，它们利用 LLM 完成自主目标，引发了公众的兴趣和讨论。尽管取得了这些进展，但目前仍缺乏系统的基准来评估 LLM 作为 Agent 的表现。从历史上看，文本游戏环境一直用于对语言代理进行评估。然而，这样的环境经常因为封闭的离散行动空间而存在局限，它的重点主要集中在评估模型的常识基础能力上。一些关于具身 Agent 的工作采用了基于游戏、GUI 和室内场景的复杂模拟器。然而，这些模拟器并不能准确地反映 LLM 的实际用例，它们的多模态特性对于涌现能力仅限于文本的 LLM 构成了障碍。此外，大多数 Agent 的基准测试都集中在单一环境中，从而限制了其适用范围。因此，我们迫切需要在多轮开放生成任务中评估基于 LLM 的 Agent 的推理和决策能力。为此，智谱提出了 AgentBench[884]，这是一个多维演进的基准，目前包括 8 种不同的环境，如图 5.25 所示。

（1）**操作系统**：考查 LLM 在 bash 环境下进行文件操作、用户管理的能力。

（2）**数据库**：考查 LLM 利用 SQL 对给定数据库进行操作的能力。

（3）**知识图谱**：考查 LLM 利用工具从知识图谱中获取复杂知识的能力。

（4）**卡牌对战**：考查 LLM 作为玩家，根据规则和状态进行卡牌对战的策略决策能力。

（5）**家居**：在模拟的家庭环境中，LLM 需要完成一些日常任务，主要考查 LLM 将复杂的高级任务拆解为一系列简单行动的能力。

（6）**情景猜谜**：需要 LLM 针对谜题进行提问，从而猜出答案，能够考查 LLM 的横向思维能力。

（7）**网络购物**：在模拟的在线购物环境中，LLM 需要按照需求完成购物，主要考查 LLM 的自主推理和决策能力。

（8）**网页浏览**：在模拟网页环境中，LLM 需要根据指令完成跨网站的复杂任务，考查 LLM 作为 Web Agent 的能力。

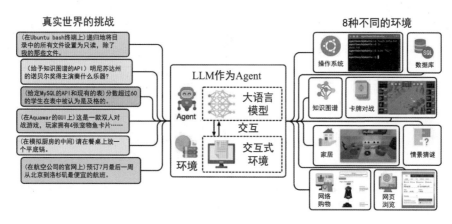

图 5.25　AgentBench 中的 8 种环境及其内容

AgentBench 的作者对 25 个 LLM（包括 API 和开源模型）进行了广泛测试，结果显示，尽管开源 LLM 在复杂环境中表现出了较强的 Agent 能力，但它们与顶级商业 LLM 之间存在显著的性能差距。作者认为，虽然 LLM 能够在自然语言交流等自然语言处理任务上达到基本的类人水平，但在关注行动有效性、上下文长度记忆、多轮对话一致性和代码生成执行等 Agent 的重要能力上的表现仍相对落后，基于 LLM 的 Agent 的发展仍具空间。

4. XAgent

2023 年 10 月，国内 AI 公司面壁智能与清华大学自然语言处理实验室合作，共同研发并推出了大模型 XAgent[885]。XAgent 是一个全新的 Agent，以 LLM 为核心，能够理解人类指令、制订复杂计划并自主采取行动，实现自主解决复杂任务的能力。它在处理真实复杂任务方面已全面超越 AutoGPT。传统的 Agent 通常受到人类规则的限制，只能在特定范围内解决问题，它

们更像为人类所用的工具，而不是真正的自主 Agent，难以自主解决复杂问题。相反，XAgent
具备自主规划和决策的能力，能够独立运行，发现新的策略和解决方案，不受人类预设的束缚。
XAgent 的能力已全面超越了 AutoGPT，在众多场景和任务中展现出惊人的自主性和解决复杂
任务的能力，将 Agent 的智能水平提升到一个全新的高度。XAgent 的核心技术亮点如下。

（1）**双循环机制**：与人类的左脑和右脑相似，Agent 在处理复杂任务时可以采用宏观和微
观两种视角，这意味着它需要在全局层面进行规划和协调，同时考虑执行细节。XAgent 采用了
双循环机制，即外循环和内循环，如图 5.26 所示。外循环主要负责高级任务管理和分配，而内
循环则专注于低级任务的执行和优化。在外循环中，XAgent 充当规划智能体（Plan Agent）的
"领导"，先将复杂任务分解为简单的子任务，并监督问题解决的整个过程。然后，它逐一将每
个子任务传递给内循环来解决。在此过程中，外循环会持续监督任务的进度和状态，并根据反
馈不断优化规划。在内循环中，XAgent 将迅速转换成工具智能体（Tool Agent），以确保外循
环交付的子任务得以顺利完成。根据子任务的性质，它可以从外部系统中获取必要的工具，并
逐步解决子任务。完成子任务后，它会生成有关子任务执行过程的反馈，将其传递给外循环，以
指示任务完成情况和执行中的可优化点。

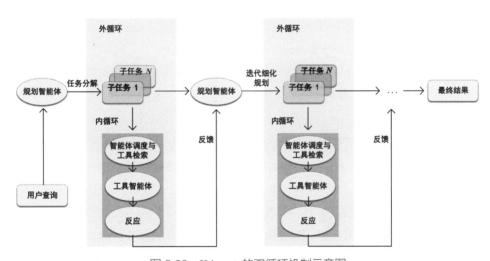

图 5.26　XAgent 的双循环机制示意图

（2）**人机协作**：尽管 AutoGPT 在一定程度上克服了传统 GPT 模型的局限性，但仍然存在
死循环、错误调用等问题，需要人工干预。XAgent 从设计之初便考虑到了这些问题，并引入了
专门用于增强人机协作的交互机制。它能够主动与用户进行交互，请求人类的干预和指导。首
先，XAgent 提供了直观的界面，使用户可以直接覆盖或修改其建议，从而将 AI 的效率与人类

的直觉和专业知识有效结合。其次，在面对新挑战时，XAgent 能够向人类寻求帮助。它会及时向用户征求反馈建议或指导，确保即使在不确定的领域也能发挥最佳作用。

（3）**高效的通信语言、超强的工具调用**：XAgent 采用 Function Call 作为其内部通信语言，具有结构化、标准化和统一化的优势。

（a）结构化：Function Call 采用清晰严谨的格式，能够明确表达所需信息，从而最大限度地避免潜在的错误。

（b）标准化：Function Call 可以标准化与外部工具的交互过程，提供通用语言，使 Agent 具备使用和整合多种工具的能力，以解决复杂的任务。

（c）统一化：通过将信息摘要、任务规划、工具执行等各个环节转化为特定的 Function Call 形式，确保对每个环节都以统一的方式进行处理，从而简化系统设计。

XAgent 还原创性地引入了工具执行引擎 ToolServer，可实现更加安全、高效和可扩展的工具执行能力。该引擎在隔离的 Docker 环境中运行，能确保工具执行不会危及主系统的稳定性或安全性。

5. 社会化 Agent

2023 年 10 月 21 日，Meta 宣布了 3 项重大进展，分别是 Habitat 3.0 模拟器、三维场景数据集 HSSD-200 和共享平台。下面笔者简要介绍这 3 项进展。

（1）Habitat 3.0 是第一个支持在多样化、逼真的室内环境中进行大规模训练的模拟器，用于人机交互任务。它能同时支持机器人和人形化身，使人类和机器人能够在家庭环境中协作，例如帮忙打扫房间。Habitat 3.0 的目标是开发出社会化的 AI Agent，标志着社交智能机器人迈向新的里程碑。Habitat 3.0 不仅能对人类在外貌和姿势上进行逼真模拟，还支持各种类型的动作，从简单的行走和挥手，到复杂的与物体交互等，也支持动作捕捉技术。此外，虚拟化身可以通过程序进行控制，不会出现性能的下降。人-机模拟速度与机器人-机器人模拟速度相似。

Habitat 3.0 的另一个关键特征是"人在回路"（Human-in-the-loop）。通过鼠标、键盘或 VR，可以实现惊人的人机交互控制。完成任务后，系统会收集机器人的策略和数据，进行人机交互的评估。此外，Habitat 3.0 还能模拟多种真实的社交场景。例如，在被称为社交导航的任务中，机器人需要在保持安全的同时找到并跟随人类。在另一项任务中，机器人需要与人类协作，完成类似整理房间的任务。在这些任务中，人和机器人需要分别走到目标位置，机器人需要想方设法与人类高效地合作。经过训练的机器人可以实现各种社会行为。除了能够与人类保持安全距离，还能在必要时自行后退，给人类让路。

人与机器人在模拟环境中的共存使人类能够首次在类似家庭的环境中，在有人形化身存在的情况下，学习机器人 AI 策略，完成日常任务并对其进行评估。这具有重要意义。

（a）强化学习算法通常需要数百万次迭代才能学到有意义的知识，因此在物理世界中进行这些实验可能需要数年时间，而在模拟实验中仅需几天。

（b）在物理世界的不同房间中收集数据需要将机器人移动到不同的地点并设置环境，因此不切实际。在模拟实验中，可以在一秒内改变环境，然后立即在新环境中开始实验。

（c）如果模型没有经过充分训练，则机器人可能会在物理世界中破坏环境或伤害人。模拟器可以让研究者在安全的环境中测试方法，再将其部署到物理世界，从而确保安全。

（d）当今最先进的 AI 模型需要大量数据进行训练，模拟器能够帮助研究者轻松地扩大数据收集规模，而在物理世界中，数据收集的成本可能相当高，速度也会很慢。

（2）三维场景数据集对于在模拟环境中训练机器人来说至关重要。尽管目前已有许多数据集支持训练数据的扩展，但尚不清楚如何平衡数据集规模和真实性。因此，Meta 推出了全新的合成三维场景数据集 HSSD-200，它包括 211 个高质量三维场景，代表实际室内环境，包含来自 466 个语义类别的 18,656 个物理世界物体模型。与之前的数据集相比，它更接近真实的物理场景。HSSD-200 在同类数据集中质量最高，可以用于训练导航 Agent，且在物理世界三维重建场景下的泛化效果非常出色，用到的场景数量也更少。

（3）共享平台是机器学习进步的重要指标。然而，在机器人领域，很难复制和扩展硬件成果，因此缺乏类似的平台。为了解决这一问题，Meta 提出了可重现的机器人研究平台，并设定了 3 个目标。

（a）平台需提供具有指导性的核心任务，以激发研究人员的兴趣，并帮助他们开展工作。这些任务可用于比较各种方法，尤其是在解决有趣的真实世界问题（如开放式词汇移动操纵）时需要强大的长期感知和场景理解能力。

（b）平台需提供抽象接口，使机器人更容易被用于各种任务，包括导航和操纵。

（c）平台需鼓励开发者参与，以建立一个围绕代码库运营的社区。

为推动这一领域的研究，Meta 推出了全新的 HomeRobot 库，支持 Hello Robot Stretch 的导航和操纵功能。HomeRobot 是一个经济实惠的家用机器人助手，包含硬件和软件平台，可在模拟器和物理世界环境中执行开放词汇任务。在大规模学习中，Habitat 3.0 在单块 GPU 上每秒可以完成超过 1,000 步操作。

具体而言，HomeRobot 包括两个组件：模拟组件，可在新的高质量多房间家庭环境中使用大量多样的对象集；物理世界组件，为低成本的 Hello Robot Stretch 及波士顿动力公司的产品提供软件堆栈，以鼓励在各实验室之间复制物理世界实验。

此外，HomeRobot 提供了用户友好的软件栈，使用户能够快速设置机器人并对其进行测试。

其特点如下。

（a）可移植性：每项任务的模拟和物理世界的设置之间都有统一的状态和动作空间，提供了使用高层次的动作空间（如预设抓取策略）或低层次的连续关节控制来操作机器人的简便方法。

（b）模块化：感知和行动组件支持高层次的状态（如语义地图、分割点云）和高层次的行动（如前往目标位置、拾取目标物体）。

（c）基准 Agent：使用这些功能可为 OVMM 提供基本功能策略，以及构建更复杂 Agent 的工具，其他团队可以在此基础上进行开发。

在 HomeRobot OVMM 基准中，Agent 可在家居环境中抓取新奇物品，并将其放入目标容器中。Meta 采用强化学习和启发式方法，展示了导航和放置技能可以从模拟器转移到物理世界。

6. V-IRL：在虚拟环境中模拟现实世界

V-IRL[886] 是一个多功能 Agent，能够缩小数字环境与人类居住的现实世界之间存在的巨大差距，让 Agent 在模拟的真实世界环境中执行各种复杂的任务。V-IRL 利用地图和街景数据的强大功能，使 Agent 能够在真实世界实现位置导航，获取其周围的最新信息，并执行现实世界中的任务。V-IRL 以地理空间坐标为核心，是灵活且可扩展的，可以与任意地理空间平台和 API 集成。此外，V-IRL 提供了海量视觉数据，可以作为巨大的测试平台，评估视觉模型在真实数据分布上的表现。

V-IRL 以其丰富的感知和描述数据为基础，实例化了一系列 Agent，完成了各种实际任务。V-IRL 的 Agent "居住"在全球各个城市的虚拟表示中，这种表示的核心是与地球表面的点对应的地理坐标。利用这些坐标，V-IRL 允许虚拟 Agent 通过地图、街景图像、附近目的地信息及来自任意地理空间 API 的额外数据，将自己与现实世界联系起来。为了应对更复杂的任务，V-IRL 遵循 LLM 驱动 Agent 的模式，使 Agent 能够灵活推理、规划，并使用外部工具和 API。尽管语言驱动 Agent 可以利用外部工具完成一些现实世界中的任务，但它们仅依赖基于文本的信息，这限制了它们在视觉任务中的适用性。相比之下，真实的感官输入对许多人类日常活动至关重要——它允许我们与周围世界建立密切的联系。通过 V-IRL 平台，Agent 可以利用街景图像在真实世界中进行视觉推理，从而完成一系列受感知驱动的任务。

人类通常以协作的方式共同完成复杂的现实世界任务，这种协作方式将复杂任务分解为简单的子任务，使每个子任务都可以由其领域的专家处理，提升了工作效率。基于 V-IRL 平台，Agent 可以通过地理空间数据和街景图像与其他 Agent 及人类用户合作。与之前的 Agent 一样，协作 Agent 是为特定任务设计的，它们可以通过合作处理超出其专业知识范围的目标任务。

V-IRL 由一个分层架构组成，如图 5.27 所示。平台是基础，为 Agent 提供基础组件和设施。感知、推理、行动和协作等更高级别的能力都是从平台的组件中产生的。最后，Agent 利用这些能力和用户定义的元数据完成特定任务。

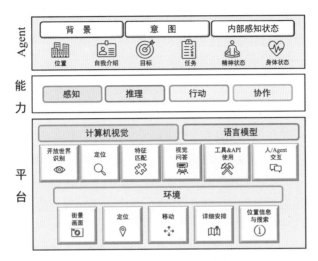

图 5.27 V-IRL 的分层构架

在 V-IRL 中，Agent 的行为由用户定义的元数据决定，包括背景、意图和内部感知状态。背景提供了在现实世界实例化 Agent 所需的上下文（位置），并引导 Agent 进行推理和决策。意图概述了 Agent 在环境中的目的。Agent 的内部感知状态反映了其心理和身体状态——随着时间的推移而变化，并影响其行为。这一概念对增强 Agent 与人类的协作至关重要。

环境组件负责将 Agent 根植于其周围的世界中：提供真实城市的可导航表示。地理坐标是世界与虚拟表示之间的连接。利用谷歌地图平台，Agent 能访问街景图像、查询有效移动、检索附近位置信息并规划路线。这些坐标和位置信息与真实世界绑定，因此 V-IRL 为利用地理位置的外部工具提供了自然接口，例如房地产 API。

感知组件使 Agent 能够处理环境提供的丰富感知数据，特别是街景图像。预训练的定位模型使 Agent 对环境有精确的空间理解。虽然定位模型可以实现对感知输入的精确交互，但真实世界的识别模型更为通用，可以使 Agent 在视野范围内检测到更广泛的对象。预训练的特征匹配模型实现了对同一位置不同视角的连续性理解，并使 Agent 能够识别、分辨来自不同视角的相同实例。

推理组件允许 Agent 基于来自感知和环境的信息做出决策，用 LLM 与各种 API 进行交互，将环境数据和感知输出转化为可操作的指令。推理组件还通过自然语言实现 Agent 之间或 Agent 与人类的协作。定制的提示有助于促进这种交互。

V-IRL 为提升 AI 在感知、决策和与现实世界数据交互方面的能力开辟了新的途径。

5.4.4　AGI Agent 的未来展望

尽管现有的视觉大模型已经非常强大，但与构建通用多模态 Agent 的宏伟愿景相比，它们仍处于初步阶段。在本节中，笔者将给出一些 AGI Agent[887] 的未来展望。

多模态通用 Agent：这符合构建一个与人类一样通过融合多个渠道（如语言、视觉、语音和行动）与世界互动的通用 Agent 的宏伟目标。从这个角度看，多模态基础模型的概念本身变得有些模糊。相反，它充当了 Agent 的关键组成部分，用于感知和合成视觉信号。例如，Gato[888] 和 PaLM-E[360] 使用单一模型权重集执行控制任务，其中视觉感知是理解环境的关键组成部分。

与人类意图对齐：AI 对齐研究侧重于引导 AI 系统与人类的预期目标、价值观或道德准则对齐。当 AI 系统有效地逼近期望的目标时，它被认为是与目标对齐的。尽管语言已经显示出了表达人类意图的普遍性，但它并不总是最佳选择。正如 SAM[139] 和 ControlNet[303] 所示，人类的意图可以更精确、更方便地在视觉提示中表示，比如关键点、边界框和素描，分别用于视觉理解和生成任务。构建这种多模态人机交互界面的基础模型是解锁新的使用场景的关键步骤，其中人类的意图最好通过视觉表示，例如场景内元素的空间排列，以及视觉艺术作品的艺术风格。

规划、记忆和工具：可以构建一种以 LLM 为动力的自主 Agent 系统，其中 LLM 充当 Agent 的大脑，还要辅以几个关键组件——规划、记忆和工具。根据这一框架，我们可以预见多模态基础模型在这个 Agent 系统中的角色。

（1）规划：为了在现实场景中完成复杂的任务，Agent 应该能够将大型任务分解为更小、更易管理的子任务，从而高效地处理复杂任务。在理想情况下，Agent 应具备自我改进的能力，参与自我评估并对以前的行动进行反思，能够从错误中学习并改进方法，最终取得更好的结果。视觉模态是表示环境状态的常见渠道。为了促进规划，需要提升当前视觉理解模型的能力，使其感知更精细的视觉细节和更长的序列视频。

（2）记忆：可以将上下文学习（或提示工程）作为模型的短期记忆，对于长期记忆，它为 Agent 提供了在较长时间段内召回外部知识的能力，这可以通过从多模态矢量空间中快速检索来实现[889]。在建模方面，需要让基础模型学习新的技能，以有效利用这两种记忆类型。

（3）工具：指 Agent 学会利用外部 API 获取基础模型权重中缺失的知识。例如，基于输入的视觉信号和指令，模型决定并规划是否需要使用某些外部 API 达成目标，比如执行检测、分割、光学字符识别、生成代码。

Multi-Agent 协作：单个 Agent 缺乏与其他 Agent 协作和从社会交互中获取知识的能力，这种内在的缺点限制了它们从多轮反馈中学习以提高性能的潜力。因此，Agent 需要不断地与人类交互并通过指示微调，完善能力。此外，不要求人类过多参与的情况下，Multi-Agent 的协作系统可以通过分配不同的专业化设定来高效且细化地分工处理具体的复杂任务，大大提高了整个系统的效率和输出质量。如图 5.28 所示，这种 Multi-Agent 协作系统可以按照无序交流与有序交流的方式进行划分。在无序交流的 Multi-Agent 协作系统中，每个 Agent 都可以自由地公开表达它们的观点。它们可以从各自设定的角度（职业、性格、爱好）出发[890]，提供反馈建议，以修改与当前任务相关的回答。整个讨论过程是不受控制的，无须任何特定的顺序，也没有引入标准化的协作工作流。相反，在有序交流的 Multi-Agent 协作系统中，每个 Agent 都遵守特定的规则，以设定的顺序表达它们的意见，下游 Agent 只需要关注上游的输出[891]。这有效提高了完成任务的效率，而且整个讨论过程具有高度的组织性和秩序性。此外，只有两个 Agent 的系统以对话的方式交互，本质上也属于有序交流的范畴[892]。虽然 Multi-Agent 协作系统可以有效提高复杂任务的处理效率，但是该系统的性能本质上还是取决于 LLM 的能力，因此依旧面临几个挑战。

（1）随着长时间的交流，LLM 的上下文限制无法处理较长的输入。

（2）在 Multi-Agent 环境中，计算开销显著增加。

（3）Multi-Agent 的协商可能收敛于错误的共识，并且所有 Agent 都坚信自己的准确性。目前，Multi-Agent 系统的发展还远远不够成熟，所以在适当的时候引入人工指导来弥补 Agent 的缺点仍然是促进 Agent 进步的一个好选择。

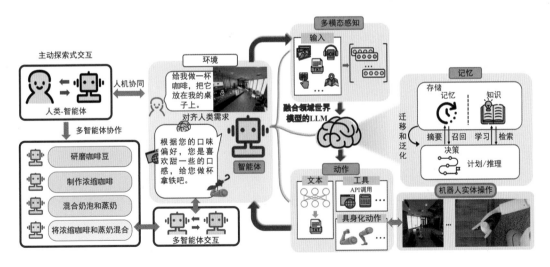

图 5.28　AGI Agent 的框架

5.5 基于 Agent 的具身智能

具身智能经常伴随着 Agent 出现。两者追求的目标有许多相似之处：都致力于研究出一个能够感知环境、拥有丰富的知识和认知推理能力，并且能够通过行动与环境进行交互的智能体。当前的具身智能研究热潮与 LLM（如 GPT-4）的流行是分不开的。强大的 LLM 在文本数据理解、多领域知识累积及调用各种工具和 API 完成任务等方面都展现出惊人的能力。因此，许多研究者致力于在"文字世界"（如 ALFWorld 的文字模拟房间、Agent 小镇这样的文字 RPG 游戏及 APIBench 和 RestGPT 等 API 调用评测框架）中测试和提高 Agent 的能力。

然而，要想创建一个能够在真实世界中工作的 Agent，仅在文字环境中进行训练是不够的。Agent 必须具备对真实世界物理属性的感知能力，其中视觉感知尤为关键。这正是现有语言模型所缺乏的。那么，如何弥补语言模型在视觉感知和其他多模态信息感知上的不足呢？许多研究选择了"模态转换"的方法，即通过其他模型或 API 将多模态信息转化为文本，再交给语言模型处理，使其间接"看到"多模态的世界。

在这样的场景下，LLM 犹如一个视觉障碍的智者，它依赖他人对世界的描述做决策。此方法的优势在于能够直接利用强大的语言模型，随着模型性能的进一步增强，其效果也会持续提升。这也带来了明显的缺陷：在多模态信息转换为文本的过程中，会有大量的信息损失。既然模态转换伴随着信息损失，为何不直接利用视觉语言模型进行端到端的决策呢？换句话说，是否可以直接输入图片和问题，让模型输出最佳的行动建议？这不正是一个视觉问答问题吗？在具身环境中进行行为决策相较于单纯的视觉问答或利用外部知识的视觉问答要复杂得多，主要体现在以下 3 个层面。

（1）**跨领域的感知能力**：模型应当具备深入分析图片中与问题相关的特定内容的能力，而不仅仅是对图片进行表层的描述。例如，在交通场景中，模型需要准确识别交通标志；在家庭环境中，识别各类家居用品至关重要。

（2）**丰富的世界知识与推理能力**：模型不仅要具备知识（如交通法规、游戏规则等），还应能结合所感知的信息进行有效推理。

（3）**行为理解与选择**：模型需要明确各种行为的含义，并能结合所感知的信息及已有知识，通过推理选择最合适的行为。

有关"语言模型即世界模型"的讨论较为热门。在笔者看来，只有具备上述 3 大能力的模型，才是真正接近世界模型的。这意味着，我们追求的模型应当拥有跨领域的感知能力，具备丰富的世界知识与推理能力，并能够将上述两大能力有效结合，为决策提供支持。接下来，笔者将从 3 个角度介绍具身 Agent 的发展现状：具身决策评测集、具身知识与世界模型嵌入，以及具身任务规划。

5.5.1　具身决策评测集

当前的研究工作面临的最大挑战是缺乏一个适当的评测框架，用于高效地评估以 LLM 为核心的 Agent 在多模态具身环境中的决策能力。为此，多模态具身决策评测集 PCA-EVAL[893] 被提出，通过对比基于多模态模型的端到端决策方法与基于 LLM 的工具调用方法，GPT-4V 展现了多模态感知和行动决策能力，这为具身智能和视觉语言模型领域开启了新的篇章。

具体地，PCA-EVAL 关注以下 3 个与具身智能研究紧密相关的领域。

（1）自动驾驶。

（2）家庭机器人应用。

（3）开放世界游戏。

PCA-EVAL 基于真实世界的交通情境、家庭机器人应用场景 ALFRED，以及开放世界游戏环境 Minecraft 构建并标注数据集。目前，每个领域都已收录 100 个样本，并且样本数量在持续增加。为了真实地反映一个 Agent 的能力并实现可信赖的人工智能目标，PCA-EVAL 认为评测这类 Agent 应涵盖感知、认识和决策这 3 个核心维度。每一个标注的实例都是一个六元组，例如 (图片, 问题, 可选行为集合, 答案, 原因, 关键概念)。PCA-EVAL 期望 Agent 不仅能做出决策，还能分析原因，以及描述图片中的关键信息。在端到端的方法中，PCA-EVAL 比较了当前的 SOTA 视觉语言模型，如 Instructblip、MMICL，以及最新的 GPT-4V 模型。而在 HOLMES 方法中，PCA-EVAL 对比了 Vicuna、GPT-3.5 及 GPT-4 的性能。此外，PCA-EVAL 提供了基于 LLM-EVAL 的自动评估工具，用以评定模型在感知、认知和行为方面的表现。在跳出 LLM 的纯文字范围，进入多模态环境后，Agent 的表现如何呢？答案是：GPT-4V 展现了出色的端到端跨模态推理及决策能力，而其他开源的视觉语言模型仍有很大的提升空间。

5.5.2　具身知识与世界模型嵌入

虽然 LLM 在各种自然语言处理任务中展现出了令人印象深刻的性能，特别是可以协助具身任务的决策制定，展示出了其对物理世界具有一定程度的理解，但是，对于物理环境中的许多推理和规划任务来说，这种理解还不够强大，LLM 通常在物理环境中的简单推理和规划方面表现不佳，比如理解物体的永久性或规划家庭活动。如图 5.29 所示，即使像 ChatGPT 这样的 LLM，在看似简单的任务中仍然可能出现错误，比如统计物体数量。笔者的假设是，当前的 LLM 仅通过大规模文本数据库进行训练，缺乏具身经验，比如在环境中导航、与物体互动，以及感知和跟踪世界状态。因此，它们缺乏与物理环境相关的推理和规划所需的坚固而全面的具身知识。

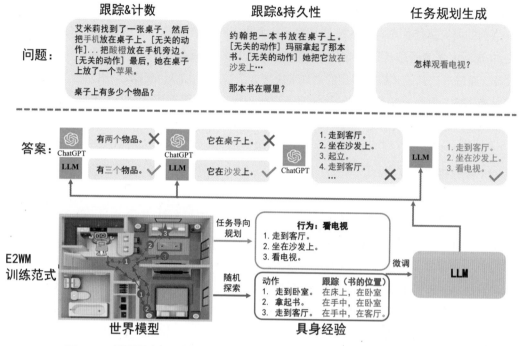

图 5.29　需要具身知识的任务示例（上方）及 E2WM 训练范式概述（下方）

在文献 [894] 中，作者旨在将各种基础的具身知识和技能注入预训练的 LLM 中，同时保留模型的通用性。作者引入了一种新的 LLM 训练范式，即通过来自世界模型的具身经验进行微调（Embodied Experiences from World Model，E2WM）。在这里，世界模型是具身模拟器，模拟了真实世界环境中的物理互动，例如 VirtualHome[693]，为 LLM 提供了理解环境内物体互动和执行操作的机会，使其能够实现以前难以实现的主动参与水平。这些世界模型充当了真实世界的简化版本，可以显著增强传统的预训练范式。作者期望通过利用来自世界模型的具身经验对 LLM 进行微调，增加它的具身知识，同时保留模型的通用性，提升它们解决各种具身任务的能力。

E2WM 考虑了一系列具身任务的基本知识和技能，包括物体跟踪、规划以完成给定目标、识别其他 Agent 的行为等。为此，E2WM 引入了两种从世界模型中收集具身经验以获得所需知识和技能的方法：目标导向规划和随机探索。

具体来说，目标导向规划旨在收集和规划与目标导向 Agent 行为相关的经验，而随机探索侧重于积累涉及物体和世界状态跟踪的经验。在目标导向规划中，模型会为特定活动（如清洁地板）设定目标（如将垃圾扔进垃圾桶），并生成完成目标的计划。为了制订计划，作者设计了蒙特卡洛树搜索（Monte Carlo Tree Search，MCTS）来探索世界模型，这一过程将被存储为一个具身经验。在随机探索中，一个或多个 Agent 被部署在世界模型中执行随机动作，同时跟踪所有物体的位置和移动。在收集了具身经验之后，E2WM 使用它们来构建一组微调任务，例如计划生成、活动识别和跟踪。

5.5.3　具身机器人任务规划与控制

为了完成复杂任务，需要为具身 Agent 装配常识知识。由于下游应用中训练样本有限且任务多样，直接在不同部署场景中训练具身 Agent 是不可行的。目前，LLM 可以从广泛的网络数据中获取丰富的常识知识，这些知识可以被具身 Agent 利用，生成自然语言中表示人类需求的行动计划。然而，LLM 不能感知周围的场景，可能会由于与不存在的物体进行交互而生成不可执行的行动。例如，给定人类指令"给我一些葡萄酒"，GPT-3.5 生成的行动步骤是"从瓶子中倒葡萄酒到玻璃杯中"。而实际场景中可能只有马克杯而没有玻璃杯，可执行的行动应该是"从瓶子中倒葡萄酒到马克杯中"。因此，将 LLM 生成的任务计划与物理世界进行关联是必要的，有助于构建可执行的具身任务规划，使得具身 Agent 能够顺利完成复杂的任务。

1. 基于 LLM 的具身任务规划

为了在给定的物理场景中获得可执行的任务计划，许多先前的工作通过考虑场景中的视觉线索过滤或调整生成的行动，以对桌面上的物体进行一般性操作。为了在家居环境中多样化任务种类，SayCan[359] 和 LLM-Planner[895] 采用视觉导航来收集屋内的信息，以生成基于场景的计划。然而，SayCan 只能在厨房场景中完成任务，而 LLM-Planner 在 ALFRED 模拟器中进行规划，其中大多数任务都很简单（如放置和摆放），它们都无法满足日常生活中众多复杂任务和多样化部署场景的要求。

在文献 [896] 中，作者提出了一种名为 TaPA 的任务规划 Agent，用于在物理场景中进行具身任务规划。SayCan 无法应用于不同的室内场景，而在 ALFRED 基准测试中的 LLM-Planner 由于模拟器中预定义的简单指令而无法为复杂的任务生成计划。相反，TaPA 的 Agent 可以生成具体计划，而不限制任务类型和目标物体。因此，TaPA 的 Agent 获得了一般常识知识，为复杂的家庭任务（如制作三明治和摆放餐具）提供下游导航和操作过程的基础指令，可处理高级的人类需求。

图 5.30 展示了 TaPA 的总体流程，通过考虑场景信息和人类指令生成可执行的行动计划。

TaPA 的任务更加复杂，需要更多的步骤。具体来说，TaPA 首先构建了一个多模态数据集，其中的每个样本是视觉场景、人类指令和相应计划的三元组。利用生成的数据集，作者根据场景中的物体列表来预测行动步骤，进而微调预训练的 LLaMA 网络，这是 TaPA 的任务规划器的职责。在推理期间，具身 Agent 有效地访问站立点，收集提供不同视角的 RGB 图像，以提供足够的信息，并将多视图图像的开放词汇检测器推广到已存在的物体列表上。TaPA 与先进的 LLM 及大型多模态模型（如 LLaVA）相比，获得了更高的生成行动计划的成功率。

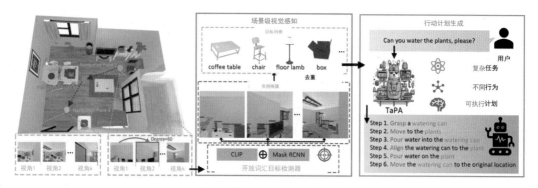

图 5.30　TaPA 的总体流程

2. 基于三维场景图的机器人任务规划

"给我做一杯咖啡，然后把它放在我的桌子上"，执行这样一个看似简单的指令对于今天的机器人来说，仍然是一项艰巨的任务。相关挑战贯穿了机器人技术的各个方面，包括导航、感知、操作及高级任务规划。LLM 的最新进展已经在为机器人引入常识知识方面取得了显著的成效，使机器人能够为需要大量背景知识和语义理解的任务做复杂规划。

要想成为机器人规划的有效工具，LLM 必须与现实相结合，也就是说，它们必须遵循机器人操作的物理环境的要求，包括可用的行动选择、相关谓词及行动对当前状态的影响。此外，在广阔的环境中，机器人还必须知道自己所在的位置，找到感兴趣的物品，并理解环境的拓扑布局，以规划涉及足够多区域的路径。为此，有研究[897] 提出了一种可扩展的方法 SayPlan，用于在跨多个房间和楼层的环境中实现基于 LLM 的任务规划。作者利用三维场景图（3DSG）来实现这一目标，如图 5.31 所示。3DSG 捕捉了环境的丰富拓扑结构和分层组织的语义图表示，具有以自然语言编码的任务 (包括物体状态、谓词、行动选择和属性) 规划所需信息的灵活性。SayPlan 可以将三维场景图的 JSON 表示用作预训练 LLM 的输入，为了确保任务规划适用于更广泛的场景，SayPlan 提出了 3 个关键创新。

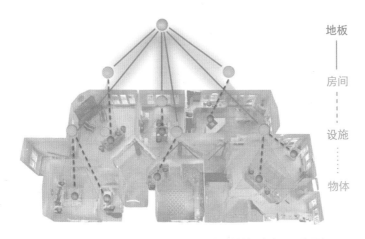

地板
———
房间
- - -
设施
······
物体

图 5.31　三维场景图 3DSG 的分层结构, 包括 4 个层级

首先, SayPlan 提出了一种机制, 使 LLM 能够通过操作"折叠"的 3DSG 节点, 扩展和缩减 API 函数调用, 实现对任务相关子图的语义搜索。这样, LLM 在规划过程中会将重点放在相对较小且信息丰富的子图上, 不会超出其标记限制, 从而在规模越来越大的环境中进行规划。其次, 随着给定任务指令复杂性和范围的增加, 任务计划的范围在这些环境中也会不断扩大, LLM 越来越容易产生虚构或不可行的行动序列。对此, SayPlan 将放宽 LLM 生成规划中的导航组件的需求, 利用现有的最优路径规划器, 如 Dijkstra, 来连接 LLM 生成的高级节点, 以应对这一挑战。最后, 为了确保任务规划的可行性, SayPlan 引入了一个迭代的重新规划流程, 通过从场景图模拟器中获得的反馈来验证和完善初始计划, 纠正无法执行的行动 (例如, 在将东西放入冰箱之前忘记打开冰箱), 避免由于环境中的条件不一致、幻觉或物理约束而导致的规划失败。

3. 基于环境反馈的具身视觉-语言编程 Agent

随着 LLM 的兴起, 视觉-语言模型发展迅速, 扩展了机器的能力, 使其能够执行准确的基于图像或视频的描述任务, 并进行推理及对话。在具身智能领域, 一些值得关注的工作, 如 SayCan[359]、PaLM-E[360] 和 RT-2[768], 已经在机器人操作数据上进行了训练, 使 Agent 可以处理视觉输入并传递精确的机器人电机控制命令。

与这种机器人操作方法并行的是另一种通过代码调用与环境互动的方法。这种方法反映了人类内在的 "系统-I" 刺激, 是一种类似于预定义代码的本能动作。相反, 更加深思熟虑的 "系统-II" 过程涉及规划和推理, 可能更需要大模型强大的认知推理能力。实际上, 这种编程范式虽然不涉及视觉, 但在一些工作中已经得到了利用, 如 ToolFormer[898]、HuggingGPT[899]、ViperGPT[900] 和 VisProg[901]。它们利用 LLM 来制定程序并触发相关的 API。像 Voyager[902]

和 Smallville[903] 这样的以游戏为中心的模型也使用 GPT 在游戏引擎中进行函数调用，尽管它们通常直接从环境中解析数据。

然而，在融合视觉感知时，类似的范式尚未得到充分探讨。像 TAPA[896] 和 SayPlan[897] 这样的工作只能输出规划，这些规划将其策略限定在初始环境状态，难以转化为实际行动。另一个重要挑战是过于依赖预训练的视觉模型将视觉内容转化为语言，这有时会影响 LLM 的性能。虽然 EmbodiedGPT[904] 通过将视觉-语言建模用于规划并使用策略映射进行操作来解决这个问题，但具身视觉-语言模型制定可执行程序的能力仍然是一个尚未被充分探索的领域。

文献 [905] 提出了 Octopus，一种新型的具身视觉-语言编程系统。为了赋予 Octopus 以视觉为中心的编程能力，作者利用 GPT-4 在开源社区 OctoVerse 中收集训练数据，GPT-4 获得了复杂的系统消息、广泛的环境线索和明确定义的目标。基于这些输入，GPT-4 制定了关键的行动策略并生成了相关的代码。同时，Octopus 在使用收集的数据时以无缝融合视觉、语言指令和行动代码的方式生成代码。在数据收集阶段，由 GPT-4 引导的 Agent 同时从模拟器中获得关于每个代码执行步骤有效性的反馈，区分成功的移动和不成功的移动。这促使作者将具有环境反馈功能的强化学习方法纳入我们的流程。利用这些见解，模型的决策准确性得以提升。

尽管 Octopus 具备不错的代码生成能力，但依然存在明显的局限性，它只能生成简单的代码。面对复杂任务时，它经常出现问题，严重依赖环境反馈对行动进行调整，往往不能取得最终的成功。未来，可以通过改进 Octopus 应对更具挑战性的环境和任务，或者将其与擅长创建复杂、结构良好的程序的最新 LLM 相结合来解决这些问题。此外，现有的 Octopus 仅在模拟环境中运行，转向现实世界后可能引入大量的复杂性。例如，现实世界的情景可能不提供像 OctoGibson 中那样易于访问的真实场景图，这使得使用场景图模型传达环境的细微差异变得更加复杂。对静态图像输入的依赖也引发了关于视频输入在提高任务性能方面有效性的讨论。

4. 具身 GPT

具身智能任务，如具身规划、具身视觉问答和具身控制，旨在赋予机器人在环境中感知、推理和行动的能力，使它们能够基于实时观察自主执行长期计划和行动。像 GPT-4 和 PaLM-E 等 LLM 已经展现出强大的语言理解、推理和思维链能力。这样的进展可为开发能够处理自然语言指令、执行多模态的思维链并在物理环境中规划行动的机器人带来新的可能性。

大规模数据集在训练大语言模型中扮演着重要的角色。例如，OpenCLIP 在 LAION-2B 数据集上训练其 ViT-G/14 模型，该数据集中包含 20 亿个图像-语言对。具身智能任务与通用的视觉语言任务不同，通用的视觉语言任务可以从互联网上获取大量弱标记的图像-文字说明对，而具身智能任务需要机器人领域的主观数据。此外，要想精确规划需要结构化的语言指令，通常成本巨大。这对收集高质量的多模态具身数据提出了挑战。一些研究人员尝试使用模拟器创建大规模具身数据集，但模拟器和真实世界之间仍存在显著差距。此外，一些研究还尝试通过高效的调优策略，如 LoRA，将预训练的 LLM 调整到新领域。然而，这也存在一些未解决的问题：如何将 LLM 应用于可能面临大领域差异的机器人领域，如何利用思维链的能力进行结构化规划，如何以端到端的方式使用输出语言计划执行下游操作任务。

为了解决上述问题，Mu 等人[904] 在其工作中提出了具身版本的 GPT，即 EmbodiedGPT。作者首先构建了一个大规模的具身规划数据集，名为 EgoCoT，其中包括思维链规划指令。该数据集精心挑选自 Ego4D 数据集，包含主观视频及相应的高质量逐步语言指令。这些指令经过机器生成，并经过语义筛选，最后由人工验证。此外，作者还扩展了 Ego4D 数据集，创建了 EgoVQA 数据集，专注于主观人-物互动视频问答任务，以提供更丰富的主观多模态数据。

基于 EgoCoT 和 EgoVQA，作者提出了一个名为 EmbodiedGPT 的端到端多模态具身基础模型，它可以更自然和直观地与物理世界互动，执行多种具身任务，如具身规划、具身视觉问答和具身控制。EmbodiedGPT 包括以下 4 个集成模块。

（1）用于编码当前观察的视觉特征的冻结视觉模型。

（2）用于执行自然语言问题回答、描述和具身规划任务的冻结语言模型。

（3）具备语言映射层的具身形态模型，用于对齐视觉和具身指令，以及从生成的规划中提取任务相关的实例级特征，以供低级控制使用。

（4）策略网络，负责基于任务相关特征生成低级行动，以使 Agent 能够有效地与环境互动。为了进一步提高 EmbodiedGPT 生成可靠规划的性能，作者在冻结语言模型上实施了前缀调优，以鼓励生成可执行性更强的规划。

5. RT-H：用语言来规划机器人层级化动作序列

随着 LLM 与机器人的深度融合，具身智能的研究正受到越来越多的关注。其中，谷歌的 RT 系列机器人最具代表性。谷歌 DeepMind 在 2023 年 7 月推出了全球第一个能够控制机器人的视觉-语言-动作的模型 RT-2（参见 4.3.6 节），人们只需要用对话的形式下达命令，机器人就能准确执行相应的动作并完成任务。

语言是人类推理的引擎，它使人类能够将复杂概念分解为更简单的组成部分，纠正人类对复杂概念的理解，并在新环境中推广概念。随着 LLM 的快速发展，机器人也开始利用高效组合式的语言结构来分解高度抽象的概念，实现在新环境下的泛化。这些具身机器人模型研究通常遵循一个共同的范式：面对一个用语言描述的高层[1] 任务（如拿起可乐罐），它们学习将视觉

---

1. 高层是指用语言这种方式来描述任务，低层是指与机器人硬件接口相关的具体动作或行为。

观察和语言中的任务描述映射到低层机器人的行动策略，这需要通过大规模多任务数据集实现。语言的优势在于它能够编码类似任务之间的共享结构（例如，拿起可乐罐与拿起苹果），减少从任务到行为的映射所需的数据量。然而，随着任务变得更加多样化，描述每个任务的语言也变得更加多样化，这使得仅通过高层语言学习不同任务之间的共享结构变得更加困难。

为了学习多样化的任务并且更准确地捕捉这些任务之间的相似性，2024 年 3 月，谷歌 DeepMind 推出了最新版的 RT 系列机器人框架 RT-H（Robot Transformer with Action Hierarchies）[906]，RT-H 能将复杂任务分解成简单的语言指令，再将这些指令转化为机器人行动来提高任务执行的准确性和学习效率。如图 5.32 所示，RT-H 这个动作层次结构让模型学到了不同任务之间的共享结构（见底部任务示例）。与直接从任务到动作的映射相比，这些语言动作（Language Motion）能够更好地在不同的多任务数据集之间进行数据共享。这个层次结构还使人类可以选择性地为机器人提供语言动作纠正，以防止任务失败，然后利用这些新的语言动作预测更好的动作。一旦人类干预完成，RT-H 将继续像以前一样预测语言动作。

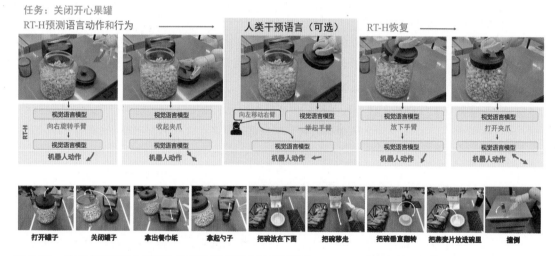

图 5.32　给定"关闭开心果罐"这样的语言指令及场景图像，RT-H 利用视觉语言模型预测语言动作，然后基于这些语言动作，预测机器人的动作

RT-H 的结构如图 5.33 所示。RT-H 利用语言来创建策略学习的动作层次结构，将动作预测问题分为语言动作查询，使用图像标记和任务描述标记预测细粒度的语言动作。它使用任务和场景的上下文将这种语言动作灵活地解码为动作。用户可以直接对动作查询进行干预，为机器人行为提供语言动作纠正。为了从纠正中学习，RT-H 可以仅更新语言动作查询以包含新标记的语言动作纠正。然后，将更新后的模型部署到动作层次结构。

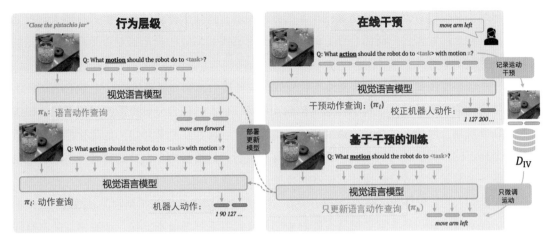

图 5.33　RT-H 的结构图

RT-H 包含以下两个关键步骤。

（1）根据任务描述和视觉观察预测语言动作（语言动作查询，在图 5.33 的左上角）。

（2）根据预测的语言动作、具体任务和观察结果推断精确的动作（动作查询，在图 5.33 的左下角）。RT-H 的模型结构借鉴了 RT-2，后者是一个在视觉-语言数据上共同训练的视觉语言模型，旨在提高策略的学习效率。RT-H 采用单一模型同时处理语言动作和行动查询，充分利用海量知识，为行动层级的各个层次提供支持。在处理多样化的多任务数据集时，使用语言动作层级能带来显著的改善。相比 RT-2，RT-H 在一系列任务上的表现明显提升。同时，当对语言动作进行修正时，RT-H 能够在同样的任务上达到接近完美的成功率，这展示了语言动作的灵活性和环境适应性。RT-H 的语言动作能够更好地适应场景和物体变化，相比 RT-2，展现出了更优的泛化性能。

RT-H 为具身多模态大模型的研究提供了一些思路。首先，RT-H 在大规模和多样化的数据集上取得了领先的性能。但即使进行了纠正训练，RT-H 执行任务的绝对成功率仍有改进空间。虽然如此，RT-H 提出的语言动作可以用来连接像 OXE[907] 这样包含不同具身数据的数据集，还可以从仅用语言描述动作的视频中学习。其次，尽管 RT-H 剖析了不同的动作层次结构，但未来需要确定中间层的最佳抽象级别。最后，语言动作代表了用来预测动作的上下文和压缩空间。可以利用 RT-H 的动作上下文特性，利用语言动作预测作为先验知识，压缩强化学习方法和策略探索的动作空间。语言动作将提供更高效的策略学习，同时易于解释和纠正。即使在模仿学习中，一些研究（如 Mobile ALOHA[908]）已经证明了保持机器人与示范者动作一致是重要的，但使用语言动作作为压缩动作空间会使动作更加一致，从而实现更高效的策略学习。

虽然具身智能发展迅速，但它依然面临如下严峻挑战。

（1）获取足够多的真实世界机器人数据仍然是一个重大挑战。收集这些数据既耗时又耗费资源。单纯依靠模拟数据会加剧仿真到现实的差距问题。创建多样化的真实世界机器人数据集需要研究机构之间紧密且广泛的合作。此外，开发更真实和高效的模拟器对于提高模拟数据的质量至关重要。

（2）复杂环境认知是指具身智能体在物理或虚拟环境中感知、理解和执行复杂任务的能力。对于非结构化的开放环境，现有工作通常依赖预训练 LLM 的任务分解机制，利用常识知识进行简单任务规划，但缺乏对场景的透彻理解。增强知识迁移和在复杂环境中的泛化能力至关重要。一个真正的自适应机器人系统应该能够理解并执行自然语言指令，并兼容各种不同和未见过的场景，这需要开发适应性强且可扩展的具身智能模型架构。

（3）机器人的长程任务，例如"打扫厨房"这样的命令，包含重新排列物品、扫地、擦桌子等活动。成功完成这些任务需要机器人能够规划并执行一系列低级别动作。尽管当前的高级任务规划器已初步成功，但缺乏对具身任务的自适应调整，使它们在多样化场景中表现欠佳。解决这一挑战需要开发具备强大感知能力和大量常识知识的高效任务规划器。

（4）持续学习对于在多样化环境中部署机器人学习策略至关重要，开放的研究问题和可行的方法包括：在最新数据上进行微调时混合不同比例的历史数据分布，以缓解灾难性遗忘；从历史分布或课程中开发有效的原型，用于新任务的推理学习；提高在线学习算法的训练稳定性和样本效率；明确将大模型无缝集成到控制框架中的方法，通过分层学习或快-慢控制实现实时推理。

（5）尽管有许多基准用于评估低级控制策略，但它们在评估技能方面常常存在显著差异。此外，这些基准中包含的物体和场景通常受到模拟器限制。为了全面评估具身模型，需要使用涵盖多种技能且场景逼真的模拟器。在高级任务规划方面，许多基准通过问答任务评估规划能力。然而，更理想的方法是综合评估高级任务规划和低级控制策略的执行能力，特别是在执行长程任务和衡量成功率方面。这种综合的方法能够更全面地评估具身智能系统的能力。

5.6　本章小结

多模态大模型领域正在迅速发展，新的方向和思路不断涌现。本书未讨论所有相关研究主题，主要是因为这个领域每天都在更新和突破。笔者希望本书的内容能够为多模态大模型的研究者和开发者提供一些研究思路和启发，促进相关社区的进步。虽然目前多模态大模型还处于起步阶段，尚未形成统一且完备的体系，但笔者相信，沿着新一代人工智能技术范式，充分挖掘多模态大模型在各领域的能力，可以在不久的将来实现令人振奋的研究创新，AGI 会离我们越来越近。通过将计算机视觉、自然语言处理、因果推理、世界模型和具身智能等技术与 Agent 深度融合，构建出的通用 Agent 将极大地推动人类社会的进步。